Table des chappitres

HISTOIRE ADMIRABLE DES PLANTES ET HERBES ESMERueillables & miraculeuses en nature : mesmes d'aucunes qui sont vrays Zoophytes, ou Plant'-animales, Plantes & Animaux tout ensemble, pour auoir vie vegetatiue, sensitiue & animale:

Auec leurs Portraicts au naturel, selon les histoires, descriptions, voyages, & nauigations des anciens & modernes Hebrieux, Chaldees, Egyptiens, Assyriens, Armeniens, Grecs, Latins, Africains, Arabes, Nubiens, Ethyopiens, Sarrasins, Turcs, Mores, Persans, Tartares, Chinois, Indiens, Portugays, Espagnols, Fráçois, Flaments, Anglois, Polonois, Moschouites, Allemans, & autres.

Par M. CLAVDE DVRET, President à Moulins en Bourbonnois.

A PARIS,
Chez NICOLAS BVON, demeurant au mont S. Hylaire, à l'Image S. Claude.
M. DCV.
Auec Priuilege du Roy.

A MESSIRE MAXIMILIAN DE BETHVNE CHEVALIER, Marquis de Rosny, Conseiller du Roy en ses Conseils d'Estat & Priué, son Chambellan ordinaire, Capitaine de cent hommes d'armes des ordonnances de sa Majesté, grand Voyer, grand Maistre de l'Artillerie, & sur-intendant des Finances de France, Gouuerneur pour le Roy en son pays de Poictou, & sur-intendant des Fortifications de ce Royaume.

MONSEIGNEVR,

La rarité, ou plustost nouueauté du subjet admirable de ceste presente Histoire, toute remplie de descriptions, de merueilles & miracles de la Nature, laquelle n'est autre que le grand Dieu tout puissant, en certaines Plantes &

Herbes de cet Vniuers, nõ encor cogneuës, ne veuës de la plusſpart de nos Frãçois, m'ont du tout contraint & necesſité d'estre ſi temeraire & preſomptueux d'oſer prendre ceste hardieſſe, de la vous dedier & conſacrer maintenant, Monſeigneur, en conſideration principale de la grãdeur & ſublimité admirable de voſtre excellent eſprit & entendement, du tout orné & decoré d'infinies, grandes & eſtranges merueilles & miracles de la Nature, qu'auſsi parce qu'il vous pleuſt, de voſtre grace & benignité, Monſeigneur, m'honorer & fauoriſer de tant, de me faire vne manifeſte demonſtration au dernier voyage que ie fis en Cour l'autre annee, pour les affaires du public de ce pays de Bourbonnois, que vous n'auriez aucunement pour deſaggreable, Monſeigneur, qu'icelle fuſt miſe en lumiere, ſoubs la protectiõ & ſauuegarde de voſtre ſi grãd & ſi celebre nom & grandeur. C'eſt pourquoy, Monſeigneur, combien qu'icelle Hiſtoire ne ſoit pas (cõme ie croy) rare ne nou-

uelle à voſtre ſi merueilleux & miraculeux eſprit & entendement ; neantmoins ie ne laiſſeray, pour les conſiderations cy deſſus, de la vous preſenter & offrir tres-humblement, vous ſuppliant tres-affectueuſement, de tout mon cœur, Monſeigneur, daigner m'honorer & fauoriſer de tãt, de la vouloir receuoir & accueillir d'auſsi bon & gracieux œil & affection, que i'ay de deſir & volonté de viure & mourir eternellement,

MONSEIGNEVR,

Voſtre treſ-humble & treſ-obeïſſant ſeruiteur,

CLAVDE DVRET,
Preſident à Moulins en Bourbonnois.

En voſtre toute entiere Maiſon, ce 1. iour de Mars, 1605.

IN principio dixit Deus, germinet terra Herbã virentem, & facientem ſemen, & lignum, pomiferum faciens fructum, iuxta genus ſuum, cuius ſemen in ſemetipſo ſit ſuper terram, & factum eſt ita: & protulit terra Herbam virentem, & facientem ſemen iuxta genus ſuum, lignumque faciens fructum, & habens vnumquódque ſementem ſecundum ſpeciem ſuam & vidit Deus quia eſſet bonum. Geneſ.cap.1.

DEus dixit ad Adam: Ecce dedi vobis omnem Herbam adferentem ſemen ſuper terram, & vniuerſa ligna quæ habent in ſemetipſis ſementem generis ſui, vt ſint vobis in eſcam, & cunctis Animantibus terræ, omnique volucri cœli, & vniuerſis quæ mouentur in terra, & in quibus eſt anima viuens, vt habeant ad veſcendum. Et factum eſt ita, viditque Deus cuncta quæ fecerat, & erant valde bona. Geneſ.eodem cap.1.

PROEME OV PREFACE DE L'AVTHEVR, SVR LA *presente Histoire.*

PLVSIEVRS Autheurs anciẽs ont laissé par escrit, selon le dire de Pline, liu. 7. ch. 56. & li. 28. ch. 1. de son hist. naturelle, & de Macrobe, liu. 1. chap. 17. de ses Saturnales, que les premiers qui firẽt des descriptiõs des Plantes & Herbes, & de leurs forces, vertus & medecines, furent le dieu Apollon, ou Esculape, ou Mercure, ou bien le Centaure Chiron, fils de Saturne & Phyllira. Aucuns autres Autheurs anciens ont asseuré que les Dieux immortels ont enseigné aux mortels la Nature, proprietez, vertus & medecines d'icelles Plantes & Herbes: ce qui a meu Pline cy dessus allegué, de dire: *Nam si quis id ab homine excogitare posse credat, ingratè Deorum numen intelligit.* Les Theologiẽs Hebrieux, Grecs, & Latins attribuent à bon droict cela au grand & souuerain Dieu tout puissant, lequel au commencement du mõde, enseigna premierement à Adam nostre premier pere, lors de sa premiere creation, la nature, proprieté, vertu & efficace d'icelles Plã-tes, & Herbes. Ce que semble asseurer Iesus Syrac en ses œuures, disant: *Medicinam à summo Deo à ter-*

ra esse creatam, quam vir prudens abhorrere non debet; & mieux, & plus appertement le grand Prophete Moyse, quand il escrit au Genese, parlant à
» Adam. Voicy, ie vous ay donné toute plante &
» Herbe, portant semence, qui est sur toute la terre,
» & tout Arbre qui a en soy fruict d'Arbre, portant
» semence, afin qu'ils vous soient pour viande. Passage, lequel a meu les Rabins & Cabalistes Hebrieux, de croire que les mortels, depuis le commencement du monde, iusqu'au deluge n'ont vescu que de Plantes & Herbes, ensemble des fruicts des Arbres, l'vsage du sang & de la chair des animaux, oyseaux, & poissons pour viande & nourriture des hommes, n'ayant esté mise en auant, qu'apres le deluge vniuersel, 1656. ans apres le monde creé. Quant aux particularitez de ceux qui les premiers ont fait des descriptions des Plantes & Herbes, nous trouuõs que le premier qui entre les Grecs a fait cela, a esté Orphée, & apres luy Musée Egyptiens. Le mesme Pline, liu.25. chap.2. de son Histoire vniuerselle, escrit que le grand Poëte Homere a fait mention de plusieurs Herbes, lesquelles ont de tres-grandes vertus & proprietez. De ces mesmes Egyptiens, le sage Philosophe Pythagore, ayant esté enseigné & endoctriné, fut celuy qui le premier cõposa vn discours, ou traitté à part, de la vertu des facultez des Plãtes & Herbes, l'inuẽtion desquelles, il rapporte aux Dieux Apollon & Esculape. Democrite aussi ayant veu & parcouru toute la Perse, Arabie, Ethyopie, & Egypte, composa en son temps des liures des Plantes, ainsi que le confirme le mesme Pline, li.24. ch.17. Praxa-

gore, Chrysippe, Erasistrate, Herophile, & autres, ont traitté de pareille matiere, au rapport du mesme Pline li.25.ch.2.& liu.26.ch.2. Asclepiade medecin fort renommé, au dire du mesme Pline liur. 25. chap.2. sus-allegué, fut de ceste bande : & apres eux Hippocrate, Cratenas, Aristote, Theophraste, Diocles Caristius, Pamphylus, Mantias, Herophile, Dioscoride, Galien, & plusieurs autres. Qui plus est aucuns Rois ou Princes de la terre n'ont aux siecles passez desdaigné de donner leurs noms à certaines Plantes & herbes, comme Gentius Roy des Illiriens qui donna son nom à la Gentienne, Lysimachus Roy de Macedoine, à la Lysimachie. Voire plusieurs grãds Rois ont descouuert & congneu les vertus, forces, & efficaces de plusieurs Plantes ou herbes, comme Mithridate Roy de Pont & Armenie, celle de l'herbe Scordion, le Roy Clymenus de l'herbe Clymene, Iubas Roy de Mauritanie de l'Euphorbe, Telephe Roy de Mysie celle de la Telephe; Alcibiade celle de Echine & Anchuse: Et pour ceste occasion ont esté grãdement loüez aux siecles passez, Attalus Roy de Pergame & Euax Roy d'Arabie, le dernier desquels escriuit en son temps des discours, des vertus & proprietez des simples dediez à l'Empereur Nerõ, & l'autre fit & composa plusieurs Antidotes contre les venins & morsures des bestes venimeuses, comme il est escrit dans le mesme Pline liure 25. chap. 2. de sadite histoir. vniuers. disant, cest autheur que Cratenas, Dionisius, & Metrodorus en ont aussi escrit, mais toutefois auec beaucoup d'obscurité: Et apres tous ceux-là, les subsequents

Philosophes furent, à sçauoir Archelaus Roy de Cappadoce, Massinissa Roy de Numidie, & Agamemnon Roy des Argiuiēs, qui ont en leur temps grandement trauaillé à la cognoissance des vertus, forces & efficaces desdites Plantes & herbes: & ne faut obmettre en ce lieu à faire mention de Philometor, Attalus, Archelaus, Hieron, & autres Rois des siecles passez, grandement loüez par Pline liur. 18. chap. 4. de son histoire vniuerselle, & par plusieurrs autheurs anciens en leurs histoires. Qui plus est Helene donna son nom à l'herbe Hellenicne pour l'auoir la premiere replantée, Artemisia, Royne de Carie donna le sien à l'Artemisie. Le premier & plus signalé d'entre les Romains qui se mit à descrire les Plantes & herbes fut selon Pline liure 25. chap. 2. de sadite histoire vniuersel. M. Cato, maistre en toutes sortes d'arts & sciences, & long temps apres luy vn Caius Valgius gentil-homme Romain de bonne maison, homme bien versé en toutes sortes de sciences & disciplines, fit & composa vn traicté des simples qui demeura imparfaict, lequel il auoit dedié à Auguste l'Empereur. Quelque temps auparauant ce Valgius, vn Pompeius Lenæus libertin de Pompée le grand, s'estant aydé & seruy des Cōmentaires du Roy Mithridate, lesquels estoient paruenus en ses mains apres qu'iceluy Mithridate fut vaincu par ledit Pompée son maistre, auoit cōposé en langue Latine quelques liures des Plantes & herbes, vn certain Oppidus composa enuirō ce mesme temps des liures des arbres siluestres, comme le confirme Macrobe liure 3. chap. 18. des

Saturnales, apres lesquels autheurs iceluy Pline se mit à composer les liures de son histoire naturelle traictant des plantes & herbes, & autres infinies choses, ainsi que nous pouuons veoir pour le iourd'huy par la lecture d'icelle. Les mesmes Romains firent si grand cas & estime de l'histoire des Plantes & herbes, que apres auoir prins & ruiné la ville de Carthage, ils firent present aux Rois & Princes circonuoisins de tous les liures qu'ils trouuerent aux bibliotheques d'icelle, fors de vingt-huict volumes, ou liures de vn Magon Carthaginois escrits en langue punicque Carthaginoise, ou Africane; traictans de l'histoire des Plantes ou herbes, lesquels ils firent traduire de leur langue punicque en langue Latine, comme l'asseure ledit Pline liure 18. chap. 4. de sadite histoire vniuerselle; d'abondant nous trouuons que dans l'histoire Romaine il est porté que M. Varro en l'an 81. de son aage, composa des liures des Plantes, herbes, & de l'Agriculture. Et pour ne laisser aucune chose en cest endroit qui soit digne de remarque touchant le subiect de nostre presente Histoire admirable; nous rapporterons que vn Aristander autheur Grec a escrit en son temps vne histoire des monstruositez des arbres & Plantes, & que vn Caius Epidius a autrefois composé des Commentaires sur le mesme subiect, comme l'asseure le mesme Pline liur. 1. & en sa narration du liur. 10. & liur. 17. chap. 23. de son histoire naturelle. Lesquelles Histoires & Commentaires sont du tout perdus par les calamitez des temps & des ans. En somme les anciens se sont trouuez en leurs siecles si estonnez du naturel admirable de certaines Plantes & herbes, qu'ils n'ont creind d'en affermer de bouche & en leurs escrits des choses presque incredibles au vulgaire, selon que le rapporte le mesme Pline liur. 25. chap. 2. disant qu'vn Xantus Historien tres-ancien auoit laissé par escrit au liure 1. de son histoire, qu'vn certain serpent ayant trouué vn de ses petits mort, le ressuscita à l'aide d'vne herbe nommée Balin, auec laquelle vn certain personnage nommé Thylo fut ressuscité, ayant auparauāt esté occis par vn serpent.

Iuba Roy de Mauritanie refere que en Arabie vn quidan fut ressuscité par la vertu d'vne certaine herbe, de laquelle toutefois il ne declare le nō. Democrite & Theophraste escriuent que le Pic oyseau tire aysément le bouchon duquel on a fermé à force de marteau le trou qu'il faict en vn arbre pour y bastir son nid, auec l'aide d'vne certaine herbe. Qui plus est le mesme Pline liur. 26. chap. 4. rapporte que quelques-vns tiennent que les portes & fenestres & serrures les mieux fermees s'ouurent incontinēt au toucher de l'herbe Ethiopis, auec l'aide d'aucunes parolles: ce que plusieurs iuges sçauent assez pouuoir se faire par la confession qui leur en a esté faicte par infinis larrons & voleurs accusez & conuaincus de tels actes, pour lesquels ils ont esté condamnez à la mort, quoy que semble s'en rire & mocquer le susdit Pline liu. 26. chap. 4. de sadite Histoire naturelle: d'abondant on sçait assez la vertu, force, & efficace de l'herbe qui croist à present és montagnes nommée Lunaire, laquelle aussi tost qu'elle est pressée & foulée du pied d'vn cheual, les déferre du tout.

Les Scythes se vantent auoir en leur pays vne herbe nommée Scythique, croissant aupres du lieu nommé Becia, laquelle est fort sauoureuse au goust, & de telle recommandation, qu'estant mise en la bouche, elle oste incontinent la faim, & la soif, durant douze iours entiers, & que l'herbe nommée Hippie produit mesmes & pareils effects enuers les cheuaux, que la precedente faict auec les hommes. Pytagore ou bien Cléemporus Medecin fort renommé en son temps, faict mention (au dire du mesme Pline liur. 24. chap. 17.) que l'eau se glace incontinent que on a mis en icelle, l'herbe nommée Coriacesia, ou Callitia: Democrite tient qu'vne certaine plante ou herbe nommée Archemenide, de couleur d'ambre, laquelle croist sans feuilles aux Tardistiles d'Indie, est de telle vertu & efficace, que la racine d'icelle estant couppée en trochisques, ou morceaux, mise dans du vin, puis iceluy donné à boire aux Criminels, les contraind & necessite de confesser volontairemēt durant la nuict, tous les Crimes & delicts qu'ils ont faicts, par la force des passions & tourments qu'ils endurent au moyen des estranges imaginations qu'ils souffrent & endurent. Mithridate & Galien tiennent que les corps morts sont si longuement conserués sans pourriture, si ils sont frottez de l'herbe nommée Scordion. Theophraste au reste fait mention d'vne herbe, laquelle mangée par vn homme, le rend apte à cognoistre charnellement les femmes par septante & deux fois, ainsi que le confirme le susdit Pline liur. 26. chap. 10. A ce propos les Nauigateurs modernes rapportent en leurs liures de nauigations, qu'en vne Prouince vers Darieu és Indes Occidentales, il croist vn certain arbre semblable au poirier, les fruicts duquel nommez Agnosáat, ayant goust & saueur de beurre, mangez par quelqu'vn, font en iceluy presque pareils & semblables effects que l'herbe cy dessus mentionnée. Toutes lesquelles descriptions de Plantes & herbes, combien qu'elles soient admirables, ou esmerueillables & miraculeuses en nature; neantmoins elles ne laissent pas de estonner les hommes, & les contraindre de confesser qu'il y a beaucoup de choses veritables en la consideration de la Nature des Plantes & herbes, qui congnoistroit toutes leurs vertus, forces, & proprietez occultes & secrettes: mais il y en a bien peu qui les sçachent & cógnoissent asseurément, comme apres les anciens le rapporte le mesme Pline liu. 25. chap. 2. de sadite Histoire vniuerselle. Les Charlatãs & Basteleurs d'Italie du iourd'huy congnoissent assez la racine trouuée par vn François Calceolarius Veronnois, laquelle estant mise trempée auec vne perle dans du vin, durant vne nuict entiere, ce vin qui en sort coulé dans vn linge fin, donné à boire au plus affamé homme du monde, le rend tel, qu'il ne peut aucunement, non seulement manger, mais aussi gouster de quelque viande que ce soit, sinon apres auoir englouty vne cuillerée de bõ & fort vinaigre. Ces mesmes Charlatans & Bastelleurs se seruent d'vne certaine autre racine à l'effect estrange & admirable qui s'ensuit: ils mettent dedans du vin de la pouldre de ceste racine, laquelle estant prinse par la bouche enflamme grandement le gosier de ceux qui en gouſtent: Quand iceux Charlatans & Baſtelleurs veulent donner du plaiſir ou paſſetemps à leurs ſpectateurs ils perſuadent à quelqu'vn de tremper ſon doigt dans le vin où eſt la pouldre de ceſtedite racine, & à l'inſtant le porter à la langue pour le ſuccer: Ce qu'eſtant faict incontinent celuy qui faict ceſte eſpreuue vient à mordre par force auec grande clameur & douleur ſon doigt: & cependant le Charlatan ou Baſteleur vient à conſoler & amadoüer ce patient auec infinies douces parolles, luy frottant les arteres des tempes, & le creux des mains, puis ayant ietté contre terre vne piece d'argent, il luy perſuade de l'amaſſer; & ce patient venant à s'abbaiſſer pour ce faire, il ne peut plus ſe releuer, & pour la grande douleur qu'il ſouffre au bout des doigts, il tombe tout à plat, & ſe met à remuer les bras & les iambes pour nager, tout ainſi & en la forme que ſi il eſtoit dans le profond d'vne riuiere, de laquelle il ſe voudroit ſauuer à la nage, criant qu'il ſe noye: Alors le Charlatan ou Baſteleur viẽt à releuer le pauure patient tout droict: Lequel eſtant releué en pieds, comme tout forcené vient d'vn furieux regard à ſe ruer ſur ledit Charlatan ou Baſteleur, pour ſe venger du tort qu'il luy a fait; & ce Charlatan ou Baſteleur luy ayant premierement torché le venin duquel il l'auoit auparauant frotté aux arteres des tempes, & creux des mains, le faict reuenir ou remettre en ſon premier eſtat: mais le pauure patient ne laiſſe pas pour cela à ſe mettre en deuoir, tout ainſi que ſi il eſtoit ſorty à l'inſtant d'vn naufrage, de torcher ſes cheueux, ſon visage,ses bras,ses iambes, & ses vestements pour les essuyer: Plusieurs autres Charlatãs & Basteleurs du iourd'hui qui n'ignorent les secrets plus cachés de la vertu & puissance d'aucunes Plantes & herbes, sçauent tresbien que moyennant le suc ou ius d'aucunes d'icelles duquel ils se lauent la bouche, le visage, les bras & les mains, ils peuuent se lauer par apres de polmb fondu tout chaud & ardent leurdicte bouche, visage, bras, & mains, sans aucune douleur, brusleure, ny dommage quelconque, & qui plus est peuuent sans aucun peril ou danger, manier & prendre toutes sortes de serpẽs & autres bestes venimeuses, & en faire tout ce que bon leur en semble: d'abondant ceux qui ont esté à Constantinople ne peuuent ignorer que certains Religieux ou Moynes Turcs du iourd'huy s'estant lauez la bouche & les mains de certain suc ou ius d'herbes propre contre la violence du feu, mettent leurs mains sans aucune crainte de brusleure sur vn fer mis expressemẽt au feu, tellement qu'il en est tout rouge, & puis portent ce fer dans leur bouche, & le y virent & tournent auec leursdites mains, sans dessus dessous, de tous costez, sans qu'ils en reçoiuent aucune lesion, leur saliue fremissant & bouillonnant, comme fait l'eau dans laquelle vn forgerõ plonge son fer tout ardant, ce que confirment Hierosme Cardan en ses liures de la subtilité & varieté des choses. P. Boisteau en ses Histoir. prodig. & le Sieur de Busbeque Ambassadeur de l'Empereur en Turquie en ses Epistres, Epist. 4. Que si ie voulois rapporter en cest endroict plusieurs discours & histoires touchant la grande esmerueillable vertu, force, & efficace de plusieurs autres Plantes & herbes, il me faudroit en faire & composer vn iuste volume: mais qui en voudra voir d'auantage lise I. Cesar Scaliger en ses exercitatiõs à H. Gardan de la subtilité, Leuinus Lemnius en ses liures des miracles de la nature, I. Baptiste porte en ses liures de la magie naturelle I. Iacques Vechet en ses liures des secrets & merueilles de nature, & Paracelse en ses liures de medecine & Alchimie. Et combien que les discours cy dessus touchant l'estrange & admirable vertu & efficace de aucunes Plantes & herbes semblent de premiere abordée estre presque incredibles à quelques-vns, toutefois ils apportent en eux vne tres-grande admiration, & contraignent de confesser qu'il y en a bien encor d'autres plus estrãges & esmerueillables, voire miraculeuses en nature, lesquelles neantmoins sont tres-certaines & veritables, telles que sont celles lesquelles nous descriuõs en ceste presente histoi. Ce que estant, est cause que ceux qui ne veulent croire les merueilles & miracles des Plantes & herbes, sont en mauuaise reputation enuers les doctes personnages qui les ont veuës & maniées, lesquels sçauent assez que les euenemens & effects d'icelle respondent au bruit & reputation qu'elles en ont eu par leurs escrits. Parquoy il ne faut qu'aucun soit si mal aduisé de n'adiouster foy aux descriptions desdites Plantes & herbes, aussi tost qu'il ne comprend en son esprit la raison de la nature & cause d'icelles, veu que il y a mille & mille choses en nature, lesquelles sont ordinairement visage, ses bras, ses iambes, & ses vestements pour les essuyer: Plusieurs autres Charlatãs & Basteleurs du iourd'hui qui n'ignorent les secrets plus cachés de la vertu & puissance d'aucunes Plantes & herbes, sçauent tresbien que moyennant le suc ou ius d'aucunes d'icelles duquel ils se lauent la bouche, le visage, les bras & les mains, ils peuuent se lauer par apres de polmb fondu tout chaud & ardent leurdicte bouche, visage, bras, & mains, sans aucune douleur, brusleure, ny dommage quelconque, & qui plus est peuuent sans aucun peril ou danger, manier & prendre toutes sortes de serpẽs & autres bestes venimeuses, & en faire tout ce que bon leur en semble: d'abondant ceux qui ont esté à Constantinople ne peuuent ignorer que certains Religieux ou Moynes Turcs du iourd'huy s'estant lauez la bouche & les mains de certain suc ou ius d'herbes propre contre la violence du feu, mettent leurs mains sans aucune crainte de brusleure sur vn fer mis expressemẽt au feu, tellement qu'il en est tout rouge, & puis portent ce fer dans leur bouche, & le y virent & tournent auec leursdites mains, sans dessus dessous, de tous costez, sans qu'ils en reçoiuent aucune lesion, leur saliue fremissant & bouillonnant, comme fait l'eau dans laquelle vn forgerõ plonge son fer tout ardant, ce que confirment Hierosme Cardan en ses liures de la subtilité & varieté des choses. P. Boisteau en ses Histoir. prodig. & le Sieur de Busbeque Ambassadeur de l'Empereur en Turquie en ses Epistres, Epist. 4. Que si ie voulois rapporter en cest endroict plusieurs discours & histoires touchant la grande esmerueillable vertu, force, & efficace de plusieurs autres Plantes & herbes, il me faudroit en faire & composer vn iuste volume : mais qui en voudra voir d'auantage lise I. Cesar Scaliger en ses exercitatiõs à H. Gardan de la subtilité, Leuinus Lemnius en ses liures des miracles de la nature, I. Baptiste porte en ses liures de la magie naturelle I. Iacques Vechet en ses liures des secrets & merueilles de nature, & Paracelse en ses liures de medecine & Alchimie. Et combien que les discours cy dessus touchant l'estrange & admirable vertu & efficace de aucunes Plantes & herbes semblent de premiere abordée estre presque incredibles à quelques-vns, toutefois ils apportent en eux vne tres-grande admiration, & contraignent de confesser qu'il y en a bien encor d'autres plus estrãges & esmerueillables, voire miraculeuses en nature, lesquelles neantmoins sont tres-certaines & veritables, telles que sont celles lesquelles nous descriuõs en ceste presente histoi. Ce que estant, est cause que ceux qui ne veulent croire les merueilles & miracles des Plantes & herbes, sont en mauuaise reputation enuers les doctes personnages qui les ont veuës & maniées, lesquels sçauent assez que les euenemens & effects d'icelle respondent au bruit & reputation qu'elles en ont eu par leurs escrits. Parquoy il ne faut qu'aucun soit si mal aduisé de n'adiouster foy aux descriptions desdites Plantes & herbes, aussi tost qu'il ne comprend en son esprit la raison de la nature & cause d'icelles, veu que il y a mille & mille choses en nature, lesquelles sont ordinairement deuant nos yeux, les raiſons de la nature & cauſe deſquelles nous ne pouuons, quelques doctes ou ſçauans perſonnages que nous ſoyons, aucunemẽt ſçauoir ny comprendre en noſtre eſprit, intellect, & entendement. Ce que le grand Dieu tout-puiſſant a voulu eſtre faict par ſa ſapience infinie & imperſcrutable, pour faire pluſtoſt du tout admirer & rauir les mortels en contemplation & admiration des ſecrets de ſon eternité, que de leur en faire congnoiſtre les raiſons. Donc ceux qui s'eſtudient à vouloir rendre raiſons des cauſes de toutes les choſes de la nature, ſemblent du tout vouloir oſter les miracles de la nature, qui eſt Dieu meſme, car auſſi toſt que nous ne pouuons rendre raiſon d'vne cauſe naturelle, il s'enſuit incontinẽt apres vn principe de doubte d'icelle, c'eſt à dire vn commencement pour philoſopher, par conſequẽt ceux qui n'adiouſtent aucune foy ny croyance aux prodigieux miracles de la nature ſemblent du tout vouloir abolir par ce moyen la ſcience de la Philoſophie naturelle.

ADVERTISSEMENT AUX LECTEURS BENEVOLES, par l'Autheur.

AMIS LECTEURS, *puis que en ceste presente histoire admirable, nous descriuons les merueilles & miracles de la nature en certaines Plantes & herbes, il nous a semblé estre tres à propos de commencer ce present aduertissement par la definition d'icelle Nature, laquelle (au dire du grand Aristote) est le commencement du mouuement & repos de la mesme chose, en quoy elle est principalle, & de soy-mesme seule, & non par aucun accident. Et sans nous employer plus longuement à reciter plusieurs autres definitions de ladite Nature, des anciens Autheurs & Philosophes Payens & Idolatres, nous-nous contenterons (puisque nous sommes Chrestiens) de dire que sainct Thomas a escrit que la nature n'est autre chose, que la volonté ou raison du souuerain Dieu, lequel est la cause de toutes choses engendrées, & procreées, & conseruatrice d'icelles, depuis qu'elles s'engendrent & procreent, selon les qualitez de chacune d'icelles: Definition laquelle nous enseigne que ce nom ou vocable, Nature, duquel communément les anciens ont vsé, & nous vsons encor à present en tous nos discours, sert & est propre à nous representer clairement la volonté & l'Esprit du Dieu viuant, par lequel se font toutes les choses creées en cest vniuers, & se deffont & resoluent en leurs temps & saisons: Pour ceste cause on dit communément que les feuilles ne se peuuent mouuoir aux arbres, Plantes & herbes, sans la volonté & le consentement du Dieu viuant, duquel comme du fondement*

& principe, procedent & dependent toutes les creatures raisonnables, irraisonnables & autres de cest vniuers, sans que la moindre s'en separe ou eslongne aucunement. Ie sçay bien qu'il y a des Philosophes, lesquels entendans ces definitions, diront, qu'il y a vne nature naturalisante, & que ceste Nature est le mesme Dieu, & qu'il y a vne autre Nature qu'ils appellent Naturata, naturée ou naturalisée, laquelle est l'effect naturel qui se faict par sa volonté, & opere és creatures: Mais nous ne deuons pas beaucoup nous arrester à cecy; ains plustost nous deuons regarder le fondement duquel toutes choses procedent, & lequel est le Dieu viuant: Cela posé pour vne maxime indubitable si nous venons à veoir & contempler ceste fontaine & source tant abondante & inespuisable de la diuinité eternelle, nous soubstiendrõs asseuremẽt que ceux qui s'estonneront ou esmerueilleront de la Nature des Plantes & herbes par nous descrites en ceste presente Histoire admirable, & les tiendront non seulement pour esmerueillables & miraculeuses, mais plustost pour incredibles ou fabuleuses, se destourneront ou desuoyeront du droit chemin de la raison: D'autant qu'il n'y a chose tant digne de merueille & miracle à tous les hommes, que de veoir & contempler ceste machine & composition du monde, ces tant differents & dissemblables mouuemens des trois cieux superieurs tant bien composez & ordonnez, ces variables & diuers effects du Soleil & de la Lune, & des cinq autres Planettes, ces influences si fortes & puissantes des Estoilles fixes, ceste force secrette des Pôles, sur lesquels se meuuent en rond tous les corps celestes par vne si grande & admirable harmonie, sans outre-passer aucunement leurs compas & mesures, ces quatre elements qui demeurent chacun en leur lieu, nous donnans la parrie de laquelle nous auons necessairement besoin, ceste sorte de nuées qui se forment & s'espaississent en la Region de l'air, la pluye, la neige, la gresle, la glace, la force & impetuosité des vents & tonnerres des esclairs, & des foudres, & toutes les autres choses de cest vniuers, lesquelles sa diuinité a faict & creé d'vn rien par la seule force, vertu & efficace de sa parolle. Que si nous venons à particulariser d'auantage chacune autre chose de cestuy vniuers, nous verrons tous les iours des merueilles & miracles qui se representeront à nos yeux, de maniere que si nous deuions appliquer nos sens & entendements à iceux, il ne nous resteroit aucun temps ou heures pour veoir, considerer, & contempler, aucunement; & que cela soit, c'est vne estrange merueille ou miracle, qu'entre tant d'hommes & femmes qui se treuuent au monde, & qui naissent tous les iours, combien que tous ayent les vns comme les autres vne face, yeux, bouche, nez, sourcils, frõt, ioües, & tout le reste des autres parties du corps, à peine en trouuerez vous vn qui soit du tout pareil ou semblable à l'autre, sans quelque chose par laquelle se congnoist la difference qu'il y a entre l'vn & l'autre, quand ce ne seroit qu'en façons de marcher, voix & escriture, lesquelles sont toutes diuerses & dissemblables aux personnes, quelques semblables & pareils qu'ils soient. Cessant cela, regardons vn peu les differences des animaux, oyseaux, poissons, reptiles, insectes, arbres, Plantes, herbes, feuilles, fleurs, fruicts, qui naissent tant diuers & bigarrez, en chacunes Prouinces & Regions de la terre, auec toutes differentes & dissemblables couleurs, saueurs, odeurs, proprietez, & vertus: Que si toutes ces choses ne nous font esmerueiller, & ne nous rauissent en admiration, parce que nous les voyons deuant les yeux tous les iours, que nous les manions comme choses communes: nous ne deuons en cas pareil non plus nous esmerueiller quand nous lirons les descriptions des Plantes & herbes esmerueillables & miraculeuses inserées en ceste presente Histoire admirable, lesquelles encor que semblent de premiere rencontre vn peu sortir hors de l'ordre tant bien compassé & limité de la nature: toutefois la verité est telle, qu'icelles ne sortent & n'excedent pas les limites d'icelle nature. Et ce qui faict ainsi iuger de premier abord de ces choses, est vne faute ou defectuosité qui est aux mortels, & en leur entendement, lequel est si pesant & endormy, qu'il ne peut aysement comprendre icelles choses. Vray est que quand icelles sortent entierement hors l'ordre commun de nature, comme de ressusciter vn mort, faire parler vn muet de nature, veoir vn aueugle né, cela surpasse ce qui est ordinaire en nature, & peut-on bien appeller cela chose supernaturelle & miraculeuse; mais les hommes doctes & sçauans ne s'esmerueillent de tant & tant de choses qui se voyent rarement, mesme d'aucunes non accoustumées, & desquelles on n'a pas commune notice & congnoissance, voire doiuent demonstrer par viues & fortes raisons aux moins doctes & sçauants, qu'il n'y a pas tant grande occasion de s'en esmerueiller ou estonner, en considerant en nostre esprit, & entendement, comme nous auons desia touché cy dessus, que ce grand Dieu tout-puissant a fait & creé de rien par sa seule & vnique parolle tout cest vniuers, & les choses si diuerses & dissemblables comprises en iceluy; & que à present il n'a pas les mains & ses puissances si accourcies & debilles d'en pouuoir, s'il le vouloit, en faire & creer encor d'vn rien par sa seule & vnique parolle de plus esmerueillables ou miraculeuses, & ce d'autant que à present il est encor, ce qu'il a esté de tout temps & eternité, nostre souuerain Dieu & Seigneur tout-puissant, & qui comme il n'eust aucune peine de creer au commencement du monde toutes choses d'vn rien, comme dit est, a peu aussi bien de sa seulle volonté creer ces plantes & herbes, desquelles nous faisons descriptiõ en ceste presente Histoire, voire les peut de sa seulle volonté & parolle destruire, deffaire, & reduire en rien, cõme elles estoient auparauant, quand il plaira à sa diuinité. Vray est qu'il me semble voir quelques-vns en cest endroit m'obiecter, que ils croyent que ceste definition de nature cy-dessus par nous rapportée, est vraye, entant qu'elle se doit entẽdre chrestiennement, suiuant laquelle toutes choses se peuuent dire naturelles: mais que toutesfois ils font quelque doute sur icelle definition: Et ce d'autant que nous faisons toutes choses fort aisées & faciles à la main & volonté du Dieu viuant, & tout-puissant, lequel nous auons appelé la nature mesme, quand par icelle il vient à faire choses grandes, admirables, esmerueillables & miraculeuses, telles & semblables que celles que nous deduisons en ceste presente Histoire: & neantmoins que nous ne laissons pas d'appeller cesdites choses surnaturelles, ou supernaturelles: En quoy il leur semble que en parlãt ainsi, nous nous cõtredisons du tout, puis qu'vne chose est autant naturelle à Dieu tout grand & tout-puissant, comme vne autre. Mais nous respondrons à ce doute, que ce que nous auons dit cy dessus ne vient ny ne procede pas de la part de Dieu, que nous nommons la Nature mesme, ains des choses mesmes, lesquelles comme tant difficilles à croire de premiere rencontre, pour n'auoir auparauãt iamais esté veuës par noꝰ mortels, pour la grandeur, admiration, merueille, & miracle d'icelles; nous appellons surnaturelles, ou supernaturelles, & ce *d'autant que la nature, ou à mieux dire Dieu mesme, n'a pas accoustumé les faire souuent, ce qui est cause que nous mortels, ne trouuans pas d'autres mots ou manieres de parler plus proprement & conuenablement pour nous explicquer en cela, que de dire que ces choses se sont faictes ou font par dessus l'ordre commun de Nature: Ces discours presupposez, contraindront les Lecteurs beneuoles de croire aysémēt & facillement les descriptions des Plantes, & herbes esmerueillables & miraculeuses par nous deduites en ceste presente Histoire admirable, sans estimer ne penser que Dieu tout grand & tout-puissant aye eu, & aye encor plus de peine de les auoir creée & faites, & les creer & faire encor, puis que c'est chose tres-certaine & indubitable comme nous auons desia dit cy dessus, qu'il a faict & creé d'vn rien, de la seulle vertu, force, & efficace de son verbe ou parolle, cest vniuers, & toutes les autres choses que nous voyons tous les iours si esmerueillables, & miraculeuses en iceluy.*

HISTOIRE ADMIRABLE, DES PLANTES ET HERBES ESMERVEILLABLES ET MIRA-culeuses en nature.

Du Maus ou Muse, autrement arbre de vie, du paradis terrestre.

Bananier ou figuier d'Adam

CHAPITRE I.

LE grand & admirable Prophete MOYSE en son histoire du Genese escrit en sa langue diuine Hebraïque, que le grand Dieu Eternel planta, גן *Gan*, vn iardin ou paradis terrestre בעדן *Beceden*, *en Eden*, מקדם *Mikeden*, au commencement du monde, ou comme aucuns Docteurs Hebrieux interpretent, auãt la construction du monde, & autres Docteurs Hebrieux, Grecs, & Latins, expliquent, vers Orient, pour y mettre & colloquer Adam creé & formé à son image, semblance, & similitude; Ce nom de Paradis, estant Grec, est descendu du langage Hebrieu, plustost du Persan, ou Chaldée PARDES, signifiant vn iardin ou verger delicieux & voluptueux, vocable qui porte autant en l'Escriture saincte que iardin de delices, verger, ou lieu de plaisir, & delectation, ainsi que le declarent appertement Elias Leuita, Iuif de nation, autheur Hebrieu en son Thesbite: *Sanctes Pagninus*, en son tresor Hebrieu, & Guy le Feure de la Boderie en sõ Dictionnaire Syrochaldaïque, és interpretations de ce vocable, duquel a vsé en quelques endroicts de ses œuures le sage Salomon, ainsi qu'on pourra veoir en ses liures Hebrieux, pour denoter & exprimer des iardins & paradis plaisans & recreatifs. De faict *Iulius Pollux* autheur Grec, liure 2. de ses Onomastiques escrit, que ce mot de παράδεισος Paradis, semble estre mot barbare, prouenant selon la coustume, en vsage des Grecs, ainsi que beaucoup d'autres mots & noms Persans. Qui plus est, les iardins ou lieux plaisans & recreatifs, plantez d'arbres de plusieurs sortes, & semez de multitudes de graines, herbes, & fleurs souefues & odoriferantes, que les vulgaires Grecs appeloyent en leur langue Grecque Κήπους, les Latins *Viridaria, Pomaria, Leporaria, Viuaria, & Roboraria*, nous François Vergiers: les Grecs, mieux parlans, les nommoient en leur langue mignarde & eloquente, au rapport de Xenophon Autheur Grec liure de l'Administration domestique, de Diodore Sicule autre Autheur Grec, liure 15. de sa Bibliotheque, & de Aule Gelle liure 2. de ses nuicts attiques παραδείσους, mot deriué & procedé, ainsi qu'escrit Suidas Autheur Grec de la proposition Grecque παρὰ, qui signifie iouxte, & du verbe Grec ϱαδίω,qui signifie arrouser, comme si on disoit iardins arrosez de fleuues. Outre plus,ce que la Latine interpretation de la Bible, attribuée à bon droict à ce grand personnage sainct Hierosme a torné en langage Latin,*Paradisum voluptatis à principio*,la vraye escriture Hebraïque l'auoit parauāt dict ainsi, GAN BEEDEN MIKEDEN, iardin de delices,ou iardin en Eden, du commencement, comme fort bien le remarque le susdict Elias Leuita,suiuant l'opinion des plus sçauans & plus doctes Hebrieux,ainsi que i'ay ja dict, & les septante & deux interpretes Grecs ont ainsi expliqué en leur Grecque langue, mot pour mot de l'Hebrieu παράδεισον ἐν Ἐδὲν κτ̀ τὰς ἀνατολὰς,iardin en Eden du costé d'Orient, au lieu duquel mot Orient est escrit en Hebrieu, *Mikeden qu'Aquila Atonone*,en sa langue Grecque ἀπὸ ἀρχῆς,que nous pouuons dire du commencement,ou comme l'escrit Symmache ἐκ πρώτης,& Theodotion ἐν πρώτης,qui signifie non pas l'Orient,mais le commencement. Ce qui demonstre manifestement, que deuant que Dieu Eternel eust faict & creé le Ciel & la terre, il auoit ja faict & planté le paradis terrestre, comme il se lit en l'Hebrieu, ainsi que le rapporte sainct Hierosme au commencement des traditions Hebraïques,& que l'a tourné en sa version Chaldaïque *Aonkelos*, interprete Chaldeen, disant,*Ginetha Be-Eden Milekademin*,par où appert que le mot *Eden*,que les Hebrieux Rabins interpretent *volupté ou delict*,Symmache *Paradis fleurissant*,est le nom propre du lieu & endroict où Dieu Eternel auoit planté au commencement ce iardin ou paradis terrestre, pour y mettre & colloquer Adam nostre premier Pere en toute beatitude & felicité, & lequel lieu nous lisons en Ezechiel chap. 27. & 31. En Esdras chap. 27. Et au 4. liure des Roys chap. 16. estre ou auoir esté vne region nõ guere loing de Charan, ville de Mesopotamie.

Ces parolles premises, nous sçaurons que ce grand & admirable prophete ayant deduict, comme Dieu Eternel auoit planté au commencemẽt ce iardin de volupté ou Paradis vers Orient, auquel il auoit mis nostre premier Pere, dict ce que s'ensuit: *Et aussi le Seigneur Dieu fit produire de la terre tout arbre plaisant à veoir, & bon à manger, & aussi l'arbre de vie au milieu du iardin, & l'arbre de science, de bien, & de mal.* Les Rabins ou Docteurs Hebrieux anciens & modernes, qui ont escrit & composé commentaires & annotations sur le Genese, ou iceluy expliqué & interpreté en leurs œuures, faisans mention de l'arbre de vie qui estoit au paradis terrestre, appellé par ce grand Moyse au chap. 2. du Genese en sa langue Hebraïque עץ-הגן *Hets Hagan*, ainsi appellé en Chaldee par le Paraphraste Chaldaïque *Aonkelos* en sa paraphrase par les septante-deux interpretes Grecs en langage Grec, τὸ ξύλον τῆς ζωῆς, par sainct Hierosme & autres translateurs Latins des Bibles en Latin, *lignum vitæ*, & par nos François en nostre langue (*Bois ou arbre de vie*) ont escrit & rapporté plusieurs tres-grandes curieuses & affectées recherches & deductions touchant l'interpretation & intelligence de ce bois de vie, lesquelles nous ne reciterons pour le present, attendu qu'elles reſentent par trop les curieuſes ſuperſtitions & Cabales Hebraïques & Iudaïques, non ſuiuies de nous Chreſtiens Catholiques. Ceux qui voudront veoir & lire vne grande partie de ces recherches & deductions, le pourront faire en la lecture du corps de ceſte Bible imprimée autre fois en Hebrieu, Grec & Latin, en Angleterre, Rome, Veniſe & Allemagne, diuiſee & partie en quatre tomes, & de nouueau imprimée en Angleterre & à Geneue en deux tomes ou volumes, par l'induſtrie d'vn Anthoine Cheualier, Mathieu Illiricus & autres: & entrant en ce que les Docteurs de l'Egliſe en ont eſcrit, nous commencerons à dire que la gloſe ordinaire ſur les propos de Geneſe qui s'enſuiuent (*faiſons l'homme*) ainſi que meſme le remarque le maiſtre des Sentences §. *D*. deduict, le bois, arbre, ou fruict de vie auoir eſté donné & octroyé à noſtre premier pere, afin qu'iceluy bois, arbre ou fruict, fut vne fois ſeulement prins & mangé par l'homme, parce qu'iceluy bois, arbre, ou fruict de vie, apres qu'il euſt eſté prins, & mangé vne fois, il apportoit auec ſoy vne pleine & parfaicte immortalité & eternité, en telle façon toutesfois, que l'homme deuoit s'abſtenir de la manducation & vſage d'iceluy, iuſques à ce qu'il fuſt paruenu à ſon vray aage de croiſt & grandeur humaine, tel que l'homme deuoit eſtre agreable & aimé de Dieu viuant, ayãt toutesfois iceluy homme multiplié & engendré des enfans: ce qu'ayant eſté faict & executé, iceluy homme meſme deuoit prendre & manger du bois, arbre, ou fruict de vie, pour & à celle fin qu'eſtant fait & rendu immortel à iamais, il ne vint plus à chercher & vser d'aucuns nutriment ou aliment naturel & corporel: à ceste opinion semble adherer ce grand sainct Iean Chrysostome en son homelie dix-huictiesme sur le Genese. Sainct Augustin liur.13. chap.20. de la cité de Dieu, & liu.14. d'icelle, ensemble au liu.6. du Genese à la lettre chap.25. & en quelques autres endroicts de ses œuures escrit, que par le bois ou arbre de vie, Moyse entend parler du fruict (de l'arbre de vie) ainsi appellé, bois de vie, à cause que contre le temps & la longueur des années & siecles il donnoit & eslargissoit de soy vne stabilité & fermeté, & ne permettoit l'humeur radicale ou chaleur naturelle de l'homme estre debilitée ou diminuée en quelque forme & maniere que ce fut: & afin que l'humeur radicale ou chaleur naturelle ne vint à estre faicte & renduë infirme & debile en l'homme, mais plustost entretenuë & conseruée en sa vigueur & force, il estoit necessaire infailliblement le fruict de vie estre prins & mangé, pour empescher la vieillesse & caducité, qui ne prouiennent & procedent que d'vne diminution ou consomption d'humeur radicale, ou chaleur naturelle. Aucũs Theologiens maintiennent (ainsi que i'ay ja remarqué cy-dessus) que le bois, arbre ou fruict de vie) deuoit seulement estre prins & mangé vne fois, & qu'iceluy auoit ceste vertu & energie, qu'vne fois mesme prins & mangé il pouuoit faire & rendre l'homme immortel, & que ce bois, arbre ou fruict, apportoit purement & simplement l'immortalité, à cause que la vertu & puissance qui estoit en l'ame de l'homme, n'estoit faicte & causée pour la conseruation du corps, par le moyen & ayde du bois, arbre ou fruict de vie, veu que la vertu & puissance de chasque corps, est formée & terminée, & ne deuons croire aucunement nostre premier Pere Adam auoir esté auãt sa faute & peché subiect & assuiecty à aucun defaut, ou imperfection de nature, à cause du bois, arbre, ou fruict de vie, qui deuoit empescher la mort: laquelle (ainsi qu'il faut croire) n'estoit en l'homme de sa nature & condition auant le peché & offense, ains deuoit estre & aduenir si le fruict de vie n'eust esté faict & creé parauant, lequel deuoit en prenant & non restaurant, secourir le deffaut qui eust peu estre en l'homme. Quelques autres Theologiens ont asseuré que le bois, arbre, ou fruict de vie de sa seule vertu & puissance secrette & cachée, à luy naturellement propre & peculiere, donnée & concedée de Dieu, pouuoit apporter & causer à l'homme vne immortalité telle, qu'encor que l'homme pechast, ou ne pechast point, pourueu qu'il eust vsé selon sa volonté & son desir du bois, arbre ou fruict de vie, il ne pouuoit mourir corporellement: ce que repete l'Autheur des questiõs du vieil & nouueau Testament, sainct Augustin quest. 19. liu. 6. de la Trinité chap. 25. & liu. 14. chap. 26. de la Cité de Dieu, ensemble Durand & quelques autres Autheurs Scolastiques, appuyez sur le passage cy apres dict du chap. 3. du Genese, portant ces mots: *Adonc le Seigneur dict, voila* » *Adam est deuenu comme vn de nous, sçachant le bien &* » *le mal. Or maintenant de peur qu'il n'auance sa main &* »

" *prene aussi de l'arbre de vie, en mãge & viue à tousiours,*
" *mais iettõs-le dehors: le Seigneur Dieu dõc l'enuoya hors*
" *du iardin de volupté pour labourer la terre, de laquelle il*
" *auoit esté prins; Ainsi il dechassa l'homme & colloqua*
" *vn Cherubin deuant le iardin de volupté, & vn glaiue*
" *flamboyant & voltigeant çà & là, pour garder la voye*
de l'arbre de vie. Aucuns autres Theologiens disent, que à cause qu'il est fort des-honneste, voire contre l'ordre & estat de la haute & diuine iustice, le peché de l'homme demeurer impuny, qu'on doit penser & estimer que la sentence de mort donnée & proferée de Dieu contre le premier homme apres sa coulpe & offence, deuoit estre accomplie & paracheuée: aussi bien si le premier homme eust prins & mangé du bois, arbre ou fruict de vie, comme s'il n'en eust prins & mangé aucunement, & que le corps d'iceluy apres sa faute & peché vint à emporter & entrainer quant & soy vne certaine maladie mortifere que on interprete à bonne & iuste occasion, vne necessité infaillible & indubitable de mourir, ainsi que deduit fort amplement sainct Augustin *lib. 1. de pecc. mor. & re. 16. & lib. 9. de Genes. ad litteram cap. 16. & lib. 2. chap. 32.* & liure 13. chap. 3. de la Cité de Dieu, continuant iceluy apres que ledit premier homme & sa femme vindrent à passer & transgresser le commandement & precepte diuin, ils furent desflors subiects & assubiectis du tout à la mort, & que ceste mort aduint le iour que Dieu fit la deffence de manger du fruict de l'arbre de science de bien & de mal; duquel ie parleray cy apres: Car l'estat & condition qui estoient au premier hom-

me & à sa femme estans perdus ou esteints, leurs corps materiels vint à attirer & entreiner auec soy vne qualité maladifue & mortifere, telle que celle des corps des bestes brutes, de quelque nature & condition qu'elles soient, & que la nature humaine fut vitiée & corrompuë en nostre premier Pere & sa femme, & du tout muée & changée en eux, afin qu'iceux vinssent à endurer en leurs membres vne inobedience de concupiscence, & par icelle fussent adstreints à la necessité & fatalité de la mort : à ce que dessus par nous deduit & discouru plusieurs anciẽs Peres & Docteurs de l'Eglise semblent resister & contrarier par le dit, desquels il apparoist si l'homme premier n'eust esté apres le peché, distrait & separé du bois, arbre, ou fruict de vie, il ne luy eust esté necessaire & fatal de mourir de mort: & pour vser de briefueté & paucité de parolles ie citeray seulement quelques vns de ces Peres, qui ont tenu & deffendu ceste opinion: sçauoir sainct Augustin liu. 16. *de Genesi ad litteram chap. 25. & liu. 1. contra aduersar. legis & Prophet. chap. 15.* Sainct Iean Chrysostome Homelie 18. sur le Genese : sainct Hilaire sur ces mots du pseaume : *Quem tu percußisti.* S. Irenée *lib. 3. aduers. hæreses capite 37.* Sainct Cyrille liure 3. cõtre Iulien l'Apostat, ausquels Peres & Docteurs on peut respondre auoir esté deux causes par le moyen & benefice desquelles le premier homme eust peu viure à perpetuel, & à iamais en ce monde terrestre & corporel, vne, la qualité interne ou interieure de son corps, proportionnée à la bonne & parfaicte proportion & deuë conuenance de

toutes les parties corporelles, ensemble des quatre Elemens ou quatre humeurs, qui dominent dans les corps humains, l'autre le bois, arbre ou fruict de vie, lequel preseruoit & cõseruoit la bonne & excellente qualité corporelle, ce que semble toucher & deduire, au lieu sus allegué de la Cité de Dieu le mesme sainct Augustin, disant : en ce iour de la faute & coulpe d'Adam nostre premier Pere & de sa femme, la nature & conditiõ de l'hõme a esté muée & changée en pis, & la necessité & fatalité de la mort corporelle fut introduicte en l'homme par l'eslongnement & separation tres-iuste du bois, arbre, ou fruict de vie. Et encor que sainct Augustin rapporte l'vne & l'autre des raisons que dessus auoir esté assez pertinente & suffisante pour introduire & apporter la mort & necessité de mourir, tellement que icelle posée, nostre premier Pere ne pouuoit estre immortel, encor qu'il vint ordinairement à prendre & manger du bois, arbre ou fruict de vie. Et cela est tres-certain & tres-veritable ce que dict ce grand personnage contre l'aduersaire de la loy & des Prophetes, que c'est Estre puny de mort corporelle, estre separé & sequestré du bois, arbre ou fruict de vie; duquel bois, arbre & fruict parle S. Iean en
» son Apoc. disant, *qui vaincra, ie luy dõneray du fruict*
» *de vie qui est au Paradis de mon Dieu*, sainct Ambroi-
» se *in lib. de bono mortis & Epist.* 42. sainct Hier. liu. 16. sur Esaye : S. Augustin liu. 13. de la Cité de Dieu : Irenée liu. 5. contre Valentinian : Rupert liu. 1. *de oper. Spiritus.* & autres anciens & modernes Docteurs de l'Eglise, ont tasché d'allegoriser ce

que ce grand Moyse a escrit du bois, arbre ou fruict de vie, & arbre de science de bien & de mal: mais ie ne feray icy mention particuliere de leurs discours, à cause qu'ils ne peuuent de present seruir en c'est endroit. Qui voudra veoir plusieurs grandes deductions & traictez, outre ce que nous auons recité cy-dessus de ce bois, arbre, ou fruict de vie; lise Iosephe liu. 1. chap. 1. des antiquitez Iudaiques : S. F. Tertullian en ses liu. contre Marcion: Gabriel Biel, *distinct. 19. quest. Nuric. liu. 2. Sente. Petr. comestor in hist. Scolast.* Sainct Thomas 1. *part. quest.* 97. Bonauenture sur le 2. liu. des sentenc. Durand & Denis Chartusianus *in lib. 2. sentent. Petrus Denysetus, Franciscanus in resolut. Theolog. in lib. 4. Petr. Lombardi. Stephanus Brulefer distinct. 19. question. 5. liu. 2.* des sentences de Pierre Lombard, Pierre Mathieu, Felisius *distinct.* 17. chap. 13. & distinction 18. chap. 3. de ses institutions Chrestiẽnes & autres modernes Docteurs en Theologie, qui en grand nombre ont escrit & interpreté le Genese & questions que dessus. Le mesme Prophete Moyse ayant premis au chapitre second du mesme Genese que Dieu eternel fit produire de la terre tout arbre plaisant à veoir & bon à manger, & aussi l'arbre de vie au milieu du iardin ou paradis terrestre, & l'arbre de science de bien, & de mal continuë ces mots : *Or le Seigneur Dieu print l'homme & le colloqua au paradis de volupté, pour le cultiuer & le garder, & luy commanda, disant, De tout arbre du iardin tu en mangeras, mais de l'arbre de science de bien, & de mal, tu n'en mangeras point, car dés le iour que tu mangeras de iceluy, tu mourras de mort.*

Dans les exemplaires des Bibles hebraïques nous trouuons, Moyse voulant denotter & exprimer le bois, ou arbre de science de bien & de mal, auoit vsé de ces mots Hebrieux, *Hets hadaat tob dara*, bois, ou arbre de science de bien & de mal, ce que le Paraphraste Aonkelos a ainsi tourné en son Thargum, ou Paraphraste Caldaïque. (*arborem cuius fructus manducantes scient inter bonum, & malum*) L'arbre duquel ceux qui mangent le fruict sçauront ce qui est du bien & du mal: les septante deux interpretes Grecs ont ainsi traduit en leur version Grecque τὸ ξύλον τοῦ εἰδέναι γνώσιν καλοῦ καὶ πονηροῦ *lignum sciendi scientiam boni & mali*, le bois pour sçauoir la science du bien & du mal: Sainct Hierosme en sa version Latine l'a ainsi rapporté (*Lignum scientiæ boni & mali*) nous en nostre langue, *Le bois ou arbre de science de bien & de mal*. Nous ne traicterons en cest endroit, ains delaisserons pour le present plusieurs superstitieuses & affectées remarques & questions deduictes par les Rabins Docteurs Hebrieux, pour l'explication & interpretation de cest arbre de science de bien & de mal: parce que icelles ne seruent à l'edification & salut de nos ames & consciences: ioinct que les curieux Lecteurs en pourront veoir partie d'icelles dans ces Bibles Hebraïques, Grecques & Latines, imprimées tant en quatre Tomes que en deux, en Italie, Allemagne, Angleterre & Geneue, ainsi que i'ay ja remarqué cy-deuant, expliquant le bois de vie: mais dirons seulement, que aucuns anciens Docteurs ou Theologiens maintiennent que l'Arbre de science de bien & de mal fut interdit & prohibé à l'homme au iardin d'Eden ou paradis terrestre, non parce que iceluy arbre fut mauuais & dangereux de sa nature & existence, veu qu'il est certain & indubitable que toutes les choses de la terre faictes & creées par la vertu & efficace de la parolle & du verbe de Dieu, estoient de soy tres-bõnes, & tres-salutaires: mais à cause du merite de la pure & simple obedience & obeissance qui deuoit estre en l'homme (laquelle estant grande) est comme vne vertu de creature raisonnable, posée & constituée soubs le vouloir & puissance de son Createur, iceluy arbre fut deffendu & prohibé du Dieu viuant à l'homme: car encore qu'il n'y eust rien de dangereux & pernicieux en iceluy arbre interdict & deffendu de Dieu, toutesfois l'homme venant à en vser de sa seule inobedience & desobeïssance, pechâ & offençâ grandement, ainsi que remarque fort brauement & doctement sainct Augustin liure 13. chap. 20. de sa Cité de Dieu, & cestuy arbre de science de bien & de mal ne fut dés le commencement appellé ainsi, comme l'enseigne le mesme S. Augustin liu. 8. du Genese à la lettre chap. 5. & 6. arbre de science de bien & de mal, pour n'estre & nom & appellation d'arbre de science de bien & de mal conuenable & propre à la nature & puissance que Dieu luy auoit premierement donnée & cõcedée: mais qui par apres à cause de l'euenement & effect qu'il eust, vint à auoir ce nom & appellation, depuis la seduction & tentation de Sathan, qui promettoit apres le goust & vsage du fruict de cest arbre de science, de bien & de mal, prins & mangé à nos premiers Peres, la vraye & parfaicte science du bien & du mal: non que on doiue croire que iceux nos premiers peres deuant l'vsage & manducation du fruict de cest arbre de science de bien & de mal, eussent peu discerner ou distinguer le bien d'auec le mal, mais qui apres vindrent en toute misere & infelicité à le sçauoir & comprendre par vsage & experience, comme les larrons & brigãds qui n'ignorent le mal & infortune qui a accoustũmé suiure & tallonner ceux qui desrobbent & brigandent, lesquels à la par-fin sont pendus & estrãglez pour leurs fautes & demerites: Nous trouuons autres Docteurs de l'Eglise, ainsi que tesmoigne sainct Iean Chrysostome Homelie 16. sur le Genese, qui enseignent le premier homme depuis la prinse & manducation sienne du fruict de cest arbre de science de bien & de mal, auoir acquis & possedé la sciẽce du biẽ & du mal, laquelle n'estoit en l'homme parauant, ce qui n'a beaucoup de verisimilitude, attendu qu'il est credible iceluy premier homme, qui a donné & imposé noms & appellations, comme il est contenu au chapitre second du Genese, & confirmé par sainct Augustin, *lib. contra aduers. leg. & Prophet. capite* 14. à tous les animaux du monde, selon leurs natures & condition, & qui auoit en luy infus vn don & prerogatiue tres-admirable de Prophetie & science de predire & annoncer les choses futures, ainsi qu'il appert clairement par ces mots qu'il profera & annonça de sa bouche, parlant de Eue sa future femme, de luy inopinément veuë & contemplée: *Cela maintenant est os de mes os, & chair de ma chair,*

& pourtant on appellera icelle hommace; car elle a esté prinse de l'homme. N'auoir ignoré de sa nature & condition, ce qui estoit bon salutaire & profitable, & ce qui estoit mauuais meschant & pernicieux. Il me semble veoir & ouïr quelques curieux & subtils demander en cest endroit, quelle vertu & puissance le fruict de cest arbre de science de bien & de mal, auoit d'ouurir les yeux de ceux qui en mangeoient? Sainct Iean Chrysostome au lieu sus allegué, & sainct Augustin, *liu.1. cont.2. epist. Pel. cap.16. & liu.2. de pecc. mer. & re cap.22.* respondant que on ne doit croire & estimer nos premiers Peres à la mode & façon des petits chiens, qui sortent recentement du ventre de leurs meres, auoir esté faicts & formés de Dieu aueugles & priuez de la lumiere des yeux, afin qu'iceux auec le temps de leur croist & aages vinsent à iouir du benefice & iouissance de la lumiere de leursdits yeux: Mais bien plustost auec le temps de leur faute & coulpe, parce que ceste ouuerture des yeux doit estre entenduë, auoir esté faicte & causée non corporellement, mais bien spirituellement, & tout ainsi que Agar chambriere d'Abraham son petit enfançon Ismaël plorant tendrement, & ayant soif vint à regarder & cõtempler de ses yeux, & par ce moyen à cognoistre & apperceuoir le puis où estoit l'eau, encor que ses yeux ne fussent parauant clos & fermez: que les yeux des Apostres marchãs & cheminans furent ouuerts pour cognoistre & remarquer le Seigneur, à la fraction & rupture du pain: de mesme nous deuons asseurer nos premiers peres auoir esté diligens & attentifs pour veoir, re-

garder & contempler, ce qui estoit ja aduenu de nouueau & extraordinaire en leurs corps, lesquels corps estans nuds & sans vestements estoient d'ordinaire & communément apperceuz, & discernez de leur veuë, & de leurs yeux, sans toutesfois faire vne plus particuliere & peculiere distinction de ce qu'ils voyoient & contemploient: autrement, comment est-ce que Eue eust veu & apperceu auant la faute & le peché, l'arbre de science, de biẽ & de mal, estre plaisant aux yeux & desirable pour regarder, ainsi que le deduict fort amplement & appertement le grand Moyse au troisiesme chapitre du Genese, si elle & son mary n'eussent eu leurs yeux entierement patants & ouuerts deuant qu'auoir vsé du fruict de cest arbre de science de bien & de mal? ce ne seroit iamais faict, qui voudroit rapporter par le menu tout ce que les Docteurs anciens & modernes de l'Eglise escriuent & discourent du fruict de cest arbre de science de bien & de mal; ceux qui voudront en veoir & lire plusieurs discours, feuillettent auec les Autheurs, par moy cy deuant alleguez en l'explication & interpretation du bois ou arbre de vie S. F. Tertullian liu. *de ieiun. aduers. Phisic. Ioannes Eicius in cap.* 2. *Genes.* Guillaume Hamere en ses comment. sur le Genese, Mathieu Felisius *distinct.* 7. 17. *chap.* 14. de ses instit. Chrestien. & F. I. Benedicti en son Epistre luminaire de sa Somme des pechez, & les commentateurs de l'eschole Conebrissence sur le liure d'Aristote de la ieunesse & vieillesse, chap. 3. Tous les propos cy-dessus premis bien considerez, nous dirons que Iean Leon, Autheur Arabe, en en son neufiesme liure de la description d'Afrique, faisant mention du Maus ou Muse, sorte de fruict assez gros procedant d'vn certain arbre naissant en plusieurs prouinces d'Afrique, escrit ce que s'ensuit. Ce fruict est fort doux & gentil, de la grandeur de petits citrons, estant produit par vne plante qui a les feuilles larges & longues d'vne coudée: Les Docteurs Mahometistes disent que c'est le fruict qui fut defendu à nos premiers parens par la bouche de Dieu, & n'ayans voulu obtemperer à son Sainct commandement apres en auoir mangé, leurs parties honteuses se descouurirent, lesquelles voulans cacher, cognoissans leur delict, prindrent des fueilles de cestedicte Plante, qui sont plus propres à cela que nulles autres qu'on puisse trouuer, il en croist à foison en la Cité de Sela, au Royaume de Fez, en grande quantité en Egypte, & principalement vers Damiette & Damas. André Theuet liure 16. chap. 11. de sa Cosmog. escrit qu'il a veu au terroir de Damas vn arbre appellé Mose ou Maus, portant son fruict presque du tout semblable au concombre qui a le goust tressauoureux, passant en delicatesse tous les autres qui croissent en Leuant, les feuilles duquel sont si grandes, longues & larges, qu'on y enueloperoit vn enfant d'vn an dedans, & qu'il ne sçait auoir veu guere de sa vie feuille plus large, & que ce Mose tient plus de l'herbe que de l'arbre: & iaçoit qu'il s'estende en hauteur à la proportion des moyens arbres, que si est-ce que sa tige & tronc est aussi gros que la cuisse d'vn homme, & si tendre, qu'on le couperoit aisément tout à net auec vne espée à deux mains, & que plusieurs tant Grecs, Chrestiens, du pays, que Iuifs & Mahometans tiennent que c'est le fruict duquel Adam mãgea, & qui luy fut deffendu, & que c'est trop pres s'enquerir des secrets de Dieu, qui deffendit tel arbre qu'il luy pleut, sans que l'Escriture saincte specifie quelle sorte ou espece d'arbre fut celuy-là. Ce mesme Autheur au liu.10. ch.dernier de la mesme Cosmog. faisant mention du mesme fruict que dessus, tient que les Docteurs & Rabbins Alcoranistes, mesme plusieurs Chrestiens voulant subtiliser sur ce qui aduint au commencement du monde, disent que ce fruict est celuy que Dieu deffendit à Adam & Eue de manger & gouster, & que aussi tost qu'ils en eurent gousté, ils eurent cognoissance, estans honteux d'auoir les parties les plus secrettes descouuertes, & que les voulant couurir, ils prindrẽt des feuilles de la plante mesme de laquelle ils auoient mangé le fruict: ce sont des belles resueries que ces propos, veu que le texte de Moyse porte que c'estoit vn arbre & non plante. Serapio, Auicennes & Rhazea en leurs escrits ont faict mention de ces Maus ou Muse, & les nomment Musa ou Maus, ou Amusa, autrement Mose: on les appelle en Canara Guzarate, en Bengalá Quelli, en Malabart Pallan, en Malaye Piçan, en Laquinée Banánas. Loys Batheme liu.5. chap.15. de ses voyages en descrit de trois especes: frere Loys Brochart en sa description de la terre saincte appelle les fruicts de ces arbres Pommes de Paradis. Gonçal Fernand Ouiede liu.8. chap.1. de son histoire generalle des Indes, Garcie Aborte liure second chap. 491. de son histoire generalle des Indes, & liu. 2. chap. 10. de son Epithome, Christofle Acosta liur. de son histoire des espiceries chap. du Mose, descriuent amplement toutes sortes de Maüs ou Muse, aussi font André Theuet chap. 51. de sa Cosmog. de Leuant, & chap. 33. de ses singularitez, Charles Clusius en ses annotatiõs sur le liure des espiceries de Garcie, Aborte cydessus allegué, & Guillaume Rouile liu. 3. chap. 6. & liu. 18. chap. 74. de son histoire generalle des Indes, partie desquels Autheurs disent que la faculté des fruicts du Maus ou Muse est telle qu'elle a peu d'aliments, engendre la Bile & la Pituite, sert aux inflamations de la poictrine & des poulmons, mais qu'elle offẽce l'estomac, si on en vse par trop, & qu'elle est bonne aux femmes grosses, aux douleurs de reins, à prouoquer l'vrine & le desir du plaisir venerien. Les Indiens au pays desquels ces fruicts croissent, ordonnent l'vsage d'iceux aux febricitans & autres malades. Quelques modernes autheurs nous veulent faire accroire que Theophraste liu. 2. chap. 8. de son histoire des Plantes, a eu cognoissance de nos Maus, & qu'il en a parlé plus apertement au liu. 4. chap. 5. ensuiuant: ce que semble auoir repeté Pline son imitateur liu. 12. chap. 6. de son histoire vniuerselle, ce que ie ne crois pas pour beaucoup de raisons. Le mesme Theuet cy dessus allegué chap. 33. de ses singularitez descrit vn pareil fruict appellé Paconna, l'arbre qui le porte Paquoïere par les Ameriquains. Iean de Lery chap. 13. de ses histoires nomme le fruict Paco, l'arbre Paco-aire. Et afin que ie ne laisse aucune choſe digne d'eſtre leuë ſans la remarquer, en ceſt endroit, ie diray qu'il me ſemble auoir veu dans quelques Anciens Autheurs Grecs, qu'il y a vn certain lieu en la terre nommé Anoſte és Hyperborees, où il y a des arbres de telle vertu & puiſſance, que celuy qui gouſte du fruict d'aucuns, vient plorant & gemiſſant à mourir, & qui gouſte du fruict des autres, viẽt à viure long temps, exẽpt de toutes maladies & de la vieilleſſe. Iean Gorapius liu. 5. de ſon œuure, intitulé Origines Antuerpiæ, pag. 85. s'eſt efforcé de faire croire que le Maus eſt l'arbre de ſcience de bien & de mal, ce qu'il a repeté en vne autre œuure, intitulé Vertumnus: vray eſt que auparauant luy, Moſes Bar Cepha au 19. ch. de ſon Commẽtaire du Paradis, auoit tenu la meſme opinion. Garcie ab Orte chap. de Muſa faict mẽtion d'vn arbre autre que les cy deſſus deſcrits, par luy nommé *Ficus Indica*, par les Arabes & Perſes *Mous*, & non *Muſa*, ou *Amuſa*, autrement *Darachi Mous*: Auſſi faict Chriſtoph. Acoſta liur. des Eſpiceries chap. de Muſa: & Proſper Alpinus liure des Plantes d'Egypte chap. 21. de Maux ou Muſa: mais cela ne faict à noſtre propos, quant à preſent.

Portraict du Maus, ou Muſe, auec ſes fueilles ſans fruicts.

Portraict du Maus, ou Muse, auec ses fruits sans fueilles.

Du Moly d'Homere, ou Herbe Baaras de Iosephe.

Chap. II.

Le grand Poëte Homere au 10. de l'Odissee, recite que le Dieu Mercure Ambassadeur des dieux donna à Vlysse vne Plāte de Moly pour empescher les charmes & enchantemens de la Magicienne Circé, fille du Soleil & de la Nymphe Perses demeurant en la montagne Circée.

Ῥίζῃ μὲν μέλαν ἔσκε, γάλακτι δὲ εἴκελον ἄνθος
Μῶλυ δέ μιν καλέουσι θεοὶ χαλεπὸν δέ τ' ὀρύσσειν
Ἀνδράσι γε θνητοῖσι θεοὶ δὲ πάντα δύνανται.

C'estoit vne racine noire, & la fleur semblable à du laict, les dieux la nomment Molý, & est difficille à deplanter aux hommes mortels, mais les dieux peuuent tout.

Le Scholiaste de ce Poëte interpretant ce passage cy dessus, escrit que le Moly est ainsi appellé, παρὰ τὸ μωλύειν τὰς νόσους *à mitigādis sedandisque morbis*, de mitiger & appaiser les maladies : & asseure encor que ceste Plante surmonte tous les autres medicaments, & que ce qui est arraché de la racine d'icelle, apporte en fin la mort à celuy qui l'arrache. Theophraste liure 9. chapitre 15. de la nature des Plantes : Le Moly croist en Phenée & Cylléne, ainsi que dit Homere, ayant sa racine ronde, nō dissemblable à celle de l'oignō, ses fueilles comme celles de la Squille, l'vsage duquel est fort bon contre les grans empoisonnemens

& ſorcelleries, mais iceluy eſt fort difficile à eſtre deterré, ainſi que dict Homere. Pline liur. 25. ch. 4. *laudatiſsima herbarum eſt Homero, quam vocari à Diis putat Moly & inuẽtionem eius Mercurio aſsignat, contraque ſumma veneficia demonſtrat naſci eam hodie circa Pheneum & in Cyllene Arcadiæ tradunt ſpecie illa Homerica, radice rotunda nigraque, magnitudine cepæ folio ſcillæ, effodi autem difficulter, Græci Auctores florem eius luteum pinxêre, cum Homerus candidum ſcripſerit, &c.*

L'vne des Herbes la plus louée & priſee d'Homere eſt celle qu'il eſtime eſtre appellee par les dieux Moly, l'inuention de laquelle il attribue au dieu Mercure, & demonſtre qu'elle ſert grandement contre les forts venins & enchantemens, & que ceſte Herbe n'eſt à preſent aupres ou és enuirons de Pheneus, & en Cyllene d'Arcadie, en la meſme forme que l'a deſcrit Homere, ayant ſa racine ronde, & noire, grande comme celle de l'oignon, ſa fueille ſemblable à celle de la Squille, & que elle eſt deplantee fort difficillement, les Autheurs Grecs ont peint ſa fleur iaune, au contraire d'Homere qui a eſcrit qu'elle eſtoit blanche.

Au chap. 10. enſuiuant, *contra hæc omnia magicaſque artes erit primum illud Homericum Moly*, contre toutes ces choſes, & les arts magiques, ſeruira premierement ce Moly d'Homere au 21. liu. ch. 31. parlant de l'Halicacabon il le nomme ſelon aucuns Moriõ ou Moly, qui endort les perſonnes, & eſt plus dangereux à les faire mourir que l'opium: *Lucius Apuleius lib. de virtutib. herbarum c. 48. Moly clariſsimæ herbarũ eſt, Homero teſtante, & inuentionem eius Mercurio assignante qui naturam eius & succi beneficia demõstrauit radice rotũda nigraque, magnitudine cepæ*, le Poëte Ouide au 14. de sa Metamorph. fab. 6.

Pacifer huic dederat florem Cyllenius album
Moly vocant superi nigra radice tenetur.

André Alciat ayant du tout imité les vers d'Homere cy dessus citez, dict en son Embleme 181.

Antidotum Aeeæ medicata in pocula Circes
Mercurium hoc Ithaco fama dedisse fuit.
Moly vocant, id vix radice euellitur atra
Purpureus sed flos, lactis & instar habet.

Isacius Commentateur de Lycophron au Poëme, Alexandre & Suidas en son Dictionn. asseurent que le Moly resiste aux sorcelleries & enchãtemens, & que ceste Plante est la mesme Rue Syluestre.

Melchior Guillandinus en ses Comment. sur Pline liur. 3. chap. 3. & en vne sienne Epistre par luy escrite à Conrad Gesnerus, a asseuré que le Moly d'Homere n'est autre que la Plante nommee par Aelian liur. 14. chap. 24. & 27. de la nature des animaux, la Cynospaste, ou Aglaophotin; l'herbe ou racine de Baaras de Iosephe liur. 7. chap. 25. de la guerre des Iuifs, la Marmaride & Cynocephalie de Democrite, l'Osiritide d'Appion, la Pernuë de Galien, ou l'Aglaophotin ou Marmaritin de Pline liur. 24. chap. 17. de son histoire: ce que André Matheole reiette à bon droict pour plusieurs grandes raisons, par luy deduictes en vne sienne Epistre escrite à Gabriel Falloppe, inseree au liur. 2. de ses Epistres. Voyez ce que escriuent de plusieurs sortes de Moly, G. Rouille liur. 15. chap. 22.

de son histoire de toutes les Plantes. D'abondant iceluy mesme Mattheole en ses Commentaires sur le liur. 4. chap. 71. sur Dioscoride a escrit ce que s'ensuit; les Mandragores tant masle que femelle croissent en plusieurs lieux d'Italie,& principalement en la Poüille, au Mont sainct Ange, dont on nous apporte tous les ans les escorces des racines, & les pommes. On en voit aussi en plusieurs iardins, qui seruent de monstre: car i'ay veu à Naples, à Rome & à Venize les deux especes de Mandragores qu'on nourrissoit en vases & pots de terre, par singularité. Au reste ce ne sont que fables ce qu'on dict que les Mãdragores ont leur racines faictes à mode d'vne personne, comme ces bonnes vieilles pensent: ausquelles aussi on a dõné à entendre, qu'on ne les peut tirer qu'auec grãd danger de la vie, & qu'il conuient attacher vn chien ausdites racines pour les arracher, s'estoupans de cire, ou de poix les oreilles, de peur d'ouyr le cry de la racine, qui feroit mourir ceux qui les fouyroiẽt, si d'auenture ils oyoient ledit cry: mais ces racines que ces trompeurs vendent, qui sont faictes à mode du corps de la personne, & lesquelles ils maintiennent estre singulieres pour faire auoir d'enfans aux femmes steriles, sont artificielles, & sont faictes de racines de Roseaux, de couleuuree, & de plusieurs autres racines semblables: Car ils entaillent & grauent lesdites racines pour leur donner forme humaine: & és lieux où il faut qu'il y aye du poil, ils y fichent & plantent de grains d'orge, ou de millet; puis les ayans enterrez ils couurent ces racines de sable, & les laissent enterrees, iuſques à ce que l'orge ou le millet ait prins racine: ce qui ſe faict en moins de trois ſepmaines: puis ils deterrent leſdictes racines, & couppent auec vn trenche-plume bien trenchant & bien pointu les racines que ces grains ont iettees, & les accouſtrent de ſorte qu'elles ſont faictes & coupees à mode de cheueux, & de barbe, & repreſentent toute autre ſorte de poil qui vient ſur le corps. Ie peux dire cecy pour le ſeur: Car il m'aduint eſtant à Rome, qu'vn de ces trompeurs & vagabons ayant la verolle, me tomba entre les mains pour le guerir; lequel me declara ceſte maniere de faire des Mandegloires, auec dix mil autres tromperies dõt il auoit attrapé grande quantité d'argent: Et me monſtra pluſieurs Mandegloires artificielles, iurãt bien à certes qu'il vendoit les moindres vingt-cinq, & quelquefois trente eſcus: de moy qui ne demande que le profit commun des perſonnes, ie n'ay voulu diſsimuler ceſte piperie, pour monſtrer à vn chacun le danger qui eſt d'adiouſter foy à tels beliſtres & vendeurs de triacles: car outre la perte d'argent qui y eſt, la vie y va ſouuent. Et pour retourner à mes triacleurs & vendeurs de Mandegloires, afin de donner couleur à leurs tromperies, ils dient que Pytagoras a appellé la Mandragore Anthropomorphos; c'eſt à dire faicte en forme & figure d'homme: mais il faut noter que Pytagoras n'a ainſi nommee la Mandragore ſans bonne raiſon: car toutes les racines de Mandragore, ou pour le moins la plus-part, ſont fourchues depuis la moitié en bas: de sorte qu'on diroit qu'elles ont des cuisses comme les hommes. Et par ainsi cueillant la Mandragore lors qu'elle a ces pommes qui tiennent à vne petite queuë pres de la racine au dessous des fueilles, on diroit ceste plante estre semblable à vn homme, qui n'a point de bras. A quoy certes bien peu de gens se sont prins garde: mesmes plusieurs ne considerans ce que dessus ont prins à fable tout ce que Pytagoras & Columela on dict de la Mandragore.

Or pour retourner à nostre fabuleuse maniere de tirer & arracher les Mandegloires auec vn chiẽ attaché à la racine, il me semble qu'elle a esté prinse & empruntée de Iosephe; lequel parlant d'vne autre sorte de racine, a donné occasion à ces trõpeurs de destourner ceste ceremonie sur leurs Mandegloires: & afin qu'vn chacun l'entende mieux, ie mettray icy mot par mot ce qu'en dict Iosephe, lequel parle ainsi liure 7. chap. 25. de la guerre des Iuifs: En la valée qui enuironne la cité,
» du costé de Septentriõ y a vn lieu nommé Baaras,
» auquel croist vne racine qui aussi est nommée
» Baaras, laquelle a vne couleur comme de feu,
» estincellant sur le soir comme les rayons du So-
» leil; il est fort difficile de s'approcher & d'arracher
» ceste racine, car elle fuyt tousiours, sans s'arrester,
» iusques à ce qu'on luy puisse ietter dessus d'vrine
» de femme, ou de son flus menstruel, & alors elle
» s'arreste: d'auantage si quelqu'vn l'a touché, il est
» asseuré d'en mourir, sinon qu'il emportast ladite
» racine pendante en sa main: mais neantmoins on
» peut tirer ceste racine sans danger, en la maniere

ſuiuante; On la deſchauſſe tout à l'entour,& n'en laiſſe-on qu'vn bien peu deſſouz terre; Puis ils attachent vn chien à ladite racine, & l'ayant attaché,& que le maiſtre du chien s'en va, le chien le voulant ſuiure arrache aiſément ladite racine; mais le chien meurt ſoudain,comme payant pour celuy qui la deuoit arracher:dés ce temps-là il n'y a point de danger à la manier. Or tous les dangers auſquels on ſe met pour auoir ceſte racine,ne ſont que pour vne ſeule vertu qu'elle a , qui eſt que en touchant ſeulement de ceſte racine vne perſonne poſſedée des mauuais eſprits(qui ſont les eſprits des meſchans gens,qui trauaillent & font mourir ceux à qui on ne donne ſecours) ſoudain les patiẽs ſont deliurez. Voila qu'en dit Ioſephe,duquel certes ces trompeurs ont emprunté leur fabuleuſe maniere de tirer les Mandegloires.Leouicenus en ſes liures de la diuerſe hiſtoire, Anthoine de Torquemade Iournée 2. de ſon Hexameron, & l'Autheur des Hiſtoires prodigieuſes, font mention ample de ceſte herbe ou racine de Baaras. Theophraſte liu.9. chap.9. de ſon Hiſt. des Plant. parlant de la difficulté tres-grande qu'il y a à cueillir les Mandragores dit ce que s'enſuit:ils commandent de faire à l'entour des Mandragores par trois fois vn cerne,auec vn couſteau ou trenchant,& les couper regardant du coſté du Soleil couchãt:voire ils commãdent à quelqu'vn ſaultant,de ſe tourner en rond ſouuent, & prononcer pluſieurs choſes de l'vſage & nature de la Deeſſe Venus: Leſquels mots Pline liu.25. chap.13.a ainſi tranſlaté, *Cauent effoſſuri contrarium ventum,& tribus circulis ante gla-*

" *dio circunscribunt: postea fodiunt, ad occasum spectantes.*
" Voyez G. Rouille liur. 17. chap. 7. de l'hist. de
" toutes les Plantes.

Du Chermez, Alchermez, Kermez ou Alkermez.

Chap. III.

LES Autheurs Grecs en leurs escrits, ont asseuré qu'vn certain personnage, nommé Phenix Vso, Roy des Phæniciens, frere de Cadmus, fut le premier qui trouuá l'vsage des escarlates, ou plustost des pourpres, ainsi que confirme Gilbert Genebrard liure 1. de sa Chronographie: Les Hebrieux long temps parauant iceux Grecs, & parauant les Latins aussi, auoient cognoissance de la graine d'escarlatte: ainsi qu'on peut voir & apprédre par plusieurs passages de la Bible, & comme le demonstrent appertement George Venitien liu. 7. Cantique 3. chap. 12. de son harmonie du monde: Benoist Arias Montain en son discours ou description des saincts vestements du grand Prestre des Hebrieux: & Leuinus Lemnius chap. 11. de son explication des herbes de la Bible: Qui plus est Septimius Florens Tertulian aux liures de l'habit des femmes, & de la culture des femmes escrit que Henoch fils de Iared, septiesme apres nostre premier pere Adam, a laissé par memoire dans ses liures (qu'on dict estre pour le iourd'huy entre les

Ethiopiens, ſubiects du grand Roy Preſt-Ian, eſcrit en anciẽne langue Tangique ou Ethyopique) que les meſchans & peruers Anges, pecheurs & deſerteurs, ont inuenté les teintures de pourpre, eſcarlatte, cramoiſy, & autres de treſ-grand pris & deſpence. Qu'ainſi ſoit, on ſçait aſſez que les Tyriens (au rapport de Strabo liu. 16. enfans des Babyloniens ont eu de tout temps & ancienneté le bruit & reputation d'auoir inuenté les couleurs de pourpre: ainſi qu'auec grandes deductions de raiſons & parolles extraictes de pluſieurs autheurs Grecs & Latins ie demonſtreray quelque iour en vn diſcours des artifices que i'ay preſts à mettre en lumiere. Ces antiquitez remarquees comme en paſſant, nous apprendrõs que les Grecs & Latins anciens cognoiſſoient, cõme les Hebrieux & Tyriens, la graine d'eſcarlatte qu'iceux Grecs appelloient en leur lãgue πρῖνον κόκκον Βαφικὴν κόκκον φοινικοῦ, iceux Latins Granum, Coccum, Quiſquilium, ou Cuſculium: les Arabes ou Affricains, Chermez, ou pour ornement de grace Alchermez, Kermez, ou Alkermez: les Italiens grana de tintori, les Heſpagnols, grana para tegnir & grana en grano, les Allemans Scarlachber, nous Frãçois, Chermez Alchermez, Kermez ou Vermillõ, ou graine d'eſcarlatte: dont eſt venu le nom d'eſcarlatte, & cramoiſy, qui ne different ſinon que celle-là va ſur les laines ſeulement, & ceſtuy-cy ſur la ſoye: neantmoins on l'accommode auſsi biẽ à ceſte heure aux laines, depuis que la Cochenille eſt venuë en vſage: Car les deriuations que s'efforcent de leur donner quelques-vns de Carbaſinum, ou Chromasinum, ou de la ville Charmi, où territoire de Sardes, n'ont pas beaucoup de fondement ny apparence. Au reste les anciens pour le peu de cognoissance qu'ils auoiẽt de la soye, n'ont employé leurs pourpres que sur les laines: comme le cotte Vlpian en certain endroict de ses œuures, disant, *vestimentorum erant omnia lanea, &c.* Et les Poëtes aupatauãt Virgile: c'est à sçauoir en la quatriesme Eclogue.

---Ipse sed in pratis aries iam suaue rubenti
Murice, &c.

Tibulle liure, & Elegie troisiesme,

Nec quæ de Tyrio murice lana rubet

Horace en la douziesme des Epodes,

Muricibus Tyrijs iteratæ vellera lanæ.

Par où est entendu le Dibapha: c'est à dire pourpre deux fois teint. Ouide au septiesme de la Metamorphose,

Phocaico bibulas tingebat murice lanas.

De ces pourpres teincts en sang des coquilles de mer, nous parlerons quelque iour: Quant au pourpre cy dessus du Coccus ou Chermez, il estoit appellé en Grec Coccinos: Plutarque en la vie de Fabius, Coccinos Chiton, faict estre vne cotte d'armes de couleur de pourpre, laquelle penduë sur la tente du general de l'armee, estoit signe que la bataille se donneroit ce iour là, comme estant de couleur de sang, qui se deuoit bien tost respandre. Pline à ce propos liu. 19. chap. 1. parlant d'vn voile de nauire de ceste couleur, escrit: *Hoc fuit Imperatoriæ nauis insigne:* La couleur donques du Coccus, ou graine d'escarlate estoit cognuë & pratiquee

tiquee par les Anciens, comme le denotent assez, Pline liur. 16. chap. 8. disant : *Omnes tamen has eius dotes Ilex solo procat, Cocco. Granum hoc, primoque seu scapus fruticis paruæ aquifoliæ Ilicis. Cusculium vocant, pensionem alteram tributi pauperib. Hispaniæ donat*, & ces vers cy de Martial au 2.

Coccina famosæ donas & Ianthina mechæ,

Iuuenal.

----Quem Coccina Læna
Vitari iubet, & comitum longissimus ordo.

Mais on mesloit ensemble le pourpre des coquilles de mer, & le Coccus ou Chermez, au moins apres auoir donné le teinct du Coccus ou Chermez, on repassoit le drap sur le pourpre : Pline liur. 9. chap. 39. *Purpuræ vsum Romæ semper fuisse debeo. sed Romulo in rabea vers.* au chap. 41. ayant premis plusieurs propos de la couleur Amethyste, qui estoit encor imbuë de la Tyrienne : *Quin & terrena miscere, coccoque tinctum Tyrio tingere, vt fieret bis bissinum* : Combien qu'aucuns pensent deuoir lire là Hysginum, au lieu de Bis Bissinum, s'estans par aduenture fondez sur ce mot Grec Ysginobaphi, dedans Athenee, en quoy ils se pourroient bien estre mescontez, parce que Hysginum est ceste herbe teignant en iaulne, que nous appellons Gaulde, qui en façon que ce soit ne se pourroit adiouster sur le rouge, sans gaster ou confondre tout : Au contraire il faudroit plustost qu'elle procedast. Pline liu. 35. chap. 6. parlant du Purpurisum, dict ainsi, *Petuolanum potius laudatur quam Tyrium, aut Getulicum vel Laconicum, vnde preciosissimæ purpuræ. Causa est quod Hysgino maxime inficitur, rubrumque cogitur sorbere.* Mais le beau lustre & esclat du pourpre prouenoit principalement de la graine du Coccus. Il y auoit encore plusieurs autres drogues, desquelles les anciens se seruoient en leurs teintures rouges, comme de celle dont faict mention le grand Aristote liu. 6. chap. 13. de l'hist. des animaux, parlant de l'Algue marine; & plus ouuertement Theophraste au 4. liur. de son hist. des Plantes chap. 7. en parle en ceste sorte: L'Algue marine ou Vase Pelagienne, croist en Candie, dont on colore non seulement les bandes, rubends & tissus seruans pour la teste, mais les habillemens de laine aussi. Et tant plus la teinture en est fresche, tant mieux elle represente le pourpre. Pline au dernier chap. du 14. liu. *Frutice marino quem Græci Phicos vocant (non habet lingua alia nomen quoniam Alga herbarum magis vocabulum intelligit) circa Cretam insulam nato in peius purpuras quoque inficiunt:* Et de ce Phycos faut voir ce que, apres ledict Pline & Henry Estienne en son thresor Grec, interpretant le mot Phycos, escrit Guillaume Rouille liu. 12. chap. 10. & 11. de son hist. generalle des plantes. Le mesme Pline liu. 22. chap. 2. *Iam verò infici vestes scimus admirabili succo atque vt sileamus Galatiæ Africæ, Lusitaniæ graminis Coccum imperatorijs dicatum paludamentis transalpina Gallia herbis Tyriũ atque Conchylium tingit, omnesque alios colores.* On sophistiquoit encore la teinture de pourpre auec vne herbe appellee Fucus, qui est le Phycos cy dessus descrit par Pline au liu. 13. chap. 24. & 25. outre les passages cy deuãt alleguez: cecy est tesmoigné par ce passage du mesme Pline au liu. 26. chap. 10.

Phycos thalaßios, id est Fucus marinus, lactucæ similis: au moyen dequoy il auoit vſé de ce mot pour la teinture, meſme du pourpre liu. 9. ch. 38. *Buccinum per ſe damnatur quoniam fucum remittit: Pelagio admodum alligatur, nimiæque eius nigritiæ dat auſteritatem illam, nitoremque, qui quæritur Cocci.* Et encore auec la racine d'Anchuſe, que nous appellons Orcanette: car les anciens n'ont point eu l'vſage du Breſil qui croiſt en l'Amerique; ains a eſté trouué par les nauigations des modernes: il eſt bien vray que c'eſt teincture faulſe, mais ils mettoient en beſongne vne maniere d'herbe ou fleur appellee en Grec Calché, dont le pourpre auroit eſté dict Calce, ſelon le commentateur de Nicander, & celuy de Lycophron. Suydas pareillemẽt met, que ce Calchi eſt vne herbe propre à la teincture du pourpre: Aucuns veulent dire que ceſte herbe eſt l'Anchuſe ou Orcanette cy deſſus dicte, dont Pline liu. 21. chap. 16. dit encore cecy:

Anchuſa inficiendo ligno cæteriſque radice apta. Outre plus on ſçait aſſez que le Sandyx, (au rapport des interpretes de Virgile, Eclogue 4.

Sponte ſua Sandix paſcentes veſtiet agnos.)

Seruoit auſsi aux teinctures de pourpre & d'eſcarlatte, ſoit qu'on le vueille prendre pour vne eſpece de Ceruſe de couleur de Sandarache, ou pour vne ſorte d'herbe de laquelle les Aigneaux en paſſant teignent leurs laines, ainſi que Pline liure 35. chap. 6. & Hyſigius en ſon Dictionnaire le demonſtrent: Le meſme Pline liu. 9. chap. 41. *Coccum Galatiæ rubens granum; vt dicemus in terreſtribus; aut circa Emeritam Luſitaniæ in maxima laude eſt. Verùm vt simul peragantur nobilia pigmenta, anniculo grano languidus succus: idem à quadrino euanidus: Ita nec recenti vires neque senescenti*, au liure 16. chap. 8. *Omnes tamen has eius dotes ilex solo prouocat cocco, Granũ hoc primoque ceu scapus frutices parua aquifoliæ Ilicis, Cusculium vocant: pensionem alteram tributi pauperibus Hispaniæ donat vsum eius gratiorem in Conchilij mentione tradidimus.* Au liur. 21. chap. 8. *Animaduerto, tres esse principales colores, vnum in Cocco, qui in rosis micat. gratius nihil traditur aspectu & in purpuras Tyrias, dibaphasque ac Laconicas. Aliũ in Amethysto qui in viola, & ipse in purpureum, quem Ianthinum appellamus, genera enim tractamus in species multas sese spargentia, tertius est, qui propriè Conchylij intelligitur multis modis.* Et au liu. 22. chap. 2. *Iam verò infici vestes scimus admirabili fuco, atque vt sileamus Galatiæ, Africæ Lusitaniæ granis, Coccum Imperatorijs dicatum paludamentis, transalpina Gallia herbis, Tyriũ atque Conchylium tingit, omnesque alios colores, &c.* Et liu. 24. ch. 4. parlãt du Coccus, il dict, *est autem genus ex eo in Attica fere & Asia nascens celerrimè in vermiculum se mutans, quod ideo Scolecion vocant*: Lequel mot de Scolecion, le mesme Pline liu. 34 chap. 12. explique ainsi: *Est & alterum genus æruginis quam vocant Scolecion in Cyprio ære hoc trito alumine & sale, aut nitro pari pondere cum aceto albo quamocerrimo: Non fit hoc nisi æstuosissimis diebus circa canis ortum, teritur autem, donec viride fiat, contrahatque se vermiculorum specie, vnde & nomen:* Hermolaus Barbarus en ses annotations sur Pline, & Philippe Beroalde en ses commentaires sur Apulee se conformẽt à l'opinion de Pline cy dessus, & tiennent que Scolecion est vne espece de rouille qui se trouue en l'airain en forme de tres-petits vers, au contraire desquels Iaques d'Aleschampt en ses Commentaires sur le passage de Pline cy dessus, escrit le passage estre corrompu, & y veut substituer le mot Grec Collician en lieu de Scolecion: Suetone Trãquille en la vie de Neron faict mention de la couleur Ametystine, tirant sur la couleur de vin, laquelle deffendit le mesme Neron aux Romains. Pline à ce propos: *Luxuria inuenit amethystum inebriare tyrio colore, vnde fieret composito vocabulo Tyriametystus*: & en vn autre endroit *non est satis abstulisse gemmæ nomen amethystum rursum absolutus inebriatur Tyrio vt sit ex vtroque nomen Tyriamethystus*: Pausanias en ses Phecaiques, & apres luy Nicolas Leonique, escriuent que pres la ville Ambroisie, située au pied du mont Parnasse, il se trouue communemẽt vn certain arbuste, appellé par les Grecs & Gallo-Grecs, *Hys*, lequel a les fueilles semblables au Lentisque, & vn fruict pareil du tout au solatre, de la grandeur de l'Era, lequel estant paruenu en maturité engendre en soy vn petit animal comme vn moucheron, lequel semble vn ver du commencement: & puis apres que les aisles luy sont venues, volle & s'en va par l'air, & ceux de ceste region cueillent ce fruict auant qu'il engendre cest animal: & quelques fois aussi le laissent corrompre expressément, afin que les insectes s'y engendrent plus facilement, le sang desquels est bon pour faire des pourpres & escarlattes: Le Coccus donques, pour retourner à nostre propos, n'est autre chose que certaine graine d'vn petit arbrisseau hault de deux ou trois pieds pour le plus; qui a les fueilles & la semence semblables à celles du Houlx, lequel arbrisseau descrit amplement apres les anciens, Guillaume Rouille liu.1. chap.8. de son hist. gener. des Plantes; escriuant qu'aucuns disent que c'est le prinos des Grecs ou Coccus baphici, l'Ilex aquifolia, ou Phelodris Coccifera des Latins : Autres vne autre espece d'arbrisseau, lequel (ainsi que Marcel. Virgil. asseure) est de telle nature, que si son fruict n'est cueilly en temps & saison propre & opportune, & exposé au Soleil ardant, ou dans vn four bien chault, ou arrousé de vin blanc, se tourne & corrompt en petits vers ou vermines rouges, de tres-haulte couleur; à cause dequoy les anciens l'ont appellé Scolecion, ainsi que nous auons ja remarqué; & nous l'appellons Vermeillon, *à vermibus*, des vers ou vermines. Iule Cesar Scaliger à ce propos, à l'exercitation 194. distinctiõ 7. contre Hierome Cardan de la subtilité: On dict que ses grains qui sont dans les fruicts des Coccus ou Chermez sont animez, & ce sont des vers ou vermines qui en sortẽt & laissẽt vuides leurs loges & cahuettes, & que de ces vers ou vermines on en faict certaines compositions, pour les teinctures: En l'exercitation 325. distinction 13. *Item Coccinus à cocco baphico, id est grano tinctorio quod legunt Prouinciales atque ex eius aggestis cumulis aspersis eliciunt quod tinturæ semen Chermes vocant Arabes, vnde nos Chermosium, sed & vermilium vsurparunt quidam à vermiculis exemptis à radice Pimpinellæ*. Ces discours premis nous donneront à entendre ces passages de Vlpian en la loy, *ſi cui lana. §. 13. Purpuræ autem appellatione omnis generis purpuram contineri puto, ſed coccum non continebitur: Fucinum & anthinum continebitur. Purpuræ appellatione etiam ſubtemen factum contineri nemo dubitat. Lana tingendæ purpuræ cauſa deſtinata non continebitur.* Et de Paulus, en la loy: *Quæſitum* §. 5. de meſme tiltre, *Coccum quod proprio nomine appellatur, quin verſicoloribus cederet nemo dubitauit, quin minus porro corracinum aut Iſiginum aut molinum ſuo nomine, quam coccum purpuraue deſignatur.* Quelques-vns ont voulu alleguer Braſauole, meſme entre les modernes, que le Kermes, ou Alkermes, ou Chermez, n'eſtoit pas le Coccos des Grecs, & Coccus des Latins, mais certains petits grains qui ſe tiroient des racines de quelques herbes, leſquels ſe conuertiſſoiẽt en vn ver, qui fait vn plus beau cramoiſy que la graine ou Coccus. Les Polaques au recit d'Anthoine Muſa, Braſauole en ſon Examen des Syrops, mettent trois de ces arbres qui produiſent vn tel beſtion, c'eſt à ſçauoir la Paritoire, le Medoſpialek, qu'ils appellent le Zito, les autres eſtiment que c'eſt vne maniere de Pimpinelle ou Saxifrage. Grinarius Embl. 39. liu. 4. de Dioſcoride eſcrit à la relation d'vn ſien amy qui auoit fort longuement voyagé en pluſieurs & diuerſes regions du monde, qu'en Podolie pres de Polongne il s'y trouuoit certaine herbe ſemblable au plantin, à la racine duquel il adheroit vn certain ver, non plus gros qu'vn grain de lentille, appellé en ceſte region (Iſchirbitz) mot extraict & procedé du mot Chermez, lequel ver eſt recueilly à la fin de May, & le long du mois de Iuin;

quatre sepmaines durant,& ce auant qu'il prenne forme de ver ayant aisles, & que de la couleur de ce ver en Podolie, on en teinct les draps de soye, & de laine,en couleur d'escarlatte,nommée en la mesme Podolie en langage du pays Schalak. Pierre Belon à ce propos, & du passage cy dessus dit de Pline du Phycos, qui croist és riuages de Crete ou Candie, au liu.1. chap.17. de ses obseruations & recueils dict cecy: Le reuenu de la graine d'escarlatte,appellée Coccus est fort grand en l'Isle de Crete, recueillir laquelle est ouurage de bergers & petites marmailles. On la treuue au mois de Iuin dessus vn arbrisseau espece de Chesne verd, qui porte du gland, auquel temps elle est de couleur cendrée,tirant sur le blanc,iointe sans queuë & attachée aux feuilles. Et pource qu'elles sont poignãtes comme celle d'vn HOUX,les bergers ont vne petite fourchette en la main gaulche pour incliner les branches,dont ils ostent ces petites vessies,ou excroissances que nous auons cy dessus appellé graine d'escarlatte. Lesdites vessies sont rondes,de la grosseur d'vn poix,percees du costé qui touche au bois, & pleines de petits animaux rouges en vie gros non plus que landes ou cirons,lesquels sortent dehors & laissent la coque vuide. Quand on les a cueillis,on les porte tous chez vn Receueur,qui les achepte à la mesure : Et il les crible,puis apres les separe de leurs coques dont il fait des pelottes de la grosseur d'vn œuf, les maniant tout doucement du bout des doigts, car s'il les pressoit trop il se resouldroit en ius dõt la couleur seroit inutille. Par ainsi il y a deux sortes de

ladite teincture, à sçauoir de coques & de la chair ,,
ou mouëlle qui est dedans, laquelle couste quatre ,,
fois plus que la coque, aussi est elle bien meilleure ,,
pour teindre. Outre ces deux matieres il y a encore vne autre, dont pas vn des anciens n'a fait mention, laquelle n'est dessus les meurtes à la mesme façon que la dessusdicte. Car c'est aussi vne excroissance, mais elle n'a qu'vn seul animal viuant dans sa coque: aucuns disent que Aelian liu. 4. ch. 46. de l'hist. des animaux a congneu ces Meurtes portãs vessies & excroissance, quãd il descrit qu'en Indie dans le fruict d'vn certain arbre, il s'y engendre certains petits insectes, ou bestions de la grãdeur d'vn Scarabee, si rouges & vermeils qu'ils semblent du tout au vermeillon, & lesquels insectes ou bestions, les Indiens chassent & prennent & escachent, de la liqueur desquels il teignent leurs vestements & accoustrements en teinctures d'escarlatte. Pierre Belon cy dessus dict bien que les anciens n'ont point faict mention de ceste derniere matiere de graine d'escarlatte naissant sur les Meurtes, & ie pẽse qu'aussi n'ont ils de la premiere, pour le moins ie ne me souuiens pas d'en auoir rien leu nulle part, outre que c'est chose dissemblable de nostre graine d'Escarlatte, & de la Cochenille dequoy on teinct maintenãt toutes sortes de Cramoisis, comme lon souloit faire anciennement du Kermez, lequel Dioscoride au 4. liu. chap. 43. & Mattheole, ont descrit d'vne sorte qui ne se peut guere bien cognoistre, & parauant Pline liu. 9. chap. 41. cy dessus allegué. A quoy iceluy Pline adiouste (ainsi que i'ay fort bien remar-

qué cy deuant) que ceste graine, cueillie d'vn an n'est point encore bien assaisonnée, & apres quatre qu'elle se passe & amortit : de maniere que pour l'auoir de bonne & naifue teincture, il la faut mettre en besongne de deux à trois ans. Nous remarquerōs donc par tous ces discours, que la plus part de la graine du iourd'huy du Kermez ou d'Escarlatte, vient de Languedoc & Prouēce, de ce petit arbrisseau semblable à vn Houx, lequel nous auons cy dessus descrit, & aux Italiens de la marque d'Ancone, graine qui est meilleure que celle qu'on apporte de la Pouille : Laquelle graine a en soy double substance, sçauoir en la coque ou escorce, & chair & moüelle, toutes deux propres infiniment aux teinctures cramoisies : La Coque, ou escorce, qu'on appelle communément graine d'escarlatte, est de moindre pris que la chair ou mouëlle, qui est le vray & fin Pastel d'escarlatte. L'escorce abonde plus à la teinture, mais la couleur n'en est pas si naifue ny estimée : car si l'aune d'escarlatte auec ce pastel ou mouëlle, couste six liures à teindre, celle de la graine ou escorce n'en vaudra pas plus de quatre, à cause qu'il en faut moins: aussi est-il fort rouge, & la mouëlle vn peu plus blanchastre: mais elle ne laisse pas de faire le beau lustre & esclat tant requis en ces draps precieux, lesquels pour auoir le vray nom d'escarlatte, il faut qu'ils soient teints auec ce pastel ou moüelle, & non de la coque: Mais maintenant tout passe fort legerement, pour la negligence des teinturiers. Quand donc on veut teindre les laines ou draps desia tissus en fine escarlatte rouge, autrement dicte claire, on les fait premierement parbouillir en de l'eau appellée seure, faite d'eau de riuiere ou cisterne bien nette, & de l'Agaric & du son: Puis on iette l'Arsenic auec Alun dedans, qui est pour desgraisser lesdictes laines, & les preparer à mieux receuoir la teincture, laquelle on leur donne apres auec le pur pastel d'Escarlatte: Mais il faut auant vuider de la chaudiere ce premier breuuoir ou bouillon, la recharger d'eau claire, & d'eaux seures auec ledit pastel ou graine en poudre, accompagnée d'Agaric, ayant fort bien laué le drap dans vn ruisseau, tant qu'il soit net. Que si on la veut esclarcir d'auantage, & luy donner vne couleur plus viue, faut derechef vuider ladite chaudiere & breuuoir, & puis la recharger encor de nouuelles eaux seures, auec de l'Agaric & du Tartre, ou grauelle de vin. Quelques-vns y adioustent de la Gomme Arabique, tant plus rouge la teinture sera: mais la terre merite iaunist, & la graine ou cocque pareillement, qui n'est iamais si cramoisie comme celle du pastel ou mouelle: il est bien vray qu'il en faut moins. Si d'auenture on y adiouste de la coupperose, c'est teinture faulse, & le bresil tout de mesme. Cælius Rhodiginus liur. 8. chap. 12. de ses diuerses leçons escrit ces mots de nostre Chermes, ou Alchermes.

" *Ex vermiculo quem Pœnorum lingua Carmen dicit, vnde*
" *officinis frequens Carmesini nomenclatura, habetur, au-*
" *tem certis locis Carmesis ex herbæ radice, quam saxifra-*
" *gam vocet, quæ Pimpinella sit, vel ei proxima, sunt qui*
" *opinentur Chromasinum quoque nuncupari posse, quia sit*
" *radice Syria quæ vocetur Chroma, cuius est apud Theo-*

phrastum mentio, Porphyrio Purpurula dici latinè valet. A ce propos vn certain marchand Italien incogneu, en vn sien voyage en Perse chap. 7. escrit qu'en la Contrée des enuirons de la ville de Coi en Perse, on faict de present plusieurs cramoisis tres-beaux & excellens, auec certaines racines tirées de terre, lesquelles on porte à Ormus, & autres lieux des Indes orientales pour s'en seruir aux teintures du cramoisi. Iules Cesar Scaliger *exercit.* 181. à H. Cardã, descrit apres vn sien amy qui auoit
„ fort voyagé vn arbre pareil à nostre Coccus, crois-
„ sant és Indes : *Parua arbor, frequentib. virgulis, fo-*
„ *lium pruni, qualis castaneæ cum erinaceo, Intus Coccus*
„ *ruber, quo vtuntur ad tincturas.* Quelques modernes ont osé asseurer que le Lacca ou Lacque, espece de gomme rouge estoit le vray Chermez ou Alkermez des anciens : Ce qui ne peut estre pour les raisons deduites apres Garcie ab orte, en son histoire des drogues & espiceries, & autres autheurs, par Guillaume Rouille, liur. 18. chap. 16. de son histoire generale des Plantes, en ce qui concerne les Cramoisis rouges, qui vont sur les laines : il s'en fait de tout plein de sortes, & les faut prealablement bouillir auec alun & grauelle, car l'Arsenic n'est que pour les Escarlattes : puis vuider la chaudiere, & la recharger d'eaux cleres seures d'Agaric & de son, auec grauelle & cochenille, de laquelle nous parlons amplement au chap. subsequent : Dedans vn seul breuuoir, ou chaudronnée, se feront toutes les couleurs suiuantes, l'vne apres l'autre, sans rien euacuer de bouillon : mais adioustant seulement nouuelles eaux & estoffes.

En premier lieu le rouge cramoisy de haute couleur, lequel demande plus de Cochenille que ne fait le brun ny les autres. Apres vient le brun qui se faict sur le mesme breuuoir, puis le passeuelours pour le tiers: Le pourpre qui est le quatriesme, fleur de pescher: le Cinquiesme Incarnat: le sixiesme couleur de chair: le septiesme, & finablement le gros argentin. Mais il faut se souuenir qu'à cinq de ces huict couleurs, à sçauoir le cramoisy brun, le passeuelours, pourpre, fleur de pescher, & le lauandé, il faut premierement donner de la guesde ou pastel de Loraguez & Albigeois, qui teint en bleu: puis les passer par la Cochenille, & cette Guesde ou pastel d'Albigeois estant mis bouillir en de l'eau auec de la chaux esteincte, la fleurée qu'on en retire en l'escumãt, accompagnée d'vn peu d'amidon, fait cette couleur violette brune, appellée Inde, qui se vend chez les espiciers: de maniere que pour faire l'escarlatte violette, qu'on souloit appeler Morée, on teint premierement le drap auec cette Guesde, lequel deuient bleu, puis on le fait bouillir auec alun en des eaux seures aigrettes, & finablement le pasteller, de pastel d'escarlatte: la gaulde faict le Iaulne, lequel pasé par la guesde ou pastel d'Albigeois, deuient verd. Plusieurs autres discours de cette matiere sont deduits dans le Botauicon de Theodoricus Dorstenius, chap. de Cocco Cnidio, Philander en ses comment. sur le ch. 14. du 7. liur. de l'architecture de Vitruue, Hermolaus Barbarus en son traicté de la saxifrage & Coccus, A. Musa Brassauolus en son Examen des syrops, H. Cardan liur.8. de la ſubtilité, Raphael, Volaterran, liur.27. de ſes Commentaires, Lazare Baif, en ſon traicté des couleurs, Iacques Daleſchampt en ſes Commentaires ſur Pline, & B. de Vigenere en ſes annotations ſur Philoſtrate, au tableau de la chaſſe des beſtes noires.

Portraict de l'Ilex aquifolia, ou arbre de la graine d'escarlatte.

Portraict du Chermez, Alchermez, ou Kermez ou Alkermez commun d'Italie & Prouence.

Puis

PVis que nous auons traicté cy-dessus si amplement des couleurs d'escarlattes qui se font de la graine du coccus ou graine d'escarlatte, autrement Chermez, Kermez, Alchermez ou Alkermez; nous auons creu qu'il seroit fort à propos de traicter en ce lieu des couleurs anciẽnes des Pourpres, lesquelles se faisoient auec le sang de certaines petites coquilles marines, nommées par les Latins *Purpuræ*. Pour donc entrer en ceste matiere, nous sçaurons que la Coquille de mer du sang de laquelle on faisoit anciennement les couleurs de Pourpre, est appellée par les Grecs πορφύρα, par les Latins Purpura, comme i'ay dit, autrement Pelagia, par les Venitiens Ognella, par les Geneuois Roncera, à cause de ses esguillons, par les habitans de Languedoc Burez, mot corrompu de Murex, par les François Pourpre; la couleur d'icelle est nommée par les Grecs τὸ ἄνθος τῶν πορφυρῶν ἁλιπόρφυρος, πορφύρεον, πορφυροειδὲς, πορφυρόχροον, ainsi que dict Eusthate σιδώνιον, comme le rapporte l'interprete d'Aristophane, ἁλουργὸν ὄστρειον, βλάττος ou βλάττιον, par les Latins *flos*, *color purpureus*, *ostrinus*, *Tyrius*, *Conchiliatus*, *Sarranus*, *Thessalicus*, par Vitruue *sanies*, *ostrum*, ou *Blatteus*, ainsi que disent Cassiodore & Europe, par les Italiens Pauonazo, par les Espagnols *color de Carmesi*, par les François Pourpre: l'inuention de laquelle couleur fut (au rapport des autheurs Gres anciens) vn cas fortuit, comme le recite amplement Iulius Pollux en ses Onomastiques, en ces mots Τύριοι λέγουσι ὡ Ηρακλῆς ἠράσθη Νύμφης ἐπιχωρίας, &c. Les Tyriens disent que Hercules deuint amoureux d'vne Nymphe de leur pays, appellée Tyro : or vn chien le suiuoit d'ordinaire, selon la coustume ancienne ; car on sçait bien que les chiens entroient aux conuocations & assemblées publicques auec les Herôs ; Le chien donc d'Hercule ayant apperceu vne coquille de pourpre grauissant le long d'vn rocher, empoigne à belle dents ce peu de chair qui sortoit d'elle hors de l'escaille, & la mangea, dont le sang luy teignit les leures d'vne belle couleur cramoisie : & comme il fut retourné vers la damoiselle, soudain qu'elle eust ietté l'œil sur les babines de ce chien, ainsi colorées, declara tout à plat à Hercules, qu'il n'auroit plus son accointance, s'il ne luy donnoit vn habillement plus beau encor que le museau de son chien : au moyen dequoy Hercules s'estant mis en peine de recouurer de ses coquilles, en cueillit le sang, qu'il porta à sa bien-aymée : & fut le premier inuenteur (à ce que dient les Tyriẽs) de la teinture de Pourpre. Nonnus au 40. de ses Dionisiques, apres auoir premis comme Bacchus bruloit d'vn desir extreme de veoir la contrée des Tyriens, où son ayeul Cadmus auoit esté nay, il y addressa son chemin, & reuisitant là tout plein de sortes de tissures, s'esmerueilla de la belle & gaye varieté des couleurs de l'artifice des Assyriens, & des blancs ouurages de crespe de Babilonne, pareil aux toilles des Araignes,

Καὶ Τύριη σκοπίαζε δεδευμένα φάρεα κόχλω
Πορφυρέοις σπινθῆρας ἀκοντίζοντα θαλάσσης.

„ Et il apperceut aussi des robbes teintes d'vne Co-
„ quille de la grande mer de Sur, eslançant des estin-
„ celles de Pourpre marin, là où le chien morsillant

de ses maschoüeres rougeastres, l'estrange poisson „ enfoncé dans l'escaille, empourpra ses blanches „ ioües comme nege, du sang d'icelle, se teignant les „ babines d'vn feu humide flamboyant, duquel seul „ se rougissoit le manteau des Rois, habillez d'escar- „ latte marine.

Propos lesquels ce grand Poëte François Ronsard a fort excellemment traduits en sa langue Françoise, à la fin du Poëme sien de la chasse à Brinon liu. 1. de ses poëmes.

Quelques Autheurs Grecs veulent dire que ce fut vne ortie de mer attachée à l'escaille d'vne Pourpre (car volontiers elles naissent là & s'y procreent) que le chien d'Hercules empoigna à belles dents; Et de faict du dedans des orties de mer il s'en tire des filaments de couleur de pourpre, qui ne doiuent rien en naifueté de couleur à celle de la pourpre. Cassiodore en la 2. du 1. liur. de ses diuerses, faisant vn grand & long discours de la richesse & magnificence de ces pourpres marins, en escrit ce que s'ensuit: *Iam cum fame Canis auida in* „ *Tyrio littore proiecta Conchilia impreßis mandibulis* „ *contudisset illa naturaliter humorem sanguineum de-* „ *fluentia, ora eius mirabili colore tinxerunt; & vt est mos* „ *hominibus occasiones repentinas ad artes ducere, talia* „ *exempla meditantes fecerunt Principibus nobile decus* „ *dare, quòd substantiam noscitur habere mediocrem.* „ Strabo liure 16. asseure que les Tyriens ont eu le bruit & reputation d'auoir inuenté aux siecles passez les teintures des pourpres tirées du sang des Coquilles marines nommées pourpres, c'est pourquoy cest Autheur dict en sa langue Grecque πολύ γὰρ ἐξηπιασμένη πασῶν τυρία καλλίστη πορφύρα, le Pourpre Tyrien est le plus excellent de tous. Vn ancien Autheur Latin,

Quà pretiosa Tyros rubeat
Qua purpura succo
Sidoniis iterata vadis, &c.
Pamphilus Saxus
Murice quem texit luxuriosa Tyros.

En plusieurs Autheurs Latins l'adiectif *Tyrius, Tyria, Tyrium*, signifie presque tousiours la couleur de Pourpre ; à ceste cause l'Archeuesque de Tyr Guillaume, liu. 13. chap. 1. parlant de ceste ville de Tyr, dit ces mots:

Hæc & tritici & Conchyliy pretiosi muricis
Inuentrix, egregio purpuram colore primo insigniuit.

Achilles Statius, en ses amours de Clitophon, parlant de l'atour d'vne espousée a vsé de ces parolles:
„ Or sa robbe n'estoit pas faite de ce Pourpre com-
„ mun, ains de la vraye teinture que les Tyriens dict
„ auoir esté trouuée par vn chien, & de laquelle on a
„ encor à present de coustume de teindre la robbe de
„ la deesse Venus ; Car il fut le temps que les hom-
„ mes, ignorans l'excellence de ceste couleur, la lais-
„ soient cachée en la concauité d'vne petite coquille
„ de mer. Ceste riche proye fut vn iour prise par vn
„ Pasteur, cuidant que ce fut du poisson; mais voyant
„ la dureté de l'escaille ou coquille, il la laissa là, com-
„ me si c'eust esté vn excrement de la mer : aduint
„ qu'vn Chien la trouuant la cassa, & lors la fleur
„ de ce sang caché dedans ce genre d'huistre, teignit
„ la gueulle & museau du chien ; de sorte que ses ba-
„ bines estoient toutes vniment colorées de la pre-

cieuseté de ceste pourpre : le Pasteur voyant son chien ainsi ensanglanté,& cuidant que ce fut quelque blesseure,le mena pres de l'eau, & luy laua son muffle : mais tant plus il le lauoit, tant plus la couleur en estoit plus belle & plus viue ; & les mains du Païsan en deuenoient aussi plus vermeilles : Ce qui luy fit congnoistre que cela procedoit de ceste Coquille ; dequoy il fit l'essay auec vn pelotton de fil de laine qu'il trempa en ceste liqueur, lequel fut aussi tost changé en couleur pareille à celle de la gueulle de son chien , & qu'auoient esté ses mains,& ainsi il apprit au siecle rude & simple l'vsage de faire ce pourpre , & le moyen de tirer d'vne Coquille dure vne si naifue couleur. Par ces discours nous voyons donc les Tyriens auoir inuenté les premiers les couleurs de pourpre ; ce que s'il est vray , est tres-ancien,attendu que les Autheurs Hebrieux asseurent que la Cité de Tyr fut fondée 240. ans auant que le temple de Salomon fut commencé,& qu'elle estoit la metropolitaine de Phœnice , ayant esté premierement bastie par Tyr,septiesme des enfans de Iaphet,fils de Noé,puis embellie & aggrandie par Agenor & Tyr son fils,comme disent les Grecs:sur quoy faut veoir ce qu'en escriuent Iosephe liu.8. chap.11. de ses antiquitez, & Benoist Arias Montanus,traicté de Chahaan chap.8. S. Florens Tertullian repete cela de bien plus loing en son traicté de l'habit des femmes,& en son traicté de la nature des femmes , escriuant que Henoch a laissé par memoire dans ses liures,que les meschans Anges,pecheurs & deserteux ont au commencement du monde inuenté les teintures de pourpre & autres de tres-grand pris & despense. Et pour retouner à ce que nous auons premis cy dessus, ie diray que le pourpre est vne espece de Coquille marine, du genre de ceux qui sont couuerts de coquilles, de la grosseur vn peu plus ou moings d'vn œuf de poule, ayant sa coquille ridée, aspre, herissée & pointuë, & comme semée de plusieurs pointes, ainsi que cloux, auec plusieurs reuolutions ou retours d'vn costé, ou cõme tournée en forme de viz, à cause dequoy elle est appelée par quelques Autheurs Latins *Turbinata*, ayant la couleur cendrée, aucunefois iaunastre, aucunefois entre verte & cendrée, au dedãs iaune: laquelle Coquille a en soy vne certaine liqueur, ou humeur, qu'elle porte au milieu du col ou gosier, ou de la partie nommée en Grec μήκων, dãs vne veine ou peau assez blanche, estant ceste liqueur ou humeur d'vne rose parfaictemẽt rouge, laquelle le grand Aristote tient (liu. 6. chap. 13. de l'histoir. des Anim.) estre engendrée de l'alge marine, que mangent & deuorent ces Coquilles; & qui est tres-propre pour faire les teintures des pourpres & habits des Monarques, Empereurs, Roys ou Princes. Pline liur. 11. chap. 36. 37. de son histoire vniuerselle, H. Cardan liur. 7. chap. 37. de la varieté des choses, & G. Rondelet liur. 2. partie 2. de son histoir. des poissons, ont traicté amplement des differences des genres & especes de ces Coquilles, les propos desquels nous ne repeterons en cest endroit, nous contentans de dire seulement que ce Bestion demeure caché enuiron les iours caniculaires durant 30. iours, lequel il faut prendre tout vif pour en auoir ceste liqueur ou humeur si precieuse, comme le deduict Aristote liur.5. chap.15. de son histoire des animaux.

Le Poëte à ce propos en ses Epigrammes, introduisant les pourpres qui parlent, escrit

Sanguine de nostro tinctas ingrate lacernas
Induis, & non est hoc satis, esca sumus.
Ebria sidoniæ cum sim de sanguine Conchæ,
Non video quare sobria lana vocer.

Pline liur.9.chap.39. a creu que l'vsage du Pourpre a esté de tousiours, disant, *Purpuræ vsum semper fuisse video.* Plutarque en la vie d'Alexandre, escrit que cest Empereur trouua en la ville de Suse parueuuë en sa puissance, cinquante mille talents, qui est le pois d'enuiron trois millions de nos liures, à seize onces chacune, de fin pourpre hermionique, là posé en reserue par les Roys de Perse en l'espace de deux cens ans, gardant encores son lustre & couleur naifue, comme si elle eust esté toute fresche : mais cela n'est rien au pris de ce qu'on dit, qu'vn seul citoyen Romain auoit dedans ses coffres cinq mille vestemens de pourpres, Horace liure Epist. 6.

——— *Chlamides Lucullus vt aiunt*
Si posset centum scenæ præbere rogatus
Qui possum tot? ait, tamen & quæram, & quod habebo,
Mittam post paulo scribit sibi millia quinque
Esse domi Chlamidum, partem vt tolleret omnes.

Plutarque en la vie de Luculle, ne fait mention que de deux cens robbes de pourpre tyrien, possedées par iceluy Luculle. Les plus exquises & precieuses de ces pourpres, se peschoient en la coste de Phœnice & de Laconie au profond de la mer, ainsi qu'escrit Pausanias liure des Laconiques. Suidas recommande l'Isle de Sardaigne pour auoir des pourpres fort excellens, en interpretant ces mots Grecs βάμμα σαρδινιάνικον, parquoy elles ont esté dictes Palagiennes: car πέλαγις signifie la haute mer & le profond d'icelle, & la teincture ὄστρον, *ostrum*, comme venant d'vne escaille, que les Grecs appellent ὄστρακον & ὀστρακόδερμον, toutes sortes de poissons reuestus de coquille. Plus nous trouuons *Murex* & *Conchylium*, dont on la tiroit, ainsi que des pourpres, lesquelles portoient ceste exquise & precieuse liqueur en vne petite veine blanche, comme nous auons dit cy-dessus, le surplus d'icelles estant du tout inutile à la teincture. Il la falloit tirer pendant qu'elles estoient encor en vie, car en mourant elle s'anichilloit, & les assommer pour mieux faire d'vn seul coup, sans les faire ny laisser languir: Au moyen dequoy telle maniere de mort, ainsi violente & soudaine, auroit esté appellée par Homere, mort empourprée πορφύρεος θάνατος καὶ μοῖρα κραταιή. Pline liure 9. chap. 36. *Purpuræ illum florem tingendis expetitum vestibus in medijs habent faucibus, liquoris hic minimi est in candida vena, vnde pretiosus ille bibitur nigrantis colore rosæ sublucens, reliquum corpus sterile, Viuas capere contendunt, quia cum vita succum eum euomunt.* Ce qui demonstre qu'il ne se pouuoit faire que les pourpres & escarlattes anciẽnes ne fussent extrememẽt cheres, pour la difficulté & peril de pescher ces Coquilles au fonds de la mer, & le peu de suc qui s'en tiroit, propre pour les teinctures. Le mesme Pline liure 22. chap. 2.

Nec quærit in profundis murices seseque obiiciēdo escam, dum præripit belluis marinis, intacta etiā anchoris scrutatur vada. Iulius Pollux descrit le moyen duquel vsoient les Phœniciens à prendre les pourpres pour en amasser leur liqueur ou humeur à faire les teinctures : Ils auoient vne corde forte & longue » pour la pouuoir estendre loin en la mer, à laquelle » ils attachoient plusieurs petis vaisseaux pres l'vn » de l'autre, faits de genest ou ionc cōme clochettes, » desquelles l'entrée estoit serrée & estroitte, de la- » quelle ils faisoient tout à propos pendre les bouts » des genests ou ioncs, desquels les vaisseaux estoient » faicts, de sorte que les pourpres aisément les pou- » uoient desmeler pour y entrer, mais nō pas en sor- » tir. Les pescheurs de ces bestions laissoient tom- » ber ces Vaisseaux pleins d'apas dedans des lieux » pierreux en mer, la corde nageant sur l'eau auec du » liege pour soustenir la proye. Ils la laissoient là la » nuict, souuent le iour, puis ils tiroient ces Vais- » seaux pleins de pourpres, là mesme ces coquilles » pilées, la chair salée, toutes leurs ordures netoyées » par l'eau claire, où ils les cuisoient dans vn chau- » deron: le sang incontinent qu'il auoit senty le feu, » se fondoit, & fleurissoit au dessus ; & tout ce qu'on » mettoit tremper au chauderon dans ce sang, pre- » noit teincture de mesme couleur. » Aristote cy-dessus allegué liur. 5. chap. 25. de l'histoire des Animaux, escrit qu'vne de ces Coquilles s'est venduë au pris d'vne mine, qui sont dix escus du iourd'huy: Pline liure 9. chap. 35. les mesure à la valeur des perles, ce qui se doit entēdre du pois : *Conchylia & purpuras omnis ora atterit, quibus eadem mater luxu-*

ria paria etiam penè margaritis prætia fecit, au chap. 39. ensuiuant, *Nepos Cornelius qui Diui Augusti principatu obijt, me, inquit, iuuene violacea purpura vigebat cuius libra centum denarijs vænibat, nec multo post rubra Tarentina, Huic successit Dibapha Tyria quæ in libras denarijs non poterat emi.* Aucuns interpretent dans Vopiscus Aurelianus *Blatteum pallium*, vn manteau de pourpre ou d'escarlatte, ainsi appellé *à blattis vermiculis*, qui procedent du Coccus ou graine d'escarlatte, cy-deuant par nous descritte au commencement de ce chapitre, ou comme veulent aucuns θρόμβον αἵματος τῶν κογχυλιῶν, selon les antiques Lexicons du sang & liqueur qui prouient de l'humeur des pourpres cy-dessus, Qu'ainsi-soit Actuarius appelle *Blattium Byzantium os naris purpuræ vt inde purpureus dicatur color blatteus.* Dont suiuant ces discours nous apprenons que le pourpre deux fois teinct ne se pouuoit auoir que pour cent escus la liure. Vopiscus en la vie de Aurelian tesmoigne aussi, (mais c'estoit soye cramoisie) qu'elle se vendoit au poids de l'or; disant que cest Empereur dit à sa femme (luy faisant instãce) qu'à tout le moins il vouloit porter vn manteau cramoisi, *Absit vt auro fila pensentur, libra enim auri*, adiouste l'Autheur, *tunc libra serici fuit*. A cause dequoy les Empereurs Theodose, Arcadius & Honorius deffendirent de leur temps à toutes personnes de porter habits de pourpre & d'escarlatte, reseruez pour les seuls vestements des Empereurs & Princes, ainsi qu'il est contenu dans les loix, temperent la sequente & autres du titr. *De vestibus holobericis & auratis lib.* 11. *tit*. 8. du Code de

Iuſtinian, auquel titre on peut adiouſter le precedent *de murilegulis.* Donc la teinture des pourpres anciens dependoit du ſang des Coquilles de meſme nom, ainſi que le cõfirme Ariſtote liur. 5. chap. 15. de ſon hiſtoire des animaux cy deuant par moy allegué, & en ſon traicté des couleurs, dont la peſche ſe faiſoit communément ſur la fin de l'hyuer & de l'eſté, & les auoit on accouſtumé d'accouſtrer anciennement en ceſte ſorte : apres auoir peſché quelque notable quantité on les piloit auec l'eſcaille & tout, au moins les petites, & ſeparoit on la chair des plus grandes : Marc Vitruue liur. 7. chap. 13. de ſon Architecture : *Conchilia cum ſint lecta ferramentis circuncinduntur, à quibus plagis purpurea ſanies vti lachryma profluens in mortarius terendo, comparatur* : Quand ces Coquilles ſont choiſies, on les encerne & couppe-on tout à l'entour auec des ferremens, des playes deſquelles en ſort le ſang ou ſanie purpurée comme vne larme fluante, en les broyant dans vn mortier. Pline liur. 9. chap. 36. *Maioribus quidem purpuris detracta Concha auferunt minores cum trapetis frangunt, ita demum rorem eum excipientes, &c.* Puis on les lauoit par tant de fois en de l'eau qu'elle en ſortoit toute claire, afin de les nettoyer de leur limon & ordures, cela faict on les mettoit tremper par trois iours en nouuelle eau freſche, y adiouſtant quelques deux ou trois liures de ſel pour chaſque quintal deſdites Coquilles, & finablement les faiſoit on bouillir en des chaudieres de plomb à feu lent, de peur de bruſler la teinture, que on amenoit à ceſte fin par vn long temps en vn grand Canal d'vn fourneau où il y auoit du charbon allumé, & dedans ceste decoction puis-apres tresbien colorée & chargée, (car pour chacune pinte d'eau on mettoit iusques à trente-six onces de ces pourpres) on mettoit bouillir les laines cinq ou six heures: & les ayant recardées & estendues, on les remettoit de nouueau à decuire vne ou plusieurs fois, iusques à ce que la couleur en plaisoit: Ce que enseigne particulierement Pline au mesme liure neufiesme, chapitre 38. ensuiuant. Les Grecs & Latins auoient trois sortes de ces pourpres, suiuant la diuersité des couleurs, πορφυρίδα la couleur violette tirant sur le noir, que les Latins appelloient *Amethystina*, laquelle procedoit des seuls pourpres & buccines marines, φοινικίδα, la punicée rouge, de couleur d'escarlatte, telle que celle des Latins *Tyria* & *Tarentina*, ainsi nommée de la couleur violette de la palme meure, l'autre ἀλυργίδα de couleur glauce, semblable à celle de la mer troublée & austere, ainsi que confirme Adrian Iunie liur. 2. chap. 2. appuyé sur les propos de Pline au lieu cy dessus allegué. Le mesme Pline liur. 21. chap. 8. semble faire vne autre distinction de ces trois couleurs de pourpre ou escarlatte: *Tres sunt principales Colores, vnus in Cocco, qui in rosis micat, Gratius nihil traditur aspectu & in purpuras Tyrias, dibaphasque ac laconicas alium in Amethysto, qui in viola, & ipse in purpureum quemque Ianthinum appellauimus. Genera enim tractamus in species multas sese spargentia. Tertius est qui proprie Conchylij intelligitur, multis modis: vnus in heliotropio, & in aliquo ex his plerunque saturatior: alius in malua, ad purpuram inclinans alius in viola serotina, Conchiliorum vegetissima Paria nunc componuntur, & natura atque luxuria depugnant.* Quoy que ce soit là couleur des pourpres estoit en grande & singuliere recommendation enuers les Anciens: de fait nous lisons dans les memoires des Grecs, que les Sybarites auoient accoustumé d'exempter les pescheurs des pourpres de toutes charges publiques, ainsi que confirme Athenée liure 12. τοὺς τὴν πορφύραν τὴν θαλαττίαν βάπτοντας καὶ τοὺς εἰσάγοντας ἀτελεῖς ἐποίησαν, Ceux qui teignoient le pourpre marin, & qui en apportoient les Coquilles, estoient aussi par eux tenus quittes de toutes charges. Naumachius ancien Autheur, se treuue auoir fait mention de ces choses, en certains siens fragmens, qui nous sont demeurez du reste de ses œuures. Nos Iurisconsultes *in l. si cui lana de legat. 3.* en disent ce que s'ensuit, *Purpuræ appellatione omnis generis purpurā cōtineri puto; sed Coccū nō continebitur, Buccinum, & Ianthinum continebitur. Et purpuræ appellatione etiā subtemen factum contineri, nemo dubitat.* Pour l'explication desquelles parolles faut veoir Cotta en l'interpretatiō du mot Purpura: Les Romains vsoient fort communément de ces Pourpres & Escarlattes en leurs vestemens, car leur Trabée estoit vne robbe royalle & triomphale, toute de pourpre au premier temps, & en la grandeur de l'Empire Romain brochée d'or. Pline liur. 9. chap. 39. *Purpuræ vsum semper fuisse video, sed Romulo in Trabea.* Tite Liue l'appelle *Toga prætexta*, & Plutarq. en la vie de Romule ἁλουργὴς αὐτὸς ὢν συνεκάθητο μετὰ τῶν ἀρίστων ἁλουργίδι κεκοσμημένος, Il presidoit auec les Senateurs, vestu d'vn accoustrement de pourpre. Suetone liure des vestemens en met de trois sortes, la premiere toute de pourpre, dediée aux Dieux, & à leur seruice, d'autant que l'vsage du pourpre estoit comme sacré: & pour ceste occasion les Magistrats, à qui il appartenoit de faire les vœuz & sacrifices, comme les Consuls, & ceux qui faisoient celebrer les ieux publics, ainsi que les Preteurs, Ediles & Maistres des Confrairies vsoient de pourpre: Les Tribuns du Peuple, non, parce qu'ils ne faisoient ne l'vn ne l'autre; La seconde sorte de pourpre estoit pour les Rois, & ceux qui faisoient leur entrée en triomphe. Pline liure 8. chap. 48. *Prætextæ apud Hetruscos originem inuenere, Trabeis vsos accipio Reges*: par où il semble inferer que la Trabée fut autre que la Pretexte, ou de façon ou d'estofe, au contraire de ce que met Tite Liue, aussi le pourpre de la Trabée estoit moucheté, & entretissu de blanc, qui est l'vne des marques & enseignes royalles, si que le Diadesme n'estoit autre chose qu'vne bande blanche entortillée autour de la Couronne, ou autre ornement de la teste des Rois: dont Pompée pour s'estre vne fois lié la Iambe d'vne iartiere blanche, cela fut prins pour vn indice d'aspirer à la Tyrannie, parce qu'il n'importoit de rien (disoit Phauonius) en quel endroit de la personne le diadesme s'apposast: & c'est pourquoy les Roys de France, comme les premiers de la terre sont en possession de porter la Cornette toute blanche, & les François l'Escharpe de mesme: La troisiesme espece de la Trabée estoit augurale, appellée autrement *Trossula* entremeslée de pourpre marin, & de la graine du Coccus ou Chermes, Seruius les estend à cinq, la sacrée, la royalle, la Consulaire, la Senatoire, & l'Equestre, car les Cheualiers en vsoient aussi. Tacite parlant au 3. liure des obseques de Germanic dit, que les Cheualiers estoient vestus à son enterrement de Trabées, & le commun peuple de robes noires; ce qui est confirmé par Suetone en la vie de Domitian chapitre quatorziesme. Denis Halicarnasse au 4. monstre à ce propos que la Trabée estoit vn habillement pompeux & royal de pourpre brochée d'or, ταῖς ἁλουργέσι καὶ χρυσοσήμοις ἀμπεχόμεναι. De ceste trabée soubs les bas empereurs nous en auõs vn lieu dans Ausone à l'Empereur Gratian, où il la confond ie ne sçay comment, auec l'habillement des Consuls. Il y auoit plusieurs autres sortes d'autres habillements entre ces Romains, la peinte, la palmée, la triomphale & pretexte, desquelles discourt amplement Blaise de Vigenere en ses annotations sur Tite Liue. Les mesmes Romains ont esté bien plus exorbitans en leurs luxes, quand ils ont fait teindre non seulement les laines, mais aussi les moutons vifs, & leurs toiles en pourpre & escarlatte, ainsi que le deduit Pline liu. 8. chap. 48. & liure 19. chap. 1. Qui plus est les lettres patentes des Empereurs estoient escrites, *cocti muricis, & triti Conchylij ardore, purpuráue*, comme il est contenu *in l. sacri affatus C. de diuers. rescript.* Sur quoy faut veoir Gothofred. en ses annotations en cest endroit. Ce qui nous doit faire grandement esmerueiller: Comme c'est qu'vn petit quartier pouuoit procreer vne si grande abondance de coquilles, qu'il peut suffire à en fournir tout le monde : car comme nous auons deduit cy-dessus, elles ne se peschoient, au moins qui fussent de pris & requestes, sinon és costes de la Phœnice & Laconie. Vitruue à ce propos; le pourpre qui se recueille au pays de Pont & en Gaule, pource que ces Regions sont proches du Septentrion, est noir & obscur: entre le Septentrion & Occidēt, il se troue Liuide. Celuy deuers le Leuant & Ponāt Equinoctiaux, est de couleur violette. Mais és contrées exposées droict au midy, est d'vne faculté naifuement rouge, parquoy il s'appelle pourpre rouge. Aristophane en sa Comedie des Acharnéens, fait le Pourpre indifferēment estre de couleur de sang: Dont Virgile auroit dit, *Purpuream vomit ille animā; & vitam cum sanguine fudit*. Or pour retourner à nostre propos, cela est encores bien admirable, qu'il ne s'est iamais trouué d'autre sang parmy vne telle & si grande varieté d'Animaux, qui fust propre à ceste teinture : Puis apres, comme il s'est peu faire que l'vsage & pratique en soyent du tout demeurez enseuelis, veu que nous en auons les moyens de mot à mot dedans les Autheurs susdits: Car il n'est pas aisé à croire que la commodité d'en recouurer, ne se trouue là mesme où elle estoit au temps iadis : pour le moins que on en peut auoir suffisamment pour en faire vne espreuue, & redresser sus de nouueau cest artifice, si longuement intermis & suspendu : Puis que les choses de la premiere creation ne s'abolissent & annichilent point du tout, estant la mere nature par trop soigneuse d'entretenir les mesmes especes qu'elles a premierement receües de la main de son Createur : Et com-

combien que d'aucuns ayent escrit qu'il y a encor pour le iourd'huy en Damas, en Alep, & autres villes de Surie, quelque manufacture de ces teintures, prouenante des coquilles de pourpre : toutesfois ceux qui ont esté à Venise, où il se void force escarlattes venants du Leuant, & sur les villes cy dessus, sçauent assez qu'il n'y en est aucune mention en façon quelconque : Que si il y en auoit le moindre moyen qui peut retourner à vsage & profit, les Turcs qui sont si friands de toutes sortes d'escarlattes, & les Iuifs espandus en ces regions là, si aspres & ardents au gain, ne le laisseroient pas escouler inutilement, sans tascher à s'en preualoir, attendu que pour la rareté de ces teinctures, ils sont contraincts de les mendier des terres & habitations des Chrestiens. Venons au reste de ce que nous auons touché cy dessus, des vestemens ou habillemens de pourpre & d'or tissu par ensemble : Pline liu. 8. chap. 48. escrit que le premier qui cōmença à faire ourdir l'or pour en faire draps, fut Attalus Roy regnant en Asie, *Aurum intexere in eadem Asia inuenit Attalus rex, vnde nomen Attalicus*; & au liur. 33. chap. 3. parlant de l'or, *Attalicis verò iampridem intexitur inuento Regum Asiæ*. Virgile en son 4. de l'Aeneide.

—Tyrioque ardebat murice lana
Demissa ex humeris, diues quæ munera Dido
Fecerat & tenui telas discreuerat auro.

Pline en plusieurs endroicts de ses œuures & liur. 33. chap. 6. & Vitruue en ses liures de l'Architecture, font mention de plusieurs sortes d'habillements, vestements, draps & toiles tissus de pourpre, escarlatte, & autres tissus & brochez d'or: sur quoy faut voir ce qu'en escriuent entre les modernes Autheurs H. Cardan liu. 5. de sa subtilité des choses, & Vannocius Biringucius liur. 9. chap. 10. de sa Pyrotechnie. Voyez le docte Bayf en son traicté des couleurs, Philander en ses excellents Comment. sur les œuures de Vitruue, I. Cesar Scaliger en son exercitation de la subtilité à Cardan, Ange Politien, chap. 12. de ses Miscellanées, R. Volaterran liur. 25. de ses Comment. Cælius Rhodiginus en ses diuerses leçons, liur. 8. cha. 11. A. Turnebe liur. 18. ch. 17. des aduersaires, & B. de Vigenere en ses annotations sur le tableau de Philostrate, intitulé la chasse des bestes noires.

De la Cochenille.

CHAP. IIII.

AVANT que d'entrer à la description particuliere de la Cochenille, il m'a semblé estre tres-necessaire de rapporter en ce lieu aucuns chapitres Italiēs de l'histoire generale des Indes, de Gonçal Fernād Ouiede Espagnol, par moy traduits en nostre langue Françoise en ceste façon chapitre 6. du liure 8. d'icelle histoire generale: LA PLANTE, que les Sauuages nomment BIXA, vient naturellement sans aucun artifice, & ie fais icy mentiō d'elle, pour autant que les Indiens de toutes les Isles nouuellement descouuertes, & ceux de terre ferme s'en aident à se barboüiller & peindre: Ceste plante croist coustumierement iusques à la hauteur d'vn homme& demy,ou peu moins:Ses fueilles ressemblent quasi à celles du cotton, & porte ses fruicts enueloppez d'vne escorce presque de mesme; sauf que par le dehors ils ont comme vne toille grossette en certaines veines, qui separent les cellules internes du boutton, où l'on trouue quelques grains rouges, lesquels s'aglutinent aux doigts comme cire molle, & sont encor plus visqueux: de ces grains les Indiens composent vne sorte de pommes desquelles ils se collorent & peignent le visage, y meslans parmy certaines gommes, & du tout en font vne certaine teincture, qui ne cede en rien au plus fin vermillon, de laquelle ils peignent leurs visages & leurs corps de si estrãge façon, qu'on les prendroit pour vrais diables d'enfer: Les femmes se barboüillent quand elles veulent aller à leurs festes & dances, & les hommes quand ils veulent piaffer plus bragardement, ou se trouuer en guerre ou aux conflicts, afin d'apparoir plus cruels & formidables. La tache de ceste couleur ne s'oste pas aisément, si ce n'est à la lõgueur, elle resserre la chair: & dient les Sauuages, qu'ils s'en treuuent fort bien. Encore sert-elle aux Indiens;en ce qu'iceux estãt ainsi peints,pour estre la teincture rouge, & de couleur approchant fort de celle du sang, le cas aduenant qu'on les blesse, ils ne s'estonnent pas si tost que les autres,qui ne s'en frottent point, & attribuent iceux l'asseurance de ne se point estonner en guerre à quelque vertu occulte, qui est au Bixa: opinion totallemẽt erronée, & n'y a point autre raison, sinon que le blessé estant peint de Bixa, ne peut à la chaude discerner l'effusion de son sang. Ceste teincture, outre qu'elle est mal seante à la personne, rend encore vne mauuaise odeur à l'occasion des gommes & autres ingrediens : Donc les Indiens se masquent de ceste couleur, comme i'ay dict, pour s'apprester aux combats, & donner plus de terreurs à leurs ennemis. Ce qu'on ne doibt trouuer estrange, veu que les Romains marchans en triomphe, estans assis sur vn chariot dãs vne chaire dorée, auec leur robbe triomphale, ornée de palmes, auoient le visage peint de rouge couleur, imitant le feu, cõme l'asseure Christofle Landin en ses Comment. sur les Poëmes de Dante: non seulement les Romains auoient ceste coustume de se peindre, mais aussi les premiers Anglois, qui plus soigneusemẽt (ainsi que l'escrit Iules Cesar) se frottoient par accoustumance d'vne couleur bleüe pour causer plus d'espouuante au milieu du choc de leurs batailles : Le mesmes Iules Cesar raconte autres coustumes bigearres de ces vieux Anglois, qui sont dignes d'aussi grande admiration, & plus que les lourdises des Indiens : Il dict qu'vne femme estoit commune à dix ou douze hommes, freres, peres & fils: & quãd apres ceste commixtion brutale il naissoit vn enfant, cestuy estoit estimé pere, qui auoit eu premierement affaire à elle: Certes ie n'ouys iamais parler d'vne pareille ny plus grande turpitude, & n'ay leu qu'en aucune part de ces terres des Sauuages on aye prattiqué vne si villaine barbarie: mais pour retourner à l'histoire des Indes, ie dis que la couleur de Bixa est beaucoup prisee au monde nouueau. Le mesme Ouiede au chap.23.sequēt du mesme liu.parle ainsi des Pithayes : Pithaya est vn fruict gros cōme le poing, ore plus, ore moins, lequel croist en quelque chardon fort espineux, & de mauuaise grace, parce qu'ils n'ont des fueilles communes, mais ie ne sçay quels gros fueillards ou cardes qui seruent au lieu de rameaux : Chacun de ces fueillards est de la longueur d'vne enjambee, ayant quatre angles, & par le milieu d'iceux est comme vn petit canal trauersant de long, où se voyent & par les bords aussi, certaines poinctes espineuses, semées de lieu à autre, qui sont aussi longues que la moitié du plus grand doigt de la main, & sont esparses trois à trois, & quatre à quatre : En la touffe de ces fueillards, naist le fruict que les Indiens nomment Pithaya, de couleur aussi haute que le cramoisi rouge : il a comme vne impression d'escailles sur l'escorce, laquelle est espaisse, mais qui se couppe facilement auec le cousteau par le dedans : ce fruict est rempli de grains comme la figue, lesquels sont meslez auec la substance du fruict ; le tout de fine couleur rouge ; & peut-on manger grain & substance ensemblement : Ce qui est touché auec l'vn ou l'autre, se tourne en vn tein aussi ardent & rouge que les Negres en sçauroient point faire, lequel fruict est sain & delicat au goust de plusieurs : mais si ne laisseray-ie pas les autres pour cestui-cy, qui à rendre l'vrine, cause vn mesme effect que la Tune, fruict duquel nous parlerons cy apres : Car vne heure apres que l'homme a mangé deux ou trois de ces fruicts, il iette vne vrine tant alterée, qu'elle ressemble au vray sang : Ce n'est point vn fruict mauuais ny pernicieux,&si est agreable & plaisant à la veuë, mais les chardons qui le produisent sont hideux à veoir:ils sont verdastres,auec espines grises,& leur fruict rouge,cõme ie l'ay descrit. Qui voudroit cueillir vne Pithaya,au chardõ mesme où elle naist,il ne faudroit pas auoir beaucoup de haste,ny aller à l'estourdy, car ces chardons sont fort armez d'espines dangereuses,& bien serrées & restrainctes. Le mesme Autheur au chapitre 24. ensuiuant dict ces mots: Encore il y a vne maniere de chardons que les Chrestiens nomment cierges, lesquels sont fort sauuages,& tãt herissez d'espines,qu'il n'y a partie en eux , par laquelle on les ose toucher & manier, tant ils se tiennent aspres & poignans,bien que la nature les fasse naistre en certain ordre auec compas & distance esgalle l'vne de l'autre. Tels cierges sont beaucoup verdoyans , & aussi hauts qu'vne lance : il y en a de la hauteur d'vne picque, autres plus petits , & sont aussi gros qu'est la iambe d'vn homme bien proportionné, à l'endroit du mollet : Ils naissent ensemble fort droicts,comme on peut voir par le portraict que i'en ay despeint, & portent vn fruict rouge comme le cramoisi,de la grosseur d'vne noix,qui est doux & bon à manger,mais grumeleux ; & ce que touche son suc demeure teint d'vne couleur enflamée & rouge:aussi les leures & les mains de ceux qui en mangent restent toutes tachées : ie ne treuue pas beaucoup ce fruict exquis ; si n'est-il pas aussi de mauuais goust,& tel qu'on n'en puisse bien manger,estant meur & cueilly de saison. Quand ces chardons ſont paruenus à leur naturelle croiſſance, ils s'en-uieilliſſent & ſeichent, & pres d'eux pullulẽt d'autres tendres & nouueaux reiettons: de ſorte qu'on voit en vne meſme touffe les nouueaux verdoyans auec les eſpines griſaſtres, & les vieux tous ſecs & fanez. Ie n'ay peu iamais ſçauoir dequoy ceſte eſpece de chardon ſert aux Sauuages, il s'en treuue és terres cultiuées des Indiens, en la prouince de Nicaragua, qui eſt au continent. Or parce que i'eſtime qu'à raiſon du fruict ſeulement ce n'eſt pas choſe dont on doiue faire beaucoup de cas, ie me doute qu'on le garde là pour quelque plus grand effect & ſingularité, ainſi que on le gardoit en ceſte iſle comme ie penſe, quand elle eſtoit habitée des Sauuages: Bien qu'on y treuue encore parmy les bois bonne quantité de ces cierges, mais il ſe peut faire que les lieux qui ſont maintenãt couuerts de bois & buiſſons, fuſſent autrefois habitez. Voila ce que i'en ay peu apprendre: & par-aduenture que ce fruict, qui à mon opinion n'eſt excellent en ſubſtãce & ſaueur, doit porter vn autre gouſt en la bouche des Indiens, ou poſſible le priſent-ils pour autre faculté à nous incertaine & cachée. Moy eſtant en ceſte Iſle, ie n'en ay peu cognoiſtre dauantage, que ce que i'en ay dict. Le meſme Ouiede au chap. 25. enſuiuant du meſme liure, apres auoir parlé des chardons nommez cierges, & de ceux qui portent le fruict Pithaya, il me ſemble bien à propos de traicter icy de quelques autres chardons qu'on appelle Tunes, qui eſt auſſi le nom d'vn fruict qu'ils produiſent. Et d'autant que par apres au dixieſme liure nous diſcourirons de l'arbre qui ſert à conſolider les ruptures, le Lecteur ſe pourra reſſouuenir de ces Tunes, pource que les feuilles ont grande affinité auec celles de l'arbre que ie dis : Et ne ſuis pas hors d'opinion que ces meſmes chardons ne ſe muent & changent en ceſt arbre, ore que ce ne ſoit choſe bien aſſeurée : Car à la verité, quant à leur fruict, il a grande difference : Toutesfois vous diriez à les veoir, qu'ils approchent fort pour la ſemblance & ſimilitude qu'ils ont en leurs eſpines & fueillages. Pour fruicts, ces chardons ou Tunes amenent des figues plaiſantes & recreatiues, longues & verdes, aucunement vermeilles par le dehors, & couronées ainſi que les neffles de Caſtille: mais icelles rouges par le dedans, tirans à la couleur de la roſe ſeiche, & pleines de petits grains, comme les vrayes figues : L'eſcorce de ce fruict eſt comme les autres figues, ou quelque peu ou plus eſpeſſe : Il s'en vend grande quantité parmy les places des Indes, pource qu'il eſt de bon gouſt & d'aiſee digeſtion : Les chardons qui le portent, ont les fueillages aucunement rõd, ſolide & eſpineux, ſoit aux bords, ſoit au plain, qui ont les eſpines fort aiguës, trois à trois, quatre à quatre, & plus enſemble : Chaſque fueille eſt auſſi eſpaiſſe que la moitié, ou la troiſieſme partie de la groſſeur du doigt, & auſſi longue qu'vne main ouuerte auec les doigts eſtendus : il y en a de moindres, car elles võt croiſſant petit à petit, & naiſſent par les bords d'vne à autre: tellement qu'elles s'enleuent, & forment ces chardons ou Tunes, tant qu'ils arriuent iuſques au genoüil, ou à la hauteur de trois palmes hors de terre, peu plus ou moins : Et en ce qu'elle vont croissant, & pour la maniere du fueillage & des espines, elles ressemblent à l'arbre qui est propre aux consolidations, duquel i'ay faict mention cy dessus, & dont ie parleray encor par-apres. I'ay par cy deuant appellé ce fruict ridicule: car apres en auoir mangé cinq ou six, c'est vne grande occasion de baye & risee pour celuy qui n'en a iamais tasté, & assez pour luy donner vne merueilleuse apprehension, auec soupçon de mort prochaine, bien qu'il n'y ait aucun danger: I'en ay faict moy-mesme l'espreuue, & diray ce qui m'en est aduenu, cōme estant homme la premiere fois que i'en auallay: Car certainement i'eusse volontiers donné tout ce que i'auois en ce monde, pour me trouuer aupres de quelque sçauant Medecin, & chercher vn prompt remede à ma vie. Or retournant de terre ferme en ceste ville de sainct Dominique, l'an de grace 1515. apres auoir descēdu à l'extreme bord de ceste Isle Espagnole, ie trauersois le pays de Xaragua, accompagné de plusieurs, entre lesquels estoit André Niguo pilote: Et pource qu'il y en auoit aucuns en la troupe plus experts que moy és singularitez du pays, ayant faict essay de ces Tunes ils en mangeoient volontiers, pource que de pas en pas ils en rencontroient en abondance: lors chatoüillé d'vn desir, ie voulus faire comme les autres, & en mangeay ma part de quelques-vnes, qui me semblerent bonnes: mais quand il fut question de s'arrester pour repaistre, nous descendismes de cheual en la campagne aupres d'vn fleuue: Puis me retirant vn peu à l'escart pour faire de l'eau, ie vins à vriner grande quantité de vray sang, tout au moings il me le sembloit, & n'osay tant vriner cõme i'eusse bien peu, & que ma necessité le requeroit, non sans horreur & crainte qu'ainsi faisant auec le sang sur le champ mesme, ie ne versasse ma vie : car ie m'asseurois d'auoir toutes les veines du corps ouuertes & rompues, me persuadant à la verité que tout le sang qui estoit en moy, auoit faict sa retraicte & son cours à la vessie. Donc comme personne qui n'auois experience de ce fruict, & ne sçauois la structure, ny l'ordre des veines, ny la faculté des Tunes que i'auois auallees, ie deuins tout esperdu & passe comme vn drapeau. Adonc André Niguo s'accoste de moy, cestuy qui fut ce pilote qui se perdit depuis en la mer de Midy, au descouurement que faisoit Giles Gonçalez, comme ie diray en son lieu : Cestuy-cy, qui estoit bonne personne & bien bon amy, se print à dire, hâ Monsieur ! il semble à voir vostre contenance qu'auez mal au cœur, qu'y a il? que sentez-vous? Et me disoit cela d'vne parolle si ferme, & de telle affection que ie le pensois auoir pitié de mon mal, & qu'il parlast à bon escient : A quoy ma response fut, que ie ne sentois point de douleur, mais que i'eusse volontiers donné mon cheual & quatre autres auec, & estre à sainct Dominique, ou pres du Licencier Barreda, qui est vn tres-habille Medecin: car ie croyois fermemẽt sans rien douter, que toutes les veines de mon corps estoient rompues & dissoutes : Apres luy auoir dit cela, il ne peut dauantage se contenir : Et pource qu'il me vit en peine veritablement non petite, il replicqua en se sousriant, cela vient des Tunes : la premiere fois que viendrez vriner, voſtre eau ne ſe trouuera pas ſi rouge, & la ſeconde & troiſieſme d'apres reprẽdra ſa naifue couleur, & n'aurez plus beſoing d'aucuns medecins : De mode que ie fus aucunement conſolé & guery en partie, iuſques à ce que i'aduiſay qu'il y en auoit en la compagnie d'auſſi nouices que moy, ne plus ne moins effrayez que i'eſtois, & pour la meſme occaſion. Mais tous enſemble nous trouuaſmes peu de temps apres ce que le Pilote nous auoit dict eſtre veritable, dont ie receus autant de ioye comme ſi ie fuſſe eſchappé des plus grands perils du monde : d'autant que ie ne deſire iamais mourir auec blaſme d'hõme gourmand & vitieux, ains ay faict pluſieurs fois abſtinence, ayant neantmoins grande neceſſité de manger, ſeulement pour ne prendre d'aucunes choſes, dõt ie voyois que les autres ſe repaiſſoiẽt en ce nouueau mõde. Tellemẽt que pour venir à mõ propos, ce fruict eſt plaiſant & ridiculle en ſon effect, & n'apporte pas vn petit eſtonnement à qui le cognoiſt. En pluſieurs quartiers de ceſte iſle, les champs ſont pleins d'vn pareil fruict, & met-on nõbre de ces chardõs ſur les murailles de ceſte ville, & des vergiers & iardins d'icelle, pour empeſcher que perſonne n'y monte, & ſont plus dangereux que les Calambrones d'Eſpagne, auſſi leurs eſpines mordent & picquent plus au vif. Es autres iſles de ſainct Iean de Cuba & Iamaïque, i'ay pareillement veu de ces Tunes & chardons, & en d'autres iſles icy : car ils ſont fort communs en ces Indes : leur feuillage eſt verd, & leurs eſpines griſes, & le fruict comme ie l'ay ſpecifié. Quand on le mange il rougit les leures & la main, & tout ce que touche son suc, comme ont accoustumé de teindre les Negres de Castille, laquelle rougeur demeure autant à s'en aller que celles des Negres susdites, & plus encore : Fernand. Cortes liure deuxiesme, de ses voyages chap. de Mexico Temichtillan, descrit plus particulierement ces Tunes, & dit ainsi, parlãt du fruict Nucthli, lequel on nomme Tunes en l'Isle de Cuba ou Saiti. L'arbre ou le chardõ à mieux parler, qui rapporte ce fruict Nucthli, se nomme entre les Indiens Mexican de Culhua-nopal, & n'est autre chose qu'vne grosse touffe de fueilles, longue d'vn pied, large d'vn palme, & espesses d'vn doigt, plus ou moins, selon le naturel du lieu : Il porte des espines enuenimées & dangereuses, qui sont de couleur grisastre : ses fueilles sont vertes, il se plante & va croissant d'vne fueille à autre: & deuient si gros par le pied, qu'il est en fin comme vn arbre iettant ses fueilles, ores par la pointe, ores par le costé: Mais puis qu'on en voit en nostre Espagne, ie n'ay que faire de le descrire dauantage. En quelques endroits, comme chez les Teuchichimeques, où la terre est sterile, ils boiuẽt le suc des feuilles de ce Nopal: Le fruict Nucthli ressemble aux figues, ayant des pepins : mais est plus long, & couronné comme la Neffle: ces figues sõt plus que d'vne couleur, les vnes vertes par dehors, & par dedãs incarnates, & qui sont bien sauoureuses : les autres cirées, aucunes blanches, & d'autres qu'ils appellẽt marquetées, à cause du meslange des ces couleurs: bõnes sont les marquetées, meilleures les cirées: mais excellemment delicieuses les blãches, desquelles on a grãde abõdance quand le temps est venu : elles se gardent beaucoup: les vnes ont le goust de poire, les autres de raisin : sont refrigeratiues pourtant durant les grandes ardeurs : & par le chemin nos Espagnols les cerchoient, qui en sont plus friands que les Indiens mesme. Plus on est diligent à cultiuer ce fruict, & plus a de saueur : aussi personne, si ce n'est quelque belistre ne gouste de celles qu'ils nomment aigrettes ou sauuages. Il y a d'vn autre sorte de Nucthli, ayant le teint rouge peu demandée: & toutesfois d'assez bon goust, laquelle on mange quelque fois comme fruict premier rouge, & qui vient deuant les autres, on ne s'abstient pas d'en manger pour chose qu'elle soit fade : & d'autant qu'elle rougist les doigts, leures & vestements, & n'en peut on leuer la tache, Ioint que l'vrine en demeure teinte, & rouge comme sang ; du commencement que nos Espagnols en mangerent, ils pensoient estre perdus, quand ils venoient à pisser, estimans que tout le sang de leurs corps couloit auec l'vrine, tant estoient abusez, & nouices en la cognoissance de ce faict ; si qu'ils en faisoient rire leurs compagnons plus experimentez. Le mesme Ouiede au liure neufiesme, chapitre quinziesme de la mesme histoire parlant du Bresil : L'vsage & valeur du Bresil ou Vresin est assez cogneu, mesmement aux Teinturiers, Peintres, & autres maistres qui s'en aident ordinairemẽt, ils font auec ce bois vne couleur comme de pourpre, & se voit grande quantité de ces arbres en ceste Isle: & vers la coste qui regarde le Midy, au pays & montagnes du Cap de Tiburon,& pres le grand Lac de Xaragua : icy ne sont-ils pas grands arbres ny droits, mais de la sorte d'vn espece de chesne,que les Latins nommẽt Ilex,& les Prouençaux Yeuse ou Euse:toutesfois plus minces & tortus : & pour le plus ne sont pas si haults: Leur escorce se lasche nettement , la feuille en est comme espineuse,non aspre: Au long du grand riuage de terre ferme, & du costé de Septentrion on rencontre des forests longues & spacieuses de tels arbres,&en maints autres lieux,speciallement en la coste du fleuue Maragnon,tirant plus à la partie Orientale. Mais pource que c'est vn arbre assez familier & cogneu,ie finiray mon propos:d'autant que ceux qui par experience ont l'art & la teinture de ce bois , & cognoissent ses autres effects , pourront mieux raconter par le menu son operation, & en faire foy. Iean de Lery en son voyage faict en la terre du Bresil,parlant de l'arbre du Bresil,faict vn plaisant compte des cendres du bois du Bresil,desquelles les François pensoient faire lessiue pour blanchir leur linge,qui deuint si rouge qu'il n'y eust ordre de luy faire perdre ceste couleur,&duquel neantmoins il fallut vser en cette terre,pour n'en pouuoir recouurer d'autre. Iceluy mesme Ouiede liure dixiesme de la mesme hist. chap.second: En ceste mesme isle Espagnole croist vn certain arbre,qui sert à consolider les ruptures: lequel se voit communément és autres isles,& en terre ferme aussi,& s'en trouue grande quantité: Il est espineux,& de telle sorte qu'il seroit impossible de veoir arbre ny plante plus estrange & sauuage à voir: sa façon,ie ne puis me resoudre s'il est arbre ou plante : il produict certains rameaux ou feuillards amples & laids, gros & espineux, de fort mauuaise grace, lesquels rameaux ont esté premierement feuilles : si que croissans feuilles à feuilles, l'vne de l'autre, & s'endurcissans en branches, il s'en faict vne grosse touffe. En vn mot il est si difforme, & tel qu'il me seroit tres-difficile de le dõner bien à cognoistre par escrit, qui ne le voudroit aussi faire pourtraire à quelque excellent peintre, pour le representer auec ses naifues couleurs, afin que comme on faict des autres arbres, l'œil se peut mieux remarquer sur la carte, qu'on ne sçauroit apprehender par mes parolles. C'est pourquoy ie pense qu'il est impossible de baptiser plus significatiuement sa forme tant estrange & rare, que de le nommer monstre en l'espece des arbres. Premierement apres auoir osté les espines à l'vn de ces gros fueillards, on le casse & pile, puis on l'enueloppe dans vn linge en maniere d'emplastre, & le met-on par apres sur le membre rompu, ayãt toutesfois auparauant remis les os qu'on cuide estre rompus ou froissez : Et est la recepte qu'on practique pour vnir & consolider les parties rompues & debiles, qu'en sont parfaictement gueries, comme si iamais elles n'auoient eu mal : pourueu cõme i'ay dict, qu'on sçache à poinct-nommé conioindre & remettre les os en leur place, iusques à ce que cest emplastre ou medicament aye faict son operation : il adhere si fort & si ferme à la chair sur laquelle il est posé, qu'à peine s'en peut-il deffaire : mais ayant operé, & sa cure tãt vtile & profitable finie, il tombe & s'en va de soy-mesme. Au quartier de Nica-

ragua, on trouue grand nombre de ces arbres, leur fruict est rouge & plein deschardes menues, & est gros comme vne grosse oliue, de couleur de fin cramoisi : il a certains petits filaments par le dessus comme poils, qui sont presque inuisibles à cause de leur subtilité, dont souuent il aduient que prenant ce fruict en main il entre dans les doigts: Les Indiennes de ceste contree font vne sorte de paste de ce fruict icy, qu'elles mettent en pieces tenues de forme quasi cōme petites tablettes, qui ne sont plus larges que l'ongle du doigt, & les enueloppēt auec du cotton, de peur qu'elles ne se rompent, puis les exposent à la place, & les portent vendre à leurs marchez. C'est vne denrée de grād prix, d'autant que les Indiens & les Indiennes la recherchent fort pour s'en peinturer, car la couleur en est grandement cramoisie, & quelquefois declināt au vermeil d'vne rose : laquelle couleur seruiroit mieux pour embellir les dames, que non pas celle que les affetees d'Italie en Espagne & autres plusieurs lieux appliquent à leurs ioues, quand elles veulent corriger ou plustost gaster l'image qui leur est donnée de Dieu. Or ay-ie maintes-fois experimenté les petites pieces ou tablettes susdictes, m'esbatant à faire crayons & portraits, pour voir quel seroit le lustre de ceste couleur, & de quelle durée: Et trouue qu'elle est excellente, en ayant peint auec icelle quelque chose en papier plus de six ans auparauant. Il se voit auiourd'huy qu'elle est plus belle & plus viue, que non pas le premier iour qu'elle fut mise en œuure : Ie m'en esmerueillay grandement; parce que à la destremper ie
n'auois

n'auois pris que de l'eau claire, & ſans gomme, ou autre diligence quelconque que les peintres eſtiment neceſſaire pour faire leurs couleurs: Ceſt arbre reſſemble fort, quant à ſes fueilles, aux chardons qu'on met ſur les murailles & iardins de par-deçà, ou bien les fueilles ſont comme celles des Tunes, qui ſont ces meſmes chardons cy deuant par nous deduicts au huictieſme liure, chap. vingt-cinquieſme. Le plus grand de ces arbres ne croiſt point plus haut que deux fois la ſtature d'vn homme, ou peu plus: Il a ſon tronc de couleur griſe aſpre, & les rameaux auſſi: mais les extremitez qui ſont les fueilles, ſont aucunement vertes, & naiſſent les aucunes par le trauers, ou de nouueau, d'où ſort vne autre fueille, dont le rameau ſe forme & compoſe: mais comme i'ay dict, toutes les fueilles ſont indiciblemẽt heriſſees d'eſpines, ainſi que les Tunes, & les rameaux encor, &c. Les chapitre cy deſſus diligemment conſiderez: Nous pour reuenir à la deduction de la Cochenille, aduertirons les lecteurs beneuoles & curieux, que Hieroſme Cardan, liure treizieſme de la varieté des choſes chap. 67. ayãt imité, ainſi qu'il eſt vray ſemblable, Ouiede & Fernand Cortes cy deſſus alleguez, parlãt des Tunes, Nucthli & Nopal, ſemble auoir faict mention, ou pluſtoſt auoir expliqué que c'eſt de la Cochenille, qu'il entend ſoubs la deſcription du Figuier d'Inde, diſant: La teincture de pourpre a de » tous temps & ancienneté eſté de treſ-grand prix: & » eſtoit icelle de deux eſpeces, l'vne de laines teintes » au sãg des pourpres, certains petits poiſsõs marins, » nommez Murices: De preſent ceſte teinture ſe fait »

„ auec graine de Coccus ou Kermes, ou Alkermez,
„ comme nous auons dict cy dessus, l'autre de soye
„ teincte ainsi qu'auons dict, de liqueur prouenant
„ de certains grains qui se tiennent és grosses Pim-
„ pinelles: mais de present on a grande abondance
„ de grains, qui prouiennent du figuier d'Inde, du-
„ quel nous auons parlé cy deuant, traictant de l'alce
„ & des teinctures de la soye: mais il sera fort à pro-
„ pos de present de conioindre ces deux matieres en
„ vne: Ce figuier est nommé d'Inde, parce que & de
„ fruict, & de grandeur des fueilles, il est semblable
„ à vn figuier commun: Ie le descriray en ayant veu
„ vn à Genes chez vn certain Medecin, en la maison
„ duquel ie vy premierement du Baume d'Inde:
„ Donc les Mexicains au pays desquels ce figuier
„ Indien croist, nomment Nuchtli, le fruict qui en
„ sort & procede: Nopal, l'arbre qui le porte: les In-
„ diens de l'isle Espagnolle, nomment l'arbre & le
„ fruict Tunes: aucuns nombrent en ce genre les
„ Pithayes, à cause que ces fruicts conuiennent en
„ deux choses, à sçauoir couleur rouge splendide, de
„ laquelle les Indiens teignent & peignent leurs vi-
„ sages, mains & autres parties de leur corps, & qui
„ teint tellement l'vrine, qu'elle semble presque à du
„ sang tres-vermeil: & les vns & les autres fruicts ont
„ des grains qui sont tous rouges, lesquels sortent
„ de plantes poinctues: cest arbre porte fruict garny
„ de petits grains rouges, ainsi qu'vne figue, & sort
„ & procede ce fruict de dedans certains petits & ai-
„ gus picquerons: Mais les Pithayes n'ont pas leur
„ fruict comme la Tune, mais l'ont semblable à vne
„ pomme Apiane, estant ce fruict rouge, ayant son

escorce assez dure: Les plãtes des Tunes de Nuchtli „
sont garnies de fueilles larges d'vn pied, & lõgues „
d'vne paulme, espaisses comme le doigt, la cou- „
leur d'icelle rouge, & garnies icelles de picquerõs „
espais & forts, de couleur cendree: Le meilleur „
fruict est quand il est blanc, puis iaune, puis meslé „
& diuersifié, puis vert: Et ce fruict est mangé sans „
dãger: mais les Pithayes qui sont de couleur rou- „
ge, encor que tres-sauoureuses, teignent neant- „
moins ce qu'elles touchent, & prouocquent vne „
vrine ressemblant à du sang: son fruict est pareil à „
la figue, ayant l'escorce polie & plus grandette, & „
est garnie d'vne couronne, telle que celle d'vne „
nesfle: Les fueilles sortent des fueilles sans aucuns „
bestions ou vermine, ayant leur fruict semblable, „
mais sans aucuns picquerons: les vns semblent au „
goust à des poires, autres à des raisins, & contien- „
nent en eux certains grains, desquels on se sert aux „
teinctures: Donc les Tunes sont semblables aux „
figues & figuiers, en grãdeur des fueilles, de fruicts „
& grains, à cause dequoy ils ont esté nommez fi- „
guiers d'Inde. A ceste description du figuier d'Inde, qu'aucuns interprettent pour l'arbre qui porte
la Cochenille, se conforme le mesme Ouiede en
son Sommaire des Indes chap. 81. Le mesme Cardan poursuiuant son propos cy dessus escrit, que
des grains des figuiers d'Inde, on en faict des teintures de pourpre, & graine d'escarlate: vn certain
autheur moderne en ses escrits est d'opinion, à bõne & iuste occasion, que la teincture ancienne cramoisie de soyes, se souloit faire de la mesme graine que les escarlates des laines, & estoit bien plus

naturelle & meilleure que la Cochenille, qui est n'aguere venuë de la nouuelle Espagne, laquelle on n'a point encore peu guere bien sçauoir au vray qu'elle est, pour estre drogue fort moderne & nouuelle, parce que les anciens ne l'ont point cognuë: & que toutesfois on tient icelle estre vne maniere de vers qui viennent en ces quartiers, sur vn arbre ressemblant au figuier, ainsi qu'il est appellé en langage Castillan, Cabra Higo, lequel ainsi que dict cest autheur moderne, ne porte aucun fruict, mais qui se doit bien contenter de cela, parce qu'il n'y en a point d'autre, tant plus, tant plus riche: En le secoüant ces vers & insectes tombent sans qu'on aye autre peine de les recueillir, & cela se faict communement au Printemps, mesmement en Mars & Auril: car de là en auant ce bestial se treuue fort maigre & attenué, & n'ayant presque la peau: De maniere que trois parts de ceux-cy ne feront pas tel effect qu'vne seulle des autres premieres. Quand on a amassé quelque quantité notable, on les iette dans vne lessiue propre à cela, & les faisant vn peu boüillir, on les prepare en la maniere qu'on les apporte puis apres par deçà en l'Europe, dont il y en a de meilleurs les vns que les autres: car ceux qui sous le ventre tiennent du gris, ne sont pas si prisez: On souloit donc auant que ceste Cochenille vint en vsage, teindre des soyes auec la graine ou pastel d'escarlate, dont le dedans est tousiours meilleur que la Cocque, & falloit bien deux liures de graine, qui couste de present plus de trois escus la liure, pour teindre vne liure de soye, plus ou moins, selõ qu'on la veut chargée, ou foible en couleur : mais il ne faut pas tant de Cochenille à beaucoup pres, aussi n'est-elle iamais si naifue comme la graine : Et tout ainsi comme aux laines il y a plusieurs degrez de couleurs rouges, ainsi qu'amplement recite Pline liure 21. chap. 8. de son histoire naturelle, aussi y a il és soyes qu'on limite ordinairement à huict ou dix, depuis le brun iusques au plus pasle, & deschargé pour vne liure de cramoisy brun, il faut quelques quatre onces de Cochenille, laquelle fait de soy vn peu la couleur violette: mais pour remedier à cela, il faut adiouster auec vne liure de Cochenille, enuiron deux onces de saffran bastard, & tout premierement on dissoult dans de l'eau de fontaine ou riuiere bien nette de l'alun de glace, les faisant bouillir sur le feu, à raison de quatre ou cinq onces d'alun pour chasque liure de soye: car tant plus les soyes sont allumees, tant plus elles seront belles, & laisser tremper là dedans les soyes par vne bonne heure, quand l'eau sera encore tiede: cependant on a de la Cochenille, battuë en menuë pouldre, qu'on fait boüillir en de l'eau, les remuant biẽ ensemble : puis on trempe les soyes dedans, par tãt de fois que la couleur plaist: Finablement on les laue en de l'eau de fontaine fresche, pour oster les grains : pour les autres cramoisis plus deschargez, on met moins de Cochenille. Et pour faire violet cramoisy, quand la soye est teincte en rouge, on la met tremper dans de la lessiue bien chaude, bien nette, & deuient violette : que si le rouge est brun, le violet sera brun : si clair est deschargé, tout de mesme, iusques à ce faire fleur de pescher & lauandé: Le tanné & canelé brun ou plus descouuerts se font auec la Cochenille & le saffran: car le rouge auec le iaulne deuient tanné: Le gris se fait en la soye blanche, en deschargeant le noir de soye. Outre tout ce que dessus, nous auons bien voulu aduertir les curieux lecteurs, qu'il y a quelques autres arbres qui se tiennent esdictes Indes Occidẽtales de present, lesquels peuuent seruir és teinctures d'escarlate ou cramoisy, ainsi qu'on pourra voir en Iules Scaliger exercitation 181. distinct. 3. de la Subtilité en Hierosme Cardan, de la subtilité Garcias *aborto* liu. 1. chap. 6. de l'histoire des Espiceries, André Theuet chap. 12. de ses Singularitez, & liure 11. 21. chap. 13. 16. de sa Cosmographie, & Guillaume Rouille, liure 18. chap. 16. & 55. de son histoire generalle des Plantes. Entre les recẽts Autheurs, Ioseph Acosta liure 4. chap. 23. de son histoire naturelle des Indes, tant Orientales qu'Occidentales, a descrit ainsi la Cochenille:

Le Tunal est vn arbre fameux en la neufue Espagne, si arbre nous deuons appeller vn monceau de fueilles amassees les vnes sur les autres, lequel est de la plus estrange façon d'arbre qui soit, pource qu'il sort de terre premierement vne fueille, & d'icelle vne autre, & de ceste-cy vne autre, & ainsi va croissant, iusques à sa perfection: sinon que cõme ses feuilles vont sortant en hault & aux costez, celles d'enbas s'engrossissent, & viennent presque à perdre la figure des feuilles, en faisant vn tronc & des rameaux qui sont aspres, espineux & difformes, d'où vient qu'en quelques endroits ils l'appellent Chardon. Il y a des Chardons, ou Tunaux sauuages, qui ne portent point de fruict, ou bien il est fort espineux, & sans aucun profit. Il y a mesme des Tunaux domestiques, qui donnent du fruict fort estimé entre les Indiens, qu'ils appellent Tunas, & sont de beaucoup plus grandes que les prunes de frere, & ainsi longue: Ils ouurent la Cocque qui est grasse, & au dedans il y a de la chair, & des petits grains semblables à ceux des figues, qui sont fort doux, & ont vn bon goust, specialement les blanches, lesquelles ont vne certaine odeur fort aggreable, mais les rouges ne sont pas ordinairement si bons. Il y a vne autre sorte de Tunaux, lesquels ils estiment beaucoup dauãtage, ençor qu'ils ne donnẽt point de fruict, & les cultiuent auec vn grand soing & diligence: & iaçoit qu'ils n'en recueillent point de fruits, neantmoins ils rapportent vn autre commodité & profit, qui est de la graine: d'autant que certains petits vers naissent aux fueilles de cest arbre, quand il est bien cultiué, & y sont attachez, couuerts d'vne certaine petite toile deliée, lesquels on circuit delicatement: & est la Cochenille des Indes tant renommee, de laquelle l'on teint en graine: Ils les laissent secher, & ainsi secs ils les apportent en Espagne, qui est vne grosse & riche marchandise. La robe de ceste Cochenille, ou graine, vaut plusieurs ducats: On en apporta en la flotte de l'an 1587. cinq mil six cẽs soixante & dix-sept arrobes, qui montoient à deux cens quatre vingts trois mil sept cens & cinquante pezes: & ordinairement, il en vient tous les ans vne semblable richesse: Ces Tunaux croissent és terres temperees, qui declinent à la froideur. Au

Peru il n'y en croist point encor iusques à present. I'en ay veu quelques plantes en Espagne, qui ne meritent pas toutesfois d'en faire aucun estat. Qui voudra voir la deduction des insectes qui croissent dans les fruicts des arbres, lise apres les Anciens I. Baptiste Porte liure sixiesme, chapitre treize, Phytognomonicon.

Portraict au vray de l'Arbre de la Cochenille, selon les Modernes.

De l'arbre du Baume.

Chap. V.

L'Arbre du Baume est appellé par les Grecs βαλσάμος ; par les Latins Balsamum : par les Arabes Balsem, Balessma, ou Balsan : par les Italiens & Espagnols, Balsamo : par nous François, Baume. Iosephe Autheur Hebrieu liu. 8. chap. 2. des Antiquitez Iudaïques, asseure que l'arbre qui porte le Baume, auoit esté premierement apporté à Salomon Roy de Iudée, par la Royne d'Egypte & Ethyopie, nommée Saba, à laquelle les Iuifs deuoient cest honneur, de dire qu'icelle auoit esté la premiere qui auoit rendu la region de Iudée fertile & abondante, du temps de cest Autheur en Baumes. Ce mesme Autheur escrit au liu. 4. chap. 6. des mesmes Antiquitez, qu'auant son temps, à vne grande campagne, vis à vis de Hierico, il y croissoit grande abondance d'arbustes de Baume : Ce que tesmoignent Egesippe liu. 4. chap. 17. de la ruïne de Hierusalem, Iustin liu. 36. de ses hist. à quoy s'accorde Ioseph Beu Gorion liu. 4. chap. 22. escriuant que de son temps les Arbustes du Baume croissoient seulement en Hierico, & que puis-apres ils furent transportez & transferez en Egypte, pres vne seule fontaine, laquelle auoit seruy à la vierge Marie, & à son fils Iesus-Christ. Ce que semble toucher en passant l'Autheur du grand Proprietaire de toutes choſes liu. 17. chap. 18. & le dilate & diſcourt fort amplement Benoiſt Arias Montain chap.8. de ſon diſcours, intitulé Chanaan, ou des douze nations. Ioſephe cy deſſus allegué liu. 9. chap.1. des Antiquitez, faict mention qu'en Iudée, pres la montagne Eugaddi il y auoit eu autrefois force Arbuſtes de Baume : Ce que aſſeure Frere Broccard en la deſcription de la terre Saincte, maintenãt que aucuns diſent que Cleopatre, Roine d'Egypte, en hayne d'Herodes, oſta de Iudée les Baumes, & les fit porter en Egypte & en Babilone : & que les Arbuſtes de Baume qu'on voyoit de ſon temps és Prouinces d'Egypte & Babylone, eſtoient les meſmes que ceux apportez de Iudée par le commandement de ceſte Cleopatre. Theophraſte liu.9.chap.6. de l'hiſt. des Plantes, fait l'Arbuſte du Baume, qu'il dict croiſtre en la valée de Syrie, de la hauteur d'vn grenadier, ayant pluſieurs rameaux, les fueilles ſemblables à celles de la Rué, eſtant toutesfois vn peu plus blanches, mais touſiours verdes & verdoyantes : Le fruict ſemblable à celuy de la Therebentine, tant en grandeur, figure, que couleur. Strabo liu.6. de ſa Geograph. eſcrit, que l'arbre du Baume eſt fort odorant, produiſant grande quantité de rejettons, & ſemblable à Cytiſus, ou à l'arbre qui produit la Therebentine. Conſtantin Africanus en ſon liur. des grad. deſcrit les rameaux du Baulme comme ceux de Thitymalus, eſtant de couleur verde. Pauſanias eſt teſmoin qu'en Achaye, en la region de Berée, de ſon temps le Baume qui y croiſſoit, eſtoit de la grandeur du Myrte, & auoit les fueilles ſemblables à la Marjolaine. Dioscoride liu.1. chap.18. & Auicenne liu.2. chap.81. recitent, que le Baume est vn arbrisseau de la grandeur du Violier blanc, ou de Lycium, autrement Pyrachanta, ayant les fueilles semblables à la ruë, toutesfois plus blanches, mais tousiours vertes : & que aux grandes chaleurs d'Esté, l'ayant incisé en son escorce, auec des petits instruments de fer, il en sortoit & procedoit ceste precieuse liqueur, nommée Baume, &c. Pline liu.12. chap.25. de son hist. naturelle, faict l'arbre du Baume semblable à la vigne, & non au Myrte, estant iceluy planté en terre comme vn serment ou marquotte de vigne, ayant ces fueilles pareilles à celles de la rue, fors qu'elles sont plus petites, & que l'arbre est hault de deux coudées au plus, fort ridde, courbe, & tors: & à ceste description adhere Solin chap.38. de son Polyhistor. Egesippe cy dessus allegué tient, que l'arbre qui porte le Baume, ressemble de forme à celle d'vn Pin, sauf qu'il est beaucoup plus petit, & qu'il est cultiué, entretenu & conserué ainsi qu'on faict la vigne de pardeçà. Ce mesme Pline au lieu cy dessus allegué en dict plusieurs discours, suiuant les memoires qu'il en auoit eu des Romains, lesquels auoient esté en Iudée du temps de Vespasian & Titus Empereurs.

Vn certain Cheualier Anglois de nation, qui passa la mer en l'an mil trois cens vingt-deux, pour veoir & visiter plusieurs prouinces d'Asie & Afrique, incogneuës aux anciens, & retourna en Europe l'an mil trois ceux soixante-six, en ses voyages par luy composez en langage Romanesque, lesquels sont par-deuers moy, non encore imprimés, en ce langage, au-moins que ie ſçache, nommé Iean de Mandeuille, deſcrit ainſi l'arbre du Baume : Acoſtá del Alcayre es lo camp en ſe leua lo balſen, lo Balſen ſe leue en petits arbres que no ſon gayre pus alts que a la cinta dun home es axi plantat com a viña ſaluage ihẽ coiſt feu vn de aquells arbris ab ſos peus, com ell anaue ingnarables altres infants lo camp no es gayre ben clos que hom ſopria be entrar, mes en lo temps que lo balſem hi ve ells que meten ſi bones gardes que hom no y pot entrar, lo balſen no creix pas en altro loch ſi no alli com hom ſen vol portar les branques & plançons per plantar en altra part ell creix be mas ell no fonctificha punt com hom talla les branques per plantar com de tallar ab qualque pedra tallam o qual que os tallam : car qui les talla ab ell corromp ſa virtut y ſa natura : Serrayns appelen aqueſta viña ethnoblate & lo fruyt que y es concubes, y à la licor que deguote de les brãques es appelen grisbade y fan tots iours aqueſte balſem cultiuar als Chriſtians y altramen ellas no fructifiquem, los Serrayns o dien ells mateixs, car ells ho ham eſprouat, hom dié que lo balſen creix en altra part à Iudea la major en aqueſt deſert hom Mexandre parla a larbre del Sol y de la Luna, mas yo no le pas viſt, car yo no ſon pas eſtat tant auant que trop y à de perilloſes paſſages a paſſar, y ſapiate cõ ell ſi fa trop bõ guardar de cõprar balſen ſi dox nol ſaben conexer y be ſprouar, car hom podrie eſſer decebut, car à ny dalguns qui venen trementina, en loch de balſen è y meten de balſem en gẽps per donar odor, y alguns meten a bollir en oli les

» branques del balsen, y lo fruyt, lo qual venen per
» balsen, y alguns fan fondre claus de girofle y spi-
» quinardi y altres especies be odorantes, y la licor
» que daco hix ells appellen balsen. Pierre Belon liure 2. chap. 39. de ses obseruations, dict ces mots :
» Nous allasmes voir vn iardin en vn village où
» croissent les baumes, qui n'est pas si loing du Caire
» que de Paris au Lendit : Et d'autant que le baume
» est vne plante renommee, precieuse & rare, i'ay
» voulu escrire tout ce qui m'a semblé appartenir à
» son discours : ie sçay qu'il y a quelques hommes
» qui pensent que les baumes de la Materée y ayent
» esté apportez de Iudée, mais ie monstreray cy apres
» qu'il n'en est rien : Ils sont dedans vn grand iardin
» enfermez, en vn petit parquet de muraille, que
» l'on dict y auoir esté faict depuis que le Turc a osté
» l'Egypte des mains du Souldan, & dict-on que ce
» fut vn Bacha qui estoit Lieutenant pour le Turc,
» qui les estima dignes d'auoir closture à part eux.
» Lors que ie les vey, il n'y en auoit que neuf ou dix
» plantes, qui ne rendent aucune liqueur. Entre les
» marques que les anciens nous ont enseigné pour
» cognoistre le baume, est qu'il doit estre verd en
» tous temps : toutesfois celuy de la Materee pres
» du Caire n'auoit que bien peu de fueilles au mois
» de Septembre, qui me sembla chose nouuelle : car
» les autres arbres qui se tiennent verds en Hyuer
» ne se despoüillent de leurs fueilles, sinon au Prin-
» temps, lors que les bourgeons nouueaux sont re-
» uenus : Tels arbres sont plus verds en Automne
» qu'ils ne sont au Printemps : mais les autres qui
» se despoüillent de leurs fueilles, les iettent en Hy-

uer, pour renouueller en Esté. C'est pourquoy il „ m'a semblé hors de propos, que l'arbrisseau du „ baume se despoüillast en Esté pour se reuestir l'Hy- „ uer: car lors que ie le vey, tout ce qu'il auoit de „ fueilles estoient nouuellement produictes: Ie ne „ puis bonnement exprimer la iuste grandeur dudict „ arbrisseau de baume: Car tous ceux qui estoient au „ iardin n'auoiẽt que des petits rameaux deliez, peu „ couuerts de fueilles: aussi n'y auoit-il que les trõcs „ d'vn pied de hault, qui n'estoient gueres plus gros „ que le poulce. Quelque part que naissent les bau- „ mes, ils ne passent gueres deux coudees ou trois de „ hauteur, & à vn pied de terre s'espandent en ra- „ meaux greslez, qui communement ne sont point „ plus gros que le tuyau d'vne plume d'oye: Les bau- „ mes de la Materee auoient esté nouuellement re- „ taillez, en sorte qu'il n'y auoit de reste que les ci- „ cots, dont sortoient les rudiments des rameaux à „ venir: car le baume ensuit la nature de la vigne, „ laquelle il faut necessairement rongner tous les „ ans, ou autrement elle s'empire: Les susdicts sions „ du baume auoiẽt l'escorce de dessus rougeastre, & „ portoient les fueilles verdes ordonnees à la manie- „ re du Lentisque, c'est à sçauoir de costé & d'autre, „ comme nous voyons és fueilles des rosiers, ou de „ fresnes & noyers: toutesfois la grandeur n'excede „ point la fueille des poix ciches, & est faicte de telle „ façon, que la derniere fueillette qui est au bout, „ faict que le nombre en soit impar: tellement que „ comptant les fueillettes de toute la fueille, on „ y en trouue trois, cinq, ou sept; & n'ay guere veu „ qu'elles passent le nõbre de sept: la fueille de l'ex- „ tremité est plus grande que les autres qui suiuent: „

„ car elles viennent consequemment en amoindrissant, comme il aduient à la fueille de Ruë. Ie trouue que Pline a totalement ensuiui ce que Theophraste en a escrit, comme aussi Dioscoride, cheminans par mesme trace, ont escrit que ces fueilles sont approchantes des fueilles de la Rue, ce que i'ay trouué veritable.

„ Or pource que i'auois passé trop de leger sur le Baume à la Materée, & ne l'auois pas bien obserué la premiere fois, ie retournay le veoir pour la seconde: & ayant trouué moyen d'en recouurer vn petit rameau, duquel ie goustay, & aussi de ses fueilles, ie les trouuay estre quelque peu adstringentes, auec vn goust vnctueux, & au demeurant aromatique, mais l'escorce des rameaux est encore plus odorante. Le rameau est vestu de deux escorces, la premiere est rougeastre par le dehors, & couure comme vn parchemin sur l'autre de dessus qui est verde, qui touche au bois: Ceste escorce goustée, baille vne saueur entre l'encens & la fueille de Therebinte, approchant à la saueur de sarriette sauuage, qui est vne saueur fort plaisante: & frottée entre les doigts, tient de l'odeur du Cardamome. Le bois en est blanc, & n'a non plus de saueur ne d'odeur qu'vn autre bois inutile. Il a les rameaux droits, fort gresles, qui ne sont que petites verges deliées, autour desquels les fueilles sortēt hors sans garder ordre: tellement que l'vne sort maintenant deçà, & par interuales vn autre delà, & ainsi consequemment distantes l'vne de l'autre, entournāts rarement le petit rameau: & (comme i'ay desia dit) chasque fueille est tellement composée, qu'en vn mesme

mesme pied,il y en a iusques à trois, ou cinq, ou sept. Ayant desseché mõ rameau de baume,& conferé auec le Xylobalsamum,qui est vendu és boutiques des marchands , ie l'ay trouué conuenir en toutes marques. Les opinions des Autheurs, qui ont escrit du baume, sont si diuerses, que si ie ne l'eusse veu moy-mesme, ie n'en eusse osé escrire vn seul mot apres eux : & serois bien d'opinion qu'il n'y en a onc esté cultiué en la plaine de Ierico, comme l'on a escrit. Or pource que i'en ay veu l'arbrisseau, & bien consideré, il m'a semblé bon en faire tel discours, que ie pense appartenir à vne chose qu'on veult curieusement obseruer. I'ay trouué par experience, que le bois vulgairement nommé Xylobalsamum , qui est vendu par les marchands , apporté de l'Arabie heureuse , conuient auec celuy d'Egypte, qui est cultiué à la Materée : Et faut de deux choses l'vne, ou bien que le bois nommé Xylobalsamum ,& le fruict nommé Carpobalsamum, tels que nous auons en cours de marchandise, soient faux; ou bien que celuy qui est cultiué en Egypte, au iardin de la Materée, qu'on estime vray baume,soit faux : car les voyant conuenir en toutes choses,sachãs bien que c'estoit vn, ie veux maintenir & conclurre, que celuy qu'on vend soubs le nom de bois de Baume,est celuy qui de tous temps a esté en vsage. Le baume est pour auiourd'huy seulement cultiué en Egypte, pres du Caire. Et combien que Theophraste a esté d'opiniõ qu'on n'en treuue point de sauuage, toutesfois i'ose cõstamment asseurer,que de tout tẽps il y en a eu, & encore a maintenant en l'Arabie

„ heureuse, dont le bois & le fruict ont esté apportez de toute antiquité par mesme voye des marchands, qui nous apportent les autres marchandises d'Arabie. Et veux prouuer, qu'ils estoient cognus entre les marchands, comme estoient les autres drogueries : chose que ie puis facilement auerer, par les compositions des medicaments, esquelles l'on auoit accoustumé de tous temps en mesler : Mithridates ne les mettoit-il pas en son medicament ? ne les trouuoit-on pas à acheter és boutiques ? cela prouue Dioscoride, se complaignant dequoy lon sophistiquoit la semēce du baume dés son temps. Carpobalsamum (dit-il) *adulteratur semine hyperico simili quod à Petra oppido defertur*. Pour *Petra oppidum*, i'entens la Meque ; Il dict ainsi du bois, *Eligni genere quod Xylobalsamum vocāt probatur recens sarmento tenui fuluum odoratum quadātenus oppobalsamum spirans*, par lesquelles parolles il est tout manifeste qu'il estoit en commun vsage auec les autres drogues : Encor est-il tout manifeste, par les paroles de Diodore Sicilien, tres-ancien historien, descriuant les richesses de l'Arabie heureuse dit, qu'elle produit le baume és lieux maritimes. Il ne veut donc pas entendre que ce soit du baume cultiué, mais qu'il croisse sauuage. Pausanias a aussi escrit que le baume estoit vn arbrisseau de l'Arabie. Les Autheurs ne s'accordent en parlant du baume. Strabo escrit qu'il croist en Syrie aupres du lac Genesareth, entre le mon Liban & l'Antiliban : Les autres autheurs veulent que la seule region de Iudee le produise, & qu'il ne faille toucher ses rameaux pour en auoir la liqueur sinō auec des ferrements d'os ou de voirre: disans que si ,, on blessoit le tronc du baume auec le fer pour en ,, auoir l'huile, qu'il se mourroit incontinent. Cor- ,, nelius Tacitus escrit, que quand l'on met du fer ,, aupres, il s'effraye de grand peur qu'il en a ; & que ,, par cela il le faut entamer auec autres instruments ,, qu'auec le fer, autrement l'on n'en auroit point de ,, liqueur. M'enquerant du baume aux marchands ,, du Caire, lors que ie conferoye mon rameau, ils di- ,, soient que tout le Xilobalsamum, & le Carpobal- ,, samum qu'ils auoiẽt iamais vendu, venoit auec les ,, autres drogues qu'on apportoit de la Meque, & ,, que de leur temps ils auoient souuenance d'auoir ,, veu les baumes qui sont pour le iourd'huy à la Ma- ,, terée, auoir esté apportez de l'Arabie heureuse, ,, uec grande despence du Souldan. Et pour autant ,, que tant de gens le m'ont asseuré, ie trouue que ie ,, le pouuois bien escrire sans aucun scrupule, & sans ,, rien dissimuler de cè qu'il m'en a semblé. ,,

Frere Brochard moyne, en sa Description des lieux de la terre saincte, chap. dernier en a escrit ce que s'ensuit: *Inter Heliopolim & Babyloniam ostendũtur loca in quibus beata virgo mansit cum puero Iesu & marito Ioseph, cùm à facie Herodis fugisset è Iudea. Est etiã ibi hortus balsami, qui irrigatur à fonte paruo, vberrimè tamen fluente, in quo aiunt beatam virginem puerum Iesum lauisse, ob id habetur fons ille in veneratione nedum à Christianis, verum & à Saracenis. Modum colligendi balsamum hunc mihi Saraceni ostenderunt. Carpebant folium vnum à stipite (adhærent enim folia stipiti) & contra radium solis illud discerpentes, guttam lucidissimam & supra modum odoriferam elicuerunt: &*

is est verus liquor balsami: qui in phialas vitreas colligitur, & ad diuersas mundi partes mittitur: tametsi rarò sine mixtura ad regiones nostras perueniat. Aiunt etiam, si folium illud contra radium solis non frangeretur, minime succum illum stillaret. Foderunt proinde Saraceni & alium fontem, cum fons prior non sufficiat ad irrigationẽ totius horti ex quo quatuor boues aquam trahunt, quæ sufficere posit ad illius humectationem: C'est à dire en François, entre Heliopolis & Babylone y a certains lieux, esquels la bien-heureuse Vierge demeura auec son fils Iesus Christ & son mary Ioseph, quãd elle s'enfuit de Iudee, de la face d'Herode: & en ces lieux est le iardin du baume, qui est arrosé d'vne petite fontaine, qui toutesfois iette assez d'eau: en laquelle (ainsi qu'on dict) la Vierge Marie souloit lauer son petit fils Iesus, à cause dequoy ceste fontaine est en grande veneration, non seulement des Chrestiens, mais aussi des Sarrasins, lesquels Sarrasins m'ont enseigné le moyen de colliger le baume: Ils arrachent vne fueille du tronc d'iceluy, car toutes les fueilles adherent audict tronc, & la deschirent en pieces contre les rayons ardents du Soleil, & en tirẽt vne liqueur tres-claire & tres-odoriferante: & ceste liqueur est la vraye liqueur du baume, qui est receu dãs des fioles de verre, & porté en plusieurs & diuerses parties du monde, encor que nous n'en ayons gueres en ces regions d'Europe d'entier, sans estre quelque peu falsifié. Et disent lesdicts Sarrasins, que si on ne deschire la fueille en pieces contre lesdicts rayons ardents dudict Soleil, on n'en tirera iamais ceste liqueur tresclaire & tresodoriferante du baume: depuis lesdicts Sarrasins ont descouuert vne autre fontaine, la premiere ne pouuant suffire à arroser ledict iardin du baume, de laquelle quatre bœufs tirent l'eau pour l'vtilité & commodité d'iceluy. André Theuet liu.2.chap. 3.de sa Cosmographie, parlant des singularitez qui sont pres la grande ville du Caire en Egypte, dict ce qui s'ensuit : Quelques iours apres, vinsmes au iardin tant celebre, pour le bõ baume que l'on fait de la plante qui croist dans cedict iardin, laquelle liqueur est fort chere & precieuse, & sur toutes autres choses rares. Ce que le bascha a en singuliere recommandation à ses subjects, c'est de conseruer & fidellement recueillir ceste plante, pour en tirer ce baume, duquel il enuoye tous les ans à la Maiesté de son Prince. Ie me suis laissé dire au Patriarche des Grecs, & à quelques autres anciens de la ville, que celuy que l'on y faict auiourd'huy, n'est si huileux, ny si bon pour les playes & vlceres, que celuy qu'on faisoit le temps du dernier Soldan: plusieurs en vendent secrettement en diuers endroits, mais il est falsifié. Les Arabes disent auoir par escrit, que ce fut Cleopatra, Roine d'Egypte, la premiere qui fit porter ce plant au pays Egyptien: & ayant prins celuy de Iudee, qu'elle fit arracher, pour en enseuelir la memoire tant celebre, pour sa bonté ; comme le plus exquis & meilleur de l'vniuers. Ceste gaillarde histoire ne me pleut gueres, lors que ces Barbares faisoient tel recit : veu que ie suis asseuré, que du temps de l'Empereur Trajan (suiuant vne petite histoire des Grecs vulgaire, que i'ay veu en la Palestine) il s'en trouuoit encores beaucoup au pays montagneux d'Engadi, duquel faict mention la saincte Escriture, & en quelques autres endroits de la petite Asie : combien qu'à la verité, lors que ie visitois ces contrées là, ie ne m'apperceu d'vne seule plante : les moynes Basiliens du mont Liban, m'ont asseuré aussi auoir en leurs histoires, que vers le Soleil leuant en vne contrée dudit mont, du temps de l'Empereur Grec Alexis, s'en recueilloit, & y en auoit quantité, & y foisonnoit autant qu'en l'Egypte ; mais depuis que le malheur aduint, que les Turcs se saisirent de ce pays, & par leur tyrannie s'en firent maistres & seigneurs, & que les Chrestiens furent bannis de la ville & pays d'Arre, & de quelques autres endroits de la terre saincte, bië tost apres la memoire de ladicte plante fut perduë. Au lieu où elle souloit croistre, ie n'y vis, ny ne m'apperceus d'autre chose que de vieilles espines tortues, orties, & chardons. Ce baume estant le plus grand present, que iadis les Roys d'Egypte faisoient aux grands Monarques, pour auoir leur alliance & amitié, cõme aux Empereurs de Perse, du Catay, Ethiopie, Grece, & autres Roys & Princes des trois parties du mõde. Vn certain personnage de ce temps, nommé Pena en ses escrits, ayant appris plusieurs belles & rares choses d'vn sien amy, qui auoit voyagé en infinies regions de la terre, dict ce que s'ensuit : Le baume est vn petit arbrisseau assez difforme à la veuë, de couleur cendree, garny de petites fleurs, semblables à celles du Iasmin iaune, toutesfois plus petites, estant tousiours cest arbrisseau verd, lequel d'an en an iette ses fueilles au mois de Decembre, & en pousse de nouuelles au mois de

May : Il croist au Caire & en Babilonne : au mois de Decembre on couppe ces rameaux, ausquels on attache auec de la cire vn vaisseau propre pour receuoir sa liqueur, laquelle approche fort du musc.

Quoy que s'en soit, nous asseurons que les meilleurs Autheurs, tant anciens que Modernes, ont tenu que l'Arbrisseau qui produict le Baulme, croist hastiuement, & ne peut de soy profiter, ny venir en aduant, s'il n'est appuyé & lié comme la vigne, & qu'il ne peut endurer qu'on l'entame auec vn instrument de fer (ainsi qu'ont osé escrire Pline, Corneille Tacite, & quelques autres Autheurs anciens) ains auec certains instruments de bois, ou auec du voirre, autremẽt il meurt incontinent apres, & de l'incision duquel sort ceste si grande & admirable liqueur du Baulme.

La premiere & principale vertu de l'Arbrisseau du Baulme est en la larme: La secõde en la semence : La troisiesme en l'escorce : Et la derniere & moindre au bois, ainsi qu'enseignent amplement Theophraste liu. 9. chap. 6. de son hist. des Plantes : Pline liu. 12. chap. 25. de son hist. naturelle. Solin chap. 38. de son Polyhistor. & Dioscoride liu. 1. chap. 18. de son hist. des Plantes. Le tout ayant vne merueilleuse & incomparable vertu & puissance, de preseruer de corruption & putrefaction par long espace de temps la personne qui en vse. Quelques Autheurs ont tenu qu'apres que Titus Empereur des Romains eust prins & destruict la ville de Hierusalem, & le pays de Iudée, vengeant la mort de Iesus-Christ, il fit transporter tous les arbres du Baulme, qui ſe trouuerent en Iudée au pays d'Egypte. Voyez ce qu'en eſcriuent des Baumes Iean Leon, Arabe de natiõ, liu. 8. de ſa deſcription d'Afrique chap. de la Cité de Mifrulhetich, Raphael Volatertan liu. 26. de ſes Comment. Hieroſme Cardan liu. 8. de ſa ſubtilité, André matheole en ſes commẽt. ſur le chap. 18. du premier liu. Dioſcoride, Pierre Boiſteau au ch. 34. de ſes hiſt. prodigieuſes, François De-belleforeſt chap. 27. du 6. liu. du tome ſecond de ſa Coſmographie, & Guillaume Rouille liu. 18. chap. 13. de ſon hiſt. generalle des Plantes. Le vray Baulme non falſifié, doit eſtre recent, de forte odeur, & ne ſentir le moiſi: doit facilement eſtre diſſoult, leger, adſtringent, & vn peu picquant ſur la langue. Les marchãds Iuifs, Turcs, Mores, & autres de ce iourd'huy le falſifient en pluſieurs ſortes, tantoſt auec de la Terebẽtine, ou de la liqueur du Ciprez, Lentiſque ou des Mirobolans, & autres liqueurs odoriferantes, qui ſe treuuent en Leuant. Le vray Baulme ietté ſur du drap de laine, lequel eſt laué par apres, ne laiſſe aucune taſche, au contraire du falſifié qui la laiſſe: & le vray-Baulme infus dans de l'eau ſe diſſoult; le falſifié, non; ains nage comme de l'huile par-deſſus l'eau. Les Medecins & autres qui ſont affligez de pluſieurs maladies & infirmitez, ſçauent aſſez les grandes & merueilleuſes forces & vertu du vray Baulme.

Les Indiens des Indes Occidentales ont en leurs regions certains Arbres, leſquels ſemblent aucunement aux Poiriers ou Ceriziers: mais qui ont leurs fueilles, comme les Grenadiers: toutefois plus deliées & subtiles, nommez Goaconax, qui sont lõgs & droits comme des torches, & desquels iceux Indiens se seruent comme de flambeaux : iceux tirent de ces Arbres vne liqueur ou huile de grands & merueilleux effects, tels que faict le vray Baulme cy-dessus descrit, & le tirent iceux en ceste façon : Ils rompẽt quelques bastons de ces Arbres en pieces, lesquels ils font bouillir ensemblément sur le feu auec de l'eau de fontaine : & de ceste decoction bouillie en perfection, ils en font sortir comme vne huyle, nommée par les Portugais & Espagnols, Baulme Indique, ou Occidental; lequel Baume sert à plusieurs belles & estranges guerisons de maladies, & infirmitez humaines: comme le deduisent amplement Gonçal Fernand. Ouiede liu. 10. chap. 3. de son histoire generale des Indes, Hierosme Cardan liu. 8. de sa subtilité, & François de Belle-forest ch. 8. du 7. liure du second tome de sa Cosmographie: au contraire desquels vn certain grand personnage de ce temps, nommé Nicolas Monardes Medecin de Seuille liu. 1. chap. 6. & 7. de son histoire des choses qui viennent des Indes occidentales, escrit que les arbres qui portent ausdites Indes Occidẽtales ce Baume, dont est question à present, sont plus grãds que les grenadiers, ont leurs feuilles taillées & dechiquetées, ainsi que les feuilles des Orties, & aussi fines, deliées & subtiles, & qu'ils sont nõmez par les Indiens Xilos: desquels iceux Indiens tirẽt le Baulme en deux façons; l'vne, ayant entamé & incisé l'escorce de ces Xilos, qui est fort tendre en plusieurs lieux, desquels distille ceste liqueur du

Baulme : Laquelle en coulant est glutineuse, vn peu blãche: mais qui sort en telle & si petite quantité, que lesdits Indiens la gardent pour eux, & ne veulent permettre qu'elle paruiẽne iusques à nous. La seconde en la forme cy-dessus escrite, à sçauoir faisant bouillir des tronçons de ces Xilos auec de l'eau claire sur le feu, iusques à vne parfaite decoction, en tirant d'icelle l'huile qui nage par le dessus, laquelle n'est autre que ce Baulme, qui est apporté pour le iourd'huy des Indes occidentales en Espagne, & de là en Italie, Allemagne, France, Pologne, & autres regions de nostre Europe: les effets & vertus admirables & miraculeuses, duquel faict ample discours le mesme Monardes liu. 2. chap. 7. du discours cy dessus allegué : lequel poursuit encore, qu'il se treuue au continent desdites Isles occidentales, d'autres arbres que les cy-dessus d'escrits, lesquels produisent du Baulme par l'incision que l'on leur fait, & que ces arbres sont tres-hauts, garnis de rameaux iusques à leurs racines, & vestus de double escorce. L'vne crasse comme celle des lieges, l'autre tendre interne, toutes deux enuelopans l'Arbre, & que la liqueur de ce Baulme distille de l'espace qui est entre les deux escorces de cesdits arbres, tout ainsi qu'vne larme tresblanche, tres-claire, & de tresbõne odeur, laquelle a de tresgrandes vertus & efficaces à plusieurs maux ; ayant vne goutte d'iceluy plus de force & de puissance que n'a vne liure de Baulme tirée de la decoction du Goaconax ou Xilos cy-dessus descrits: à propos dequoy faut veoir I. Acosta liu. 4. ch. 28. de son hist. des Indes.

L'autheur de l'Histoire generale des Indes liu. 11. chap. 3. 4. & autres sequents, faict mention d'vne certaine plante croissant en l'Isle Espagnole, & ausdites Indes Occidentales, laquelle est haute au plus comme deux hommes, a ses rameaux cédrés, ses feuilles plus vertes en la superieure partie, qu'en l'inferieure, grandes & amples, le milieu d'icelles espais & enleué, & ce qui les tient conioinctes à l'arbre, estant plus rouge que verd, son fruict viét comme le raisin, long comme la main, les Pepins sont rares, verds, quelques fois rouges, ayans vne plus grande rougeur à mesure qu'ils meurissent. On en tire le Baume en ceste façon: on prend les bourgeons plus tendres de ceste plãte auec son fruict, & d'iceux on en tire le suc, lequel on faict cuire au feu, auec de l'eau, iusques à la moitié, ou plustost iusques à ce qu'iceluy suc s'espaissit comme du miel, puis on le laisse reposer, & lors on le met dedans certains vaisseaux, & lors il est parfaict, ayant autant ou plus de force & de vertu que le vray Baume, & est ceste liqueur appellée Baume nouueau, ou artificiel. Charles Clusius en sa description des Plantes apportées des Indes faict ample descriptiõ du Baulme de la prouince de Tolu, entre Carthage & le nom de Dieu, aussi faict Nicolas Monardes liu. 3. des medicaments simples, chap. du Baume de Tolu, & apres eux Guillaume Rouille en son appendice de son histoire generale des Plãtes chap. du Baume Tolutain. Aucuns des Modernes croyent que c'est la mesme chose que Resina abicgna Indica, ou Resina Carthaginensis, de laquelle parle & discourt le mesme Monardes cy-dessus allegué, & le mesme Rouille liu. 18. chap. 32. de son histoir. generale des Plantes peregrines. Le mesme Nicolas Monardes liur. cy dessus allegué, fait mention d'vn certain Baume fossile, prouenant en la Regiõ de Collao au Peru, de certaines mottes de terre exposées à la chaleur du Soleil : ce que confirme P. Cieça en sa 1. partie chap. 4. & 52. de sa Chronique du Peru, & Charles Clusius en ses Comment. sur le lieu cy dessus allegué de Monardes.

Et pour trancher tout court, nous apprendrons par tout ce qui a esté deduict cy dessus du Baulme, que plusieurs diuers & dissemblables discours sont traictez par plusieurs anciens Autheurs concernant la grandeur, figure, forme, & feuilles de la Plante du Baume, lesquels discours cy dessus semblent n'obscurcir pas peu la verité de ladite Plante ; & pour entrer en matiere aucuns font la grandeur d'icelle semblable à celle de la plante Lycius, autrement Pyrachanta, Cytisus, ou arbre de la Therebentine, ainsi qu'ont faict Dioscoride, Strabo & Auicenne. Theophraste la dict estre semblable en hauteur au Grenadier ; Iustin & Egesippe la font estre semblable aux arbres qui portent la Resine ; Pausanias la compare au Myrte ; Pline, Solin, & l'Autheur de la description d'Afrique la descriuent pareille à la vigne : En ce qui concerne ses fueilles, il n'y a pas moins de diuersité entre les susdicts Autheurs : Dioscoride, Theophraste, Pline, Auicenne, & Simeon Sethy, font ses fueilles semblables à celles de la Ruë, mais tousiours verdes ; Pausanias à celles de la Marjolaine, Iustin à celles des arbres de la poix, Solin & l'Autheur de la description d'Afrique, à celles de la Vigne. Quant à sa figure, aucuns disent que c'est vn Arbuste, autres vne forme de Plante; & sans vser de trop long discours, la plus haulte Plante du Baume ne croist plus hault de terre de trois couldées: Pline en a dict cecy: *In totum alia est natura, quam nostri externique prodiderunt, quippe viti similior est quàm Myrtho*; A quoy semble adherer Solin; *similes vitibus stirpes habent*: Iustin, *si quidem palmeto & opobalsamo distinguitur arborem opobalsami formam similem piceis Arboribus habent*: Strabo, *quæ Arbor est fruticosa Cythiso & Therebinto persimilis*. Mais quoy que les Autheurs susnommez ayẽt escrit de la hauteur, figure, & feuilles de la Plante du Baume, cela ne peut pas obscurcir la verité: Car & Dioscoride, & autres qui ont dict que ceste Plante est comme celle de Lycius, autrement Pyrachanta, Cytisus, & Therebentine, n'ont pas erré ny failly, à cause que ces Arbustes ne different pas beaucoup entre eux, en grandeur, & hauteur, & que la Plante du Baume n'est communement pas plus haute, combien qu'il s'en treuue de plus haulte au pays d'Arabie: pour le regard de l'Egypte & Arabie, les arbres des Grenadiers sont petits, en telle façon qu'ils sont nombrez entre les Arbustes & Plantes, & ne sont si haults, que on les voit en Italie: parquoy Theophraste ne doit estre reprins, quãd il a laissé par escrit le Baume estre semblable à l'arbre des grandes Grenades, veu que ces arbres aux lieux susdits sont plus petits que ceux d'Italie: mais quant à Iustin, qui a dit que la Plante du Baume est semblable à l'Arbre qui porte la resine, il est credible qu'il a esté du tout deceu & trompé; Ce qui appert par ses mesmes parolles, quand il dit, le Baume estre semblable à ces Arbres, il poursuit; *Et in Vinearum more excoluntur*: Car qui est-ce qui a iamais veu les Arbres qui portent la resine estre semblables à la vigne, & que ils soient cultiuez comme la vigne? Et est sans doute que la Plante de Baume a force petits rameaux, chargez de fruict & sarmenteux, semblables à ceux de la vigne: mais ils ne sont couppez, ny taillez tous les ans, cõme ceux de la vigne: parce que ceste Plãte fructifie & s'augmente assez de soy-mesme: mais pour ce qui est de ses fueilles, elles ne sont semblables à celles de la vigne, mais approchent plustost à celles de la ruë, principalement en ses trois fueilles extrémes qui sont en chasques aisles de la verge d'icelle Plante: car icelles sont du tout semblables à ces trois petites fueilles qui sont en l'extremité de la verge de l'aisle de la ruë, fors en couleur: et n'est pas absurde ce que a dit le susdit Pausanias, que le Baume a ses fueilles semblables à la Marjolaine, d'autant que iceluy personnage n'auoit pas veu vne parfaicte Plante de Baume, mais plustost vne recentement née de la semẽce d'icelle, laquelle en fueilles, hauteur & figure, est du tout semblable aux fueilles de la Marjolaine, excepté en grosseur & couleur, en laquelle les fueilles de ces deux Plantes different entre elles: De faict les fueilles de la Marjolaine sont plus deliées & plus blanches: La plante du Baume qui prouient de graine & semence de la vieille Plante, a premierement deux fueilles semblables aux deux fueilles de la vigne, qui commence à naiſtre,& par apres elle a trois, quatre ou cinq fueilles, leſquelles deuiennent preſque ſemblables aux fueilles de la Marjolaine : & ne ſera ce me ſemble mal à propos de repeter encor en ceſt endroict les parolles cy-deſſus par nous deduites : Les premieres fueilles qui ſortent de ceſte Plante viennent doubles : les ſecondes fueilles croiſſent fort diſſemblables aux premieres, car icelles naiſſent ſans ordre tout autour de la verge d'icelle : les troiſiémes fueilles pendent trois à trois à chaſque aiſle d'icelle, leſquelles approchent fort aux trois fueilles fort apparentes de l'extremité de l'aiſle de la verge de la Ruë : Les quatriémes qui naiſſent en ladite verge viennent cinq à cinq,& puis ſept à ſept:& ſortent en nature en ceſte façon les fueilles de la Plante dudit Baume, & ce autrement que n'ont deſcrit & diſcouru les Anciens Autheurs cy-deſſus par nous alleguez : Ce que les plus doctes & ſçauants voyageurs & nauigateurs Modernes, confirment en leurs voyages & nauigations, pour auoir veu & manié ſouuent des Plantes du vray Baume, à quoy ſe conforme Proſper Alpinus en ſon traicté des Plantes d'Egypte,& en ſon dialogue du Baume.

Portraict de la Plante du Baume, selon les Modernes voyageurs & nauigateurs.

Des Ceibas, ou Cerbas, Arbres estrangement grands & gros.

Chap. VI.

AVANT que d'entrer en la deduction de l'estrange grandeur & grosseur des Ceibas ou Cerbas, il m'a semblé estre fort à propos de parler vn peu des Planes, ainsi nom mez *ab amplitudine*, pour estre arbres tres-grands & tres-gros, ayant plusieurs grandes & grosses racines, leurs rameaux fort lōgs & feillus, leurs feuilles larges, approchantes de la couleur aux feuilles de vignes, & pendantes à de longues & rouges tiges. Pline liure 12. chap. 1. escrit, que les Romains furent si voluptueux, que de faire apporter curieusement des Planes par la mer Ionique en Italie, pour seruir seulement d'ombrage: & que de son temps on en faisoit si grand cas & estime, qu'on les arrosoit de vin, afin de les faire croistre plus beaux & plus grands, & entre plusieurs Planes desmesurément gros & haults, cest Autheur en ce mesme chapitre recite, qu'vn Lucius Mucianus, Gentil-homme Romain, estant gouuerneur de la Prouince de Lycie pour les Romains, vit en icelle vn Plane creux par le dedans, lequel estoit si grand & spacieux, qu'au pied d'iceluy il y auoit vne cauerne de quatre-vingts pieds de long, ses branches tellement grandes & lōgues qu'elles sembloyent de grans arbres espandus à merueille, comme vn grand couuert: & pour descrire le creux de l'arbre comme il estoit, il dict, qu'au dedans il y auoit vne crouppe faite en rond selon l'arbre, qui estoit comme de touf, ou pierre ponce, toute couuerte de mousse: Et outre affermoit iceluy Mucianus auoir luy dix-huictiéme banqueté au creux de ce Plane, ayant là dedans assez dequoy se seruir de fillasses & mattras, sans danger ny de vent, ny de pluye; aymant mieux, comme il estoit Gentil-homme bien nourry, coucher en ce trou au bruit des feuilles, qu'en vne salle bien tapissée: & comme il asseuroit, il y prenoit vn tres-grand plaisir. Caligula aussi trouua vers Belitre vn Plane fort artificiellement compassé, lequel auoit ses branches si bien disposées en planchers, & d'autres plus basses qui pouuoient seruir de bancs; & cest Empereur fit vn festin sur ce Plane, où il estoit assis luy quinziéme, sans les Gentils-hommes & officiers seruants, qui neantmoins auoient assez de place pour faire leur seruice: & nomma ce festin Nid, comme ayant esté fait comme vn nid d'oyseau. Nicandre Autheur Grec en ses Theriaques appelle le Plane ombrifere, lequel mot κφειλεχὴς en Grec son interprete explicque, *Vmbrosum, quasi æstate torum præbens*, à cause que les branches & fueilles de cest arbre sont tres-grandes, longues, larges & amples: Quelques vns escriuent, qu'il est ainsi nommé en Grec Platanos, Plataniſtos, à cause de sa largeur & capacité, & qu'il est Platyphillos. Cicero au 2. de son Orateur, *Platanus ad opacandum locum patulis diffusa ramis Petronius Aubiter.*

Nobilis æstiuas Platanus diffuderat vmbras.

Voyez ce qu'escriuent de la grandeur & grosseur immense des Planes M. Varro liure 1. chap. 42. de la chose rustique. Palladius en son Feurier, chap. 6. & en son Mars chap. 10. Martial liur. 9. des Epigrammes, Cælius liur. 25. chap. 1. de ses diuerses leçons, Philander en ses Comment. sur le chap. 11. du 6. liure de l'Architecture de M. Vitruue Polion, André Matheole en ses Comment. sur le liure 1. chap. 91. de Dioscoride, & Guill. Rouillé liure 1. chap. 27. de son histoire generalle des Plantes. Et pour entrer en la deduction de l'estrange grandeur & grosseur desdicts Ceibas ou Cerbas, nous remarquerons que Herodote liu. 3. de ses histoires, Pline liu. 7. chap. 2. de son hist. naturelle, Solin chap. 55. de son Polyhistor, & Strabo liu. 15. de sa Geographie, font ample mention des arbres des Indes Orientales, grands & gros à merueille. Diodore Sicule, liure 3. chap. 5. de sa bibliothecque, & Pomponie Mele liure 3. chap. 7. du sit du monde, parlent des Roseaux qui se treuuent aux Indes si grands & si gros, qu'à grande peine vn homme les peut embrasser auec les deux bras: & au liu. 17. de la mesme bibliothecque le mesme Autheur recite, qu'aux Indes il s'y trouue communement des arbres haults de septāte couldeés, si gros & si massifs, qu'à grande peine quatre hommes ensemble en peuuent embrasser vn des moindres. Theophraste liu. 4. chap. 3. de son histoire des Plantes, escrit que de son temps pres Memphys, il y auoit tel arbre si gros & espais qu'à grande peine trois hommes le pouuoient embrasser; Ce que confirme Pline liure 13. chap. 10. de son histoire naturel-

Bambous

le. Le mesme Theophraste liure 5. chap. 9. de sa mesme histoire des plantes, rapporte, qu'en Syrie les Cedres sont si gros & massifs, que quatre hommes ne les peuuent embrasser. Pline liure 16. chap. 32. parle d'vn Plane gros & espais de quatre aulnes, & aux chap. 40. & 44. ensuiuans il faict mention de plusieurs discours d'arbres tres-gros, & tres-massifs, lesquels se voyoient en Italie, & autres Prouinces & Regions de son tẽps. Iules Cesar Scaliger en son exercit. 104. à Hierosme Cardan de la subtilité escrit, qu'en l'Inde Troglodite & Ethiopie Occidentale, soubs la Zone torride, les arbres sont ordinairement si gros & si massifs, qu'à grande peine aucuns d'iceux peuuent estre embrassez de sept hommes; voire sont si hauts, que fort difficilemẽt vne fleche descochée en l'air roidemẽt les peut outrepasser. Ce mesme Autheur en l'exercitatiõ 166. recitãt plusieurs paroles de la procerité & grosseur estrange d'aucuns arbres trouuez au Royaume de Gambre en Afrique escrit, qu'és Indes Orientales les Canes & Roseaux y sont gros communément comme des poinçons ou barils: Ce que confirme Iean de Maudeuille en ses voyages, escriuãt, qu'esdites Indes, les arbres, Canes & Roseaux, appelez Tabins, ont trente palmes de long: & qu'il a veu vn de ces Arbres en la riuiere de Celat, tel que vingt hommes de 30. ans ne le pouuoiẽt mouuoir d'vn lieu en autre. Nicolas de Conti, en ses voyages chap. de la Cité de Tarnassari, & Loys Bartheme liure 3. chap. 15. de l'Indie en escriuent autant: Alinse de Cadamoste, en ses nauigatiõs, rapporte, qu'au Royaume de Gambre il y vit vn arbre fort haut & droict, si gros & si massif, qu'il contenoit dix-sept brasses d'hommes, ayant ses branches larges & estenduës à merueille, & que cest arbre estoit des moindres en grosseur qui se trouuoyent à tous moments en ce Royaume. Hierosme Cardan liure 6. chap. 23. de sa varieté des choses parle de la grosseur immense d'vn certain Chesne, qui estoit à Basle de son temps. Et pour ne detenir plus longuement les Lecteurs en la deduction des Ceibas, ou Cerbas: Nous dirons que le Ceibas ou Cerbas est vn certain arbre, le plus grand & gros qu'on puisse veoir pour le iourd'huy aux Indes Occidentales; qui est tel, qu'il est impossible de croire ce qu'on escrit de sa grãdeur & grosseur, y ayãt tel d'iceluy, que quatorze hommes ne pouuoient par ensemble embrasser, tant il estoit gros & massif: & par la grandeur & grosseur de cest arbre, on peut iuger quel ombrage il peut porter, lequel n'est point dangereux à ceux qui reposent ou dorment dessous; son bois est spongieux & leger, presque semblable à celuy du Liege, il se taille fort aisément, mais on ne s'en peut guere bien seruir pour faire des ouurages; Ce qui est cause qu'aux lieux où il croist, on le laisse seulemẽt pour le plaisir de l'ombre, puisque à autre effect on ne s'en peut seruir: son fruict est long comme le plus grãd doigt de la main, gros de deux doigts & rond, & plein de certaine laine subtile, comme cotton; lequel fruict estant meur s'ouure de soy-mesme à l'ardeur du Soleil, & le vent emporte ceste laine, de laquelle tombent quelques grains semblables à ceux qui sortent de l'arbre qui porte le cotton. L'autheur de l'histoire generalle des Indes Occidentales, traictant au 204. chap. du 5. liure des Singularitez du pays de Nicaraqua, dit que les arbres y croissent haults, & entre autres vn qu'on appelle Cerbas, qui grossit si fort, que quinze hommes ne le sçauroient embrasser, & qu'il y en a d'autres qui viennent en forme de croix. Le mesme Autheur au 2. liure de la mesme histoire fait mention d'vn autre arbre si haut, qu'on n'eust sceu ietter vne pierre par dessus à plain bras, & si gros, que à grand peine huict hõmes se tenãt en rond par les mains, l'eussent peu embrasser. Gonçal Fernand Ouiede liure de son sommaire des Indes Occidentales ch. 79. & liure 9. de son histoire generalle des Indes, chap. 11. & les Pinçons en leur nauigation chap. 113. & François de Belle-forest chap. 8. du liure 7. du tome 2. de sa Cosmographie, font vne ample descriptiõ de la nature, grãdeur & grosseur estrãge de ces Ceibas, ou Cerbas. Hierosme Cardan liure 8. de la subtilité des choses escrit, que aux Indes Occidentales il s'est trouué tel Ceibas, ou Cerbas, genre d'arbre le plus grand de tous, ayant en soy trois troncs, dont chacun auoit de circuit vingt pieds, & les espaces estoient distãs entre les troncs aupres de terre d'autant de pieds ; & par ces espaces vn chariot bien chargé pouuoit estre mené: Et quand les trois trõcs estoient assemblez en vn, en la partie d'en-hault, loing de terre, ou enuiron quinze pieds, la grosseur de l'arbre estoit de quarante cinq pieds : depuis le bas où le tronc estoit le plus gros, iusques au lieu d'où procedoient les rameaux, ils estoient de quatre-vingts pieds : la partie superieure dont despendoient les branches, estoit sans moyen de mesure. Les nauigateurs & vayageurs modernes asseurẽt en leurs nauigations & voyages, que esdites Indes Occidentales communement les Ceibas ou Cerbas, sont si gros & si massifs, que ordinairement les Indiens bastissent & edifient sur iceux leurs loges & cabanes, ainsi que les Cicongnes font leurs nids sur les arbres de ce pays; comme le rapporte Pierre Martyr en son sommaire des Indes, faisant mention du Palais d'vn certain Cacique Abiberiba edifié ou construict sur vn Ceibas ou Cerbas, Fumee au liure 2. chap. 62. de son hist. des Indes. Le mesme Gonçal Fernand Ouiede dit outre-plus au chapitre 8. du mesme 9. liure de l'histoire generalle des Indes, qu'en l'Isle Espagnolle il se trouue des Chesnes semblables à ceux d'Espagne, lesquels sont si longs & gros, que estant esquarrez en forme de poultres, & traisnez, ils sont de 60. & 80. pieds de long, & de seize paulmes & plus de grosseur, qui est vne chose fort esmerueillable, de veoir des pieces de bois telles, & qui toutefois soient fort dures, bonnes & vtiles aux bastimens & edifices. Ie reciteray en cest endroit vne chose plus esmerueillable: Iacques Cartier, François de nation, Pillote assez cõgneu & renommé en son temps, pour auoir faict de tres-beaux voyages aux terres Neuues, rapporte en sa seconde relation, qu'il vit vn certain grand fleuue qui alloit en la Prouince Saguenai, ausdites terres Neuues, lequel passoit par de tres-haultes montagnes de pierre dure & solide, icelles ayant fort peu ou point du tout de terre en elles, sur lesquelles montagnes il ne laissoit de naistre grande quantité d'arbres, de plusieurs sortes & especes, qui croissent seulement sur la pierre dure & solide, tout ainsi que dans vn bon & fertil terroir : de telle sorte qu'iceluy Cartier afferme auoir veu tel arbre si grand & gros, qu'il eust esté bastant & suffisant à faire vn mast de Nauire, de trente poinçons de vin : & lequel arbre estoit aussi verd, & fueillu, qu'il estoit possible de voir en arbre nourry & alimenté d'vne terre grasse & fertile. Ioseph Acosta en son liure quatriéme chapitre trente, de son histoire naturelle des Indes, tant Orientales que Occidentales, escrit ce que s'ensuit : Il y a aux Indes mil autres sortes d'arbres dont ce seroit vn trauail superflu d'en traicter ; quelques-vns de ces arbres sont d'vne enorme grandeur : & parleray seulement d'vn qui est en Tlaco Chauoia, trois lieuës de Gaxaca, en la neuue Espagne : cest arbre estant mesuré, se trouua seulement en vn creux auoir par dedans neuf graças, & par dehors ioignant la racine, seize, & plus hault douze : Cest arbre fut frappé de fouldre, depuis le hault iusques au bas, au droit du cœur, qui fit ce creux qui y est : Ils disent qu'auparauant que le tonnerre fut tombé dessus, il estoit suffisant pour faire ombrage à mille hommes: Cest pourquoy les Indiens s'assembloyent pour faire leurs dances, bals & superstitions : neantmoins il reste encor de present des rameaux, & de la verdure, mais non pas beaucoup: Ils ne sçauent quelle espece d'arbre c'est, sinon qu'ils disent que c'est vne espece de Cedre. Ceux qui trouueront cecy estrange, lisent ce que Pline liure 12. chap. 1. raconte du Plane de Lydie, le creux duquel contenoit 81. pieds, & ressembloit plustost à vne Cabane ou Maison, que non pas au creux d'vn arbre; son branchage vn bois entier, l'ombrage duquel couuroit vne partie de la campagne. Par ce qui est escrit de cest arbre, l'on n'aura point tant d'occasion de s'esmerueiller du Tysseran qui auoit sa maison & son mestier dans le creux d'vn Chastaignier : Et d'vn autre Chastaignier (si ce n'estoit cestuy-là mesme) dans le creux duquel entroient huict hommes à cheual, & en ressortoient sans s'incommoder les vns les autres. Les Indiens exerçoient ordinairement leurs Idolatries en ces arbres si estranges & difformes, comme faisoient les anciens Gentils.

Du Figuier d'Inde.

Chap. VII.

IL m'a semblé estre tres à propos de rapporter en cest endroit, en suitte du precedẽt chapitre, ce qu'vn certain voyageur moderne nommé Fabritius a asseuré auoir veu aux Indes. Le figuier d'Inde (dit-il) est vn arbre digne d'admiration & miracle, lequel premierement croist en tres-grande hauteur auec vn seul tronc qui est tres-espois, puis iette & pousse hors de tous costez des rameaux, lesquels produisent de certains filaments tendres, qui estant nouueaux sont de couleur de cire, ou d'or ; ces filaments estant paruenus iusques en terre, s'affermissent en icelle, & y produisent d'autres figuiers de leur espece : car en peu de temps ils acquierent vne grosseur, & se forment en d'autres nouueaux troncs de figuiers de mesme espece, lesquels produisans derechef de tous leurs costez de nouueaux rameaux en leur superieure partie, & ces rameaux d'autres filaments tendres, se multiplient tous les iours grandemẽt en ceste façon: en telle sorte, que tous ces rameaux & filaments n'estans en fin qu'vn seul figuier premier, occupent la plus-part du tẽps vn mil d'Italie de terre, sans qu'on puisse, sinon que difficilement, remarquer qui a esté le premier & plus ancien tronc; si ce n'est par sa grosseur, laquelle est quelquefois telle, que trois hommes ne le sçauroient embrasser : quelquefois vn ou deux de ces figuiers font vn bois assez grand, toffu, & ombrageux, dans lequel les rayons du Soleil ne peuuent aucunement penetrer, durant les chaleurs d'Esté, & font ces figuiers infinies tonnes & Cabinets si concaues & couuerts de feuilles, & de sinuositez, qu'il s'y forme des Echos ou reuernerations de voix & sons, iusques à trois fois: & est telle la moindre d'vn seul ombre de ces arbres, qu'elle peut contenir soubs soy à couuert huict cens ou mil personnes, & la plus grande ombre, trois mil hommes. Les feuilles des nouueaux rameaux de ces figuiers sont semblables aux feuilles des Coigniers, lesquelles seruent à la nourriture des Elephans, qui en sont fort friands. Le fruict est gros comme le petit doigt, & est semblable à vne petite figue, & est tout rouge dehors, & dedans tout plein de petits grains ainsi que les figues, & presque du mesme goust: ces figuiers viennent en Goa & lieux circonuoisins. Il semble que Theophraste liur.1. chap.12. & liu.4. chap.5. de son Hist. des Plantes, Q. Curse liu.9. de ses histoires, Pline liu.7. chap.2. & liu.12. chap.5. de son histoire vniuerselle, Strabo liu.15. de sa Geograh. ayent eu parfaicte cognoissance de ces figuiers: lesquels ils ont bien descrit audicts lieux susalleguez. F. Ouiede liu.9. chap.6. de son histoire des Indes faict vne description d'vne sorte d'arbre par luy nommée Manglé croissant aux Indes, laquelle faict les mesmes effects que les figuiers cy dessus descrits. Voyez Iacques Dalechampt, en ses Comment. sur le Pline cy dessus allegué, & G. Rouille en son 18. liu. chap.90. de son histoire generale des Plantes.

Portraict du Figuier d'Inde.

De la Palme ou Noix Indique, autrement Coccos.

Chap. VIII.

NOus trouuons dans les Autheurs Anciens, Grecs & Latins, plusieurs & diuerses sortes de Palmiers, aucuns apportans fruict, autres steriles, & autres par eux amplemẽt décrits, lesquels apportent infinies vtilitez & commoditez à la nourriture, & au viure de plusieurs & diuers habitans de la terre : soit à cause de leurs fruicts, qui seruent de viandes & de breuuage, soit à cause de leurs trochets, qui seruẽt de cõfiture & delices : voire iceux arbres sont tels, que aucuns d'eux sont masles, autres femelles : differens les vns des autres, en ce que les masles viẽnent à pousser leurs fleurs sur les spathes, & les femelles à demonstrer incontinent le fruict long, ainsi que confirme Herodote en sa Clio, disant:
„ Des Palmes, les Grecs en nommẽt aucuns masles,
„ desquels ils attachẽt le trochet de fleurs à celuy des
„ femelles, lesquelles portent les dattes, afin qu'ice-
„ luy trochet penetrant les dattes, les face meurir,
„ lesquelles autrement viendroient à mourir : Ce que cõfirment Aristote liure 1. des Plantes, Theophraste liure 2. chap. 8. & 9. de son histoire des Plantes, & liure 3. chapitre 23. des causes des Plantes, & Pline liure 13. chapitre 4. Philostrate en son tableau. Leontinus autheur Grec en se Georgiques de Florentin, & Geoponiques de Ma

gon confirme cecy. Iean Leon Autheur Arabe en ſon liure 6. de la deſcription d'Afrique, a deduict infinies vtilitez & commoditez que les Palmiers apportent à la vie des Africains; & que entre les Palmiers, il y a maſles & femelles: Eſtant choſe tres-certaine, qu'aux Regions où croiſſent ces arbres, on voit autour de chaſque maſle tout plein de femelles plantées, leſquelles en abbaiſſant doucement leurs branches deuers luy, ſe courbent de ſon coſté: & luy au contraire eſleue ſur icelles ſes rameaux tout heriſſonnez, cõme ſi de ſon haleine & regard, & de quelque pouſiere qu'il leur ſecouë, il les vouloit toutes empoigner: Que ſi ce maſle vient à eſtre oſté de là, icelle femelles demeurent puis-apres le reſte de leurs iours en vne viduité ſterille, tant il y a de congnoiſſance de Venus & d'Amour aux choſes meſmes inſenſibles: Ce qui a eſté cauſe que les hommes ont inuenté le moyen de les faire cohabiter enſemble, en eſpanchant ſur les femelles des fleurs & du poil follet du maſle, ou par fois de leur pouſiere ſeulement, ou attachant vne corde qui va de l'vn à l'autre, dont la femelle, qui vouloit courber ſes rameaux pour atteindre ſon maſle, ſentant par là ie ne ſçay quelle communication ſecrette de luy à elle, qui ſe coule inſenſiblement, ſe contente & rehauſſe ſes branches. Pluſieurs beaux & excellents diſcours des Palmes ou Palmiers ſont diſcourus dans l'Autheur du grãd Proprietaire de toutes choſes, liure 17. chap. 2. & 114. Aule Gelle liure 3. chap. 6. des nuicts Attiques. Pline liure 16. chap. 42. & liure 23. chap. 5. Plutarque au 8. des Sympoſ. Athenée liure

14. de ses Dypnosoph. Pierius Valerianus liure 50. de ses hieroglyphiq. George Venicien liure 7. cha. 27. de son harmonie du monde, Melchior Guillandinus en ses Comment. sur le liure 13. chap. 4. cy dessus allegué, A. Matheole en ses Comm. sur le 1. liure chap. 125. de Dioscoride, H. Cardan liure 8. de la subtilité, Cornarius Emblesme 122. sur le 1. liure de Dioscoride cy dessus, André Theuet, liure de ses Singularitez chap. 11. & 58. & liure 3. chap. 5. de sa Cosmog. & Guillaume Rouille liu. 3. chap. dernier de son histoire generalle des Plantes.

Outre les Palmes, & Palmiers cy dessus descrits, nous auons à remarquer, que les voyageurs & nauigateurs modernes ont en leurs voyages & nauigations faict mention de la Palme ou noix Indique, autrement Coccos; en ceste façon: Non seulement entre les Palmiers, mais aussi entre tous les arbres qui se treuuent en cest vniuers, l'arbre qui porte ceste noix d'Inde est le plus excellent, pour & à cause des vtilitez & commoditez qu'il apporte à la vie humaine: Gartie ab Horte liu. 1. des espiceries des Indes, chap. 26. a escrit, que ceste Palme, ou Noix d'Inde, autrement Coccos, a esté incongneuë des Autheurs Grecs; mais il me semble que Strabon en a faict mention au liur. 16. de sa Geographie, ainsi que l'a bien remarqué Ioseph Indien liu. 1. chap. 127. de ses nauigat. disant: La Palme Indique apporte infinies commoditez où elle croist; car d'icelle on en faict du pain, du miel, du vin-aigre, de l'huile & autres choses necessaires à la vie humaine: les orfeures & ferrons se seruent de la couuerture de son fruict, en lieu de charbon, & les

Pa-

Pastres la donnent à leurs beufs & oüailles, pour leur nourriture: quelques vns veulent encor asseurer, que Theophraste en a eu cognoissance liu. 1. chap. 16. de son histoire des Plantes, soubs le nom de Coicas; mais ie m'en rapporte à la verité. Tous les nauigateurs & voyageurs modernes asseurent, que cest arbre cy dessus descrit, est appellé par Serapion liur. des simp. chap. 228. & Rasis liur. 3. des remed. chap. 20. Iaralnare, c'est à dire en langue Arabesque arbre portenoix; & la noix qui en sort, est appellée par Auicenne liu. 2. chap. 506. Iausia Lindi, ou Negerit, qui signifie noix d'Inde. Les Indiens Brachmanes appellent communement l'arbre Maro, & la noix Naralu, autrement Narel, nom commun aux Perses & Arabes: combien que les Perses dient que le vray nom est Nargel, & l'arbre Darach: les Arabes l'appellent communement Siger Indi: les Turcs nomment l'arbre Agach, & le fruict Cox Indi. En la prouince de Malauar l'arbre est appellé Tengamaran, & son fruict meur, Tenga: estant verd & non meur, Eleri: en Goa, Lanha: en Malaje, l'arbre Triccan: la noix, Nihor: les Portuguais & Espagnols l'appellent Coccos, à cause de l'apparence des trois trous, par lesquels ceste noix represente la figure de la teste d'vn Cercopitheque, ou autre animal semblable. L'arbre est tres-grãd, tres-haut, & tres-droict, ayant ses fueilles semblables à celles des Palmiers ou Roseaux, mais vn peu plus larges, ses fleurs semblables à celles des chasteigniers, son bois fongeux & ferulaceux, son fruict grand & gros comme la teste d'vn homme ou vn peu plus: La premiere escorce du quel est premierement verde, puis noire, rouge, dure, crasse & comprimée en vne matiere poluë, soubs laquelle escorce il y en a vne autre dure cõme corne, presque triangulaire, laquelle contient en soy vn noyau, ou moüelle blanche, crasse & espaisse d'vn doigt, de douce & agreable saueur: & est iceluy noyau concaue au dedans, & contient dans ceste cauité vne eau suaue & claire, laquelle est d'autant plus douce & plus abondante que la noix est plus tendre & delicate : mais estant la noix plus vieille, ladite eau est moins suaue & douce, & s'aigrit quelquefois, & en vieillissant se congele & concree : cest arbre vient aisement aux lieux areneux, & proches de la Mer : les noix sont plantées en terre, desquelles il en prouient de petits arbrisseaux, qui dans peu de temps croissent & portent fruicts, s'ils sont diligemment cultiuez: Car en hyuer il faut les arroser de cendre ou de fumier, & en Esté d'eau: mais ils viennent beaucoup mieux s'ils sont plantez proches des maisons & edifices, à cause qu'ils semblent se resiouir grandement de la boüe & du fumier: Les Indiens en ont de deux sortes, l'vne de laquelle ils se seruent pour la garde & conseruation du fruict d'iceux : L'autre pour & à cause du iust ou liqueur nommé Cura ou Sura, qui est comme du moulx, ou vin doux, lequel iust ou liqueur : estant cuit est appellé Otraqua ou Ouraqua, & se faict en ceste façon : Les Rameaux de cest arbre estant incisez, les Indiens y appliquent vn certain Vaisseau nommé Caloin pour le receuoir, & distille ce iust ou liqueur comme de l'eau de vie, ou plustost du vin, semblable à de l'eau de vie, telle qu'vn linge trempé en ceste eau brusle, comme s'il auoit esté trempé en de vraye eau de vie, & est appellée ceste eau qui distille en ceste façon Fula, c'est à dire Fleur, ce qui est de reste Otraqua ou Ouraqua : de ce iust ou liqueur nommé Cura ou Sura, auparauant qu'il soit congelé, les Indiens l'ayant exposé au Soleil en font du vin-aigre assez fort: ayāt osté le vaisseau, si l'incision de l'arbre iette encor du iust ou liqueur il est gardé, & cuit au Soleil, ou au feu: & apres estre cuit il se cōgele en succre, appellé par les mesmes Indiens Iagra, le meilleur & plus parfaict d'iceluy estāt celuy qui est en l'Isle de Naledíue autremēt Maldiue, qui ne noircit point, ainsi que celuy qui prouient aux autres Regions: La matiere du bois de ceste Palme Indique, qui est tres-haute, est grandement vtile à plusieurs choses: en telle façon qu'en ladite Isle de Naledíue on en faict des nauires, qui sont garnies & calfeutrées de cloux, de mentes, voiles & cordages faicts d'icelle: & estant icelles Nauires ainsi garnies de ceste seule Palme, elles sont chargées de marchandises, procedantes d'icelle seule Palme, à sçauoir d'huile, vin, vin-aigre, sucre, fruicts, & eau ardante: Des Rameaux appellez en Malauar, Olla, les Malnariens en font des couuertures en leurs maisons & en leurs Nauires. Fernand Lopez liur. 1. de son Histoire des Indes dict, que les Rameaux ne sont ainsi appellez: mais bien leurs feuilles, esquelles il asseure les Indiens auoir accoustumé de mettre par escrit leurs histoires & actes publics: & que le Roy de Calicut enuoya à Emanuel Roy de Portugal vne lettre escrite en charactetes Arabesques, en vne de ces fueilles nommées Olla, lors que les Portuguais departirent de Calicut, pour retourner en Portugal. Les Indiens mangent le germe de ces Palmes, lequel est plus doux & sauoureux au goust que nos chasteignes bouillies, ou les petites Palmes, que le vulgaire appelle Palmites, & les Italiens Cesaglioni : & tant plus que l'arbre est vieil, d'autant plus il produit ce germe tendre & & odoriferant, lequel estant osté, la Palme vient à mourir: à cause dequoy celuy qui vient à manger ce germe, est dict à bon droit auoir mangé ladite Palme : Quant au fruict, il est couuert de double escorce, la premiere est verde, crasse & peluë, de laquelle est fait le Cayro des Maluariens, duquel ils se seruent à faire des cordes & cordages necessaires en leurs nauigations; lesquelles cordes & cordages ne se pourrissent aucunement dans les eaux marines : & de ce mesme Cayro ils font des estoupes pour calfeutrer leurs nauires, en telle façon que ces estoupes ne sont subjectes à aucune pourriture, comme les nostres; ains au contraire estant imbuës d'eaux marines, elles s'enflent & endurcissent: Ce que les Portugais & autres qui ont esté en Calicut sçauent tresbien pouruecoir ordinairemẽt les nauires & vaisseaux de mer de ces pays, garnis de telles cordes, cordages & estouppes : mesme les Indiens en font des ceinctures & bandes pour eux ceincturer & bander : voire aucuns modernes nauigateurs ont bien passé plus auant, quand ils ont dit que les mesmes Indiens en faisoient des tapis & tapisseries, de la seconde escorce de ce fruict, appellée Xaresta: les mesmes Indiens en font autour des Vases, lesquels on porte vendre iusques en Portugal : le vulgaire voyant, mais mal à propos, que si les Paralitiques boiuent souuent dans ces vaisseaux, ils s'en peuuent trouuer grandement soulagez, d'autant que les Indiens qui sçauent tresbiẽ la vertu d'iceux, n'en disent aucune chose: mesme les Indiens en font du charbõ, qui est tres-bon & vtile aux orfeures & autres qui besongnent en metaux : ceste seconde escorce est noire & tendre, contenant en soy vne certaine moüelle nommée Muataq, laquelle estant recente, auant qu'elle prenne sa couleur noire est tendre & blanche, & se mange quelquefois auec du sel, & aussi quelquefois sans sel, auec vn peu de vin-aigre & de poiure, semblable au goust aux anguries ou aux artichauts: & quand icelle est vn peu endurcie, elle a la saueur telle que les testes des Cardõs: la moüelle qui est adherãte à l'escorce, est tendre & douce, & contient en soy vne eau tres-claire, tressouësue, & tres-douce, de laquelle les Indiens boiuent tresvolontiers aux grandes ardeurs de l'Esté, & dure ceste eau longuement en sa vertu, estant d'autant plus douce, que le fruict est recent : ceste eau estant mise rafreschie au serein, est tressalutaire à la chaleur du foye & des Reins, & la faict-on rafreschir dans son fruict verd, ou sa mesme noix verde, appellée par les Indiens Launa, où elle se conserue longuement, estant tel ce fruict ou noix, qu'il peut contenir trois ou quatre pintes de ceste eau : apres que iceluy fruict ou noix est endurcy, & a sa moüelle vn peu dure, il demeure dans sa concauité vne eau limpide, mais non si douce que celle par nous descritte cy-dessus ; & sont ces fruicts ou noix nõmez, par les Malcabariens Eleui : Si ces fruicts ou noix sont vieux d'vn an, ceste eau se change en vne certaine substance ronde, comme vne pomme, & se fait blanche, spongieuse, legere & douce : La moüelle cy-dessus mentionnée estant recente, tendre, blanche, & douce, & mangée quelquefois seule par les Indiens, quelquefois auec le Iagra, c'est à dire le succre composé de Sura, ou bien auec le Auela, c'est à dire boüillie, composée de ris & d'eau broyée, puis desseichée au Soleil, & est aussi quelquefois mãgée auec de certain poisson sec, apporté de Malediue, endurcy comme des pieces de beuf fumées, appellé Comalasa : De ceste mesme moüelle les mesmes Indiens en tirẽt du laict, auec lequel ils font cuire leur ris, lequel laict est aussi bon & sauoureux qu'est le laict de cheure : & de ce laict bouilly auec de la chair d'oiseaux ou de bestes à quatre pieds, ils font vn certain aliment tresbon à manger, par eux nommé Caril : & de la mesme moüelle, ils en font de la farine & du pain : & ceste moüelle estant desechée, & nettoyée de sa premiere peau, vn peu concassée, est appellée par les Indiens Copra, laquelle est portée à Ormus, Balaguate, & autres Prouinces qui n'en ont point, de laquelle on se sert comme des chasteignes seiches, mais tres-douces & tres-souefues : Iceux Indiens tirent de ces noix deux sortes d'huile, l'vne de ses noix recẽtes, pilées, infusées dans de l'eau chaude, puis exprimées, l'huile nageant au dessus de l'eau, de laquelle lesdits Indiens se purgent le ventre & les intestins, à cause qu'elle purge doucement sans aucunes douleurs de trenchees. Quelquefois ils meslent & incorporent auec ceste huile du suc des Tamarins, qui est vne medecine fort excellente. Que si Auicenne & Serapion liu. 2. chap. 506. & 228. ont entendu parler de ceste huile, quand ils ont escrit qu'elle est de meilleur suc que le beurre, Garcie ab Orte cy-deuant allegué dit, qu'ils disent vray, mais non en ce qu'ils escriuent que ceste dicte huile lasche moins le ventre que le beurre. L'autre sorte d'huile, qui est tres-claire & limpide, est tirée des mesmes noix seiches, nettoyées, & concassées, appellée Copra, comme dit est cy dessus, puis mises dans vn pressouer pour les faire ietter ceste huile, laquelle est non seulement bonne à la guerison du refroidissement des nerfs, mais aussi pour faire cuire le ris: & ne tire-on aucune huile de l'arbre, ains seulement des fruicts & noix, encor que Lacuna aye escrit en ses Commentaires sur Dioscoride, que aucuns personnages ont eu opinion que ceste huile est la mesme que celle qu'iceluy Dioscoride nomme Elæomeli liur. 1. chap. 32. Le Coccus, qu'on appelle de Maldiue, est tellement recommandé par les Indiens, que tous tant grands que petits ont recours à ce fruict, comme à vne chose tressalutaire: iceluy a vne escorce plus noire & plus polie que le Coccos commun, la figure duquel n'est en tout & par tout si ronde que ledit commun. La moüelle qui se trouue au dedās estant seichée, deuient grandement dure & blanche, mais qui approche vn peu de la palleur, & qui est ridée & grandement poreuse en sa superfice, & sans aucune saueur. Ce Coccos, ou plustost son eau, liqueur & mouëlle, sert de vray antidote contre les venins, & à la guerison des coliques de la paralisie, epilepsie & affections de nerfs, & trouue-on communément de ces Coccos poulsez aux bords de la mer. Le commun tient, que l'isle de Maldiue & autres qui sont à l'entour, ont autrefois esté terre continẽte, mais qu'a present elles ont esté reduites en isles par les eaux de la mer : & que en icelles les Palmes qui portent ce Coccos sont deuenus endurcis ; & que ces Coccos qui sont poulsez aux bords de la Mer, ne peuuent estre touchez & maniez par aucuns des Indiens, à cause qu'ils appartiennent par droict de souueraineté au Roy de la Prouince, desquels Coccos on tire vne mouëlle, laquelle estant seichée comme le Copra s'endurcist à mode de frõmage de brebis. Voyez plusieurs beaux discours de ces Palmes & du Coccos dans Louys Vuartoman liur. 5. chap. 15. & 16. de ses nauigations, Ioseph Indien chap. 137. & 138. de ses voyages, Odoart Barbosse Portuguais en ses nauigat. chap. de l'arbre de la Palme, M. Antoine Pigafette en son voyage autour du monde : Gonçal Fernand Ouiede en son sommaire des Indes chap. 66. Gomara liur. 3. de son hist. des Indes, Ferdinand Copez liur. 1. de l'histoire des Indes, Gartie ab Orte liur. 2. chap. 498. de ses simples des Indes, & liur. 1. de son Epitom. des espiceries chap. 26. Christofle Acosta en ses liur. des espiceries & medicamens naissans aux Indes chap. de la Palme Indique, I. de Lery chap. 13. de son hist. de l'Amerique, Adam Fumee liu. 3. chap. 94. de son hist. des Indes, André Theuet liur. 11. chap. 14. 17. & liur. 12.

chap.21. de ſa Coſmographie, H. Cardan liur.8. de la ſubtilité, & liur.6. chap.20. de la varieté des choſes, Iules Ceſar Scaliger exercitation 138. diſt. 28. de la ſubtilité, François de Belleforeſt liur.4. chap. 20. du 2. tome de ſa Coſmog. & G. Rouille liu.18. chap.7. de ſon hiſt. de toutes les Plantes, & en ſon appendice ſur ladite hiſtoire chap. de la Palme Indique, qui eſt Elephantis.

Ioſeph Acoſta liure 4. chap. 26. de ſon hiſtoire des Indes, fait mention d'vne autre eſpece de Cocos, appellé Coquillos, qui eſt vn fruict meilleur, dont il y en a en Chille, leſquels ſont quelque peu plus petits que noix, mais vn peu plus ronds : Il y a vne autre eſpece de Cocos, qui ne donnent point ce noyau ainſi eſpoiſſy : mais ils ont dedans vne quantité de petits fruicts comme Amandes, à la façon des grains de Grenades : les Amandes ſont trois fois auſſi grãdes que celles de Caſtille, & leur reſſemblent au gouſt, encor qu'elles ſoient vn peu plus aſpres, & ſont auſſi humides & huileuſes: c'eſt vn aſſez bon manger, auſſi les Indiens s'en ſeruent en delices, faute d'Amandes pour faire des maſſepains & autres telles choſes : ils les appellent Amandes des Audes, pource que ces Cocos croiſſent abondamment és Audes du Peru, & ſont ſi forts & durs, que pour les ouurir il eſt beſoin de les frapper rudemẽt auec vne groſſe pierre. Et ſemble incroyable, que dedans le creux de ces Cocos, qui ne ſont pas plus grands que les autres, il y aye vne telle multitude de ces Amandes. Pena Autheur moderne, & apres luy G. Rouille liure. 18. chap. 56. de ſon hiſtoire de toutes les Plantes, deſcriuent

& representẽt en portraict vne autre sorte de Palme que les sus descrites, par eux appellée en langage Latin, *Palma Pinus siue Conifera*; mais elle ne faict à nostre propos. L'autheur des merueilles du monde chap. 26. Gonçal Fernand Ouiede en son sommaire des Indes chap. 4. 5. 8. & 12. & en plusieurs autres chapitres des liures 7. 8. 9. & 11. de son histoire generalle des Indes, Hierosme Beuzo Milanois en son histoire du nouueau mõde, l'Autheur de la relation d'aucunes choses de la nouuelle Espagne & pays de Mexique, addressée à Fernand Cortez, Ioseph Indien chap. 138. de ses voyages, Gartie ab Orte liure, 2. de son epitome des Espiceries, H. Cardan liure 6. chap. 20. de la varieté des choses. I. Cesar Scaliger exercitation 181. de la subtilité à H. Cardan, André Theuet liure 21. cha. 16. & liure 22. chap. 12. de sa Cosmograph. Nicolas Monardes liure 3. des choses apportees des Isles Occidentales, F. de Belle-forest chap. 6. du 7. liure du 2. tome de sa Cosmograph. & G. Rouille liure 18. chap. 135. 136. 137. & 138. de son histoire de toutes les Plantes; font amples descriptions de plusieurs autres excellents & admirables Arbres, Fruicts, Plantes & Herbes croissans en Asie, Afrique, & Indes Occidentales; lesquels apportent de tres grandes commoditez à la necessité, aliment & medecine des hommes, & des animaux. Outre les diuerses sortes de Palmes cy dessus descrites, il y en a encor quelques autres qui nous sont descrites par les Autheurs soubs nommez. Iules Cesar Scaliger exercitat. 158. dist. 5. & 6. à H. Cardan de la subtilité, en dit ces mots: Il est vne espece de Palme plus grosse que les communes, asses haulte, ayant ses feuilles lissees, entre lesquelles il croit des pommes en quãtité, à mode d'vne grappe de raisin, grandes & grosses cõme vne noix, & sont blanches; & ces Pommes sont mangees à la desserte par les grands Seigneurs, & sont appellees Areca, desquelles il se fait vn grand traffic, estant grandement prisées, quand elles sont recentes: on les garde quelque temps quand elles sont seichez, ainsi que les Dattes. Loys Vuartomã en ses voyages, appelle ceste sorte d'Arbre Areca, & son fruict, Coffol. Loys Romain liure 5. chap. 7. de ses nauigations le nomme Chofolo; Gartie ab Orte liure 1. chap. 25. de son histoire des Espiceries des Indes, Faufel & Areca: les Malauariens l'appellent Pac: les habitans de Gazarate & Decan, Eupari: ceux de Zeilan Poas, ceux de Malaca, Pinan, & ceux de Couchin Chacani. Le mesme Scaliger au lieu sus-allegué, parle de certaines autres petites Palmes, qui ont leurs feuilles si polies & lissees, que les Indiens s'en seruẽt en lieu de papier pour escrire: en la Prouince de Mangi, il croit vne sorte d'Abre nommé Tal, qui a ses feuilles asses grandes, desquelles les Indiens se seruent en lieu de papier pour escrire, son friuct est gros comme des gros naueaux: ce qui est sous l'escorce d'iceluy est fort tendre, doux & aggreable à manger, mais ceste escorce est meilleure, & plus douce, nommée par aucuns Vguetal. Nicolas de Conti en ses voyages escrit, que aux enuirons de la ville de Cael il croist vn certain arbre sans fruict, les feuilles duquel sont longues de six brasses, & larges d'autant : tellement tendres & subtilles, que estant comprimees, elles peuuent aysement estre contenues dans la main d'vn homme, desquelles les Indiens s'aydent en lieu de papier, pour y engrauer leurs escritures, & pour eux couurir & guarentir de la pluye. Voyez A. Theuet liur. 11. chap. 23. de sa Cosmog. & G. Rouille liure 18. chap. 87. de son histoire des Plantes peregrines. Les Indiens des Indes Occidentales ont d'autres sortes d'arbres, nommez par eux Guiabara, par les Espagnols Vuero, autrement Copei, lesquels ont leurs feuilles assez longues & larges, desquelles les Espagnols qui arriuerent ausdites Indes se seruirent en lieu de papier ; en escriuant sur icelles auec vne esguille, ou espingle ce qu'ils vouloient, & leurs caracteres s'y contregardẽt longuement, sans s'effacer aucunement : voire les mesmes Espagnols firent de ces feuilles, des Tarots & Cartes pour ioüer, y peigans ou grauans fort aysément les figures des Roys, Roynes, Cheualiers, Varlets, & autres qui sont aux Tarots & Cartes d'Espagne, & de France, ainsi que confirme G. Ferrand Ouiede liure 8. chap. 13. & 14. de son histoire des Indes.

Portraict du Coccos ou Noix Indique.

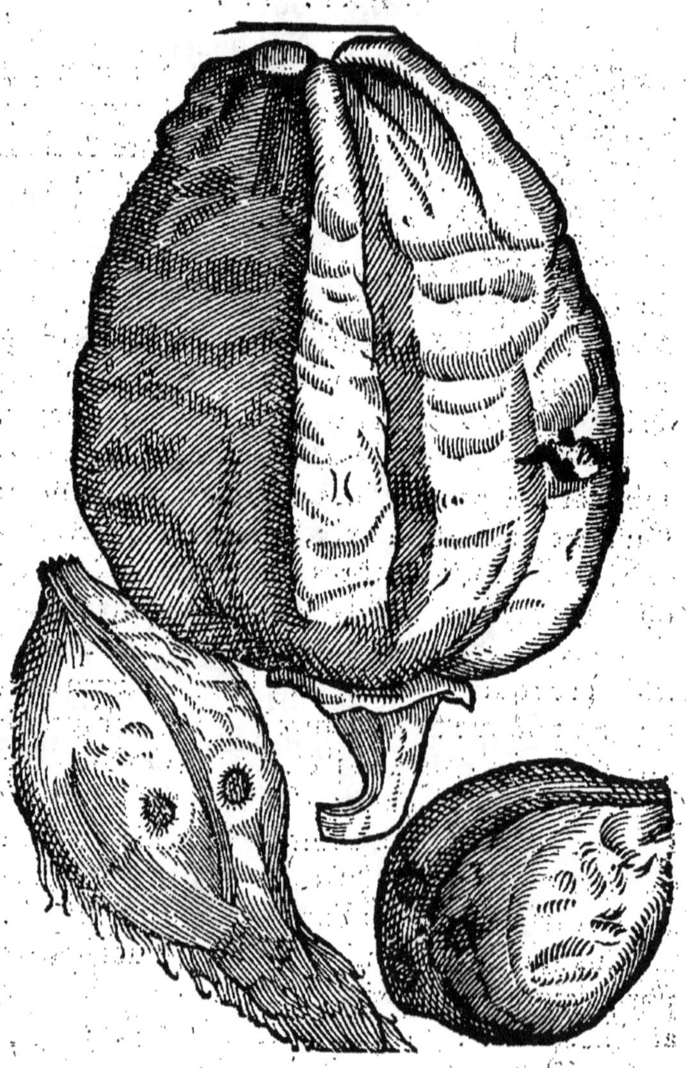

Des Arbres porte-laines, & Arbres porte-soyes.

Chap. IX.

NOVS aduertirons comme en passant seulement les Lecteurs beneuoles, que Pline liure 8. chap. 48. de son histoire naturelle, a fait mention de plusieurs sortes de laines, procedans des moutons & brebis ; & apres luy, Iacques Daleschampt en ses Comm. sur cest Autheur, aux liure & chapitre sus alleguez : Ce qu'estant premis, nous sçaurons que le Philosophe Grec Theophraste liure 4. chap. 9. de son histoire des Plantes a faict mention de certains arbres porte-laines, disant ce que s'ensuit : On tient que l'Isle Thyle, qui est au sein Arabique, produit force arbres porte-laines, lesquels ont leurs feuilles semblables à la Vigne, mais vn peu plus petites, & ne portent ces arbres aucuns fruicts : ce qui contient en soy la laine, est gros cõme vne pomme, & est fort serré & comprimé quand il naist, & quand il est meur il s'ouure, & la laine en sort, de laquelle on fait de la toille fort excellente, & aussi de la commune : & dit-on aussi qu'on trouue de pareils arbres en l'Indie & Arabie. Le mesme Autheur liure 7. ensuiuant chap. 13. La plus grande & peculiere difference des herbes porte-laines est principalement remarquée : car au Chersonese Taurique, sur les bords il croist vn certain genre d'icelles, qui a de la laine sous sa premiere escorce, de laquelle on tissut des bastiments. Ces parolles semblẽt auoir esté extraictes du Prince de l'histoire Grecque Herodote liure 3. de ses histoires, lequel Pline a imité liure 12. chap. 6. de son histoire vniuerselle : *Sed vnde vestes lineas faciunt folijs moro similis, Calyce Pomi Cynorrhodo, serunt eam in campis nec est gratior vllarum prospectus.* Quant à l'arbre qui porte le lin, dont les Indiens font les toilles si fines, il a les feuilles comme le Meurier, & porte vn bouton rouge comme l'Eglantier : on plante ces arbres parmy les champs, & n'y a arbre plus plaisant à veoir que cestuy. Ce mesme Autheur au chap. 10. ensuiuant, a presque transcrit de mot à mot les parolles cy dessus deduites de Theophraste, disant ; *Eiusdem insulæ Tylos excelsiore suggestu, lanigeræ arbores alio modo quam Serum; his folia infœcunda quæ ni minora essent, vitium poterant videri, ferunt cotonei mali amplitudine Cucurbitas, quæ maturitate ruptæ, ostendum lanugenis pilas, ex quibus vestes pretioso linteo faciunt.* On trouue aussi au hault pays de ladicte Isle, des Arbres qui portent laine, non pas toutesfois en la sorte que celles qui viennent en la Region des Seres, autrement de Cambalu : Car les feuilles ne sont ny borruës ny cottonnées comme celles des Arbres du Pays des Seres ou Cambalu. Quant aux feuilles de ces arbres cottonniers de Tylos, elles retirent entierement aux feuilles de Vignes, horsmis qu'elles sont plus petites : ces arbres portent certaines pommes, de la grosseur d'vne pomme de Coing, lesquelles estãt meures se rompent, & voit-on là dedans des plottons de cotton, ou de laine fine, dont on fait des draps les plus fins qu'on sçauroit dire. Au chapitre ensuiuant: Il y a vne Isle pres de Tylos, où on trouue des arbres portans le cotton, & qui rẽdent plus de cotton que ceux de Tylos la grãde, encor qu'ils soient plus petits. Iuba dit, que le cotton croist à l'entour desdits arbres, qu'on en fait du linge fort riche aux Indes: en Arabie ils appellent Cyna leurs arbres cottõniers, dont ils font de fort bons draps, Ces arbres ont les feuilles semblables aux Palmiers. Les Indiens aussi n'ont autres vestemens que de leurs Arbres. Ce mesme Pline liure 13. cha. 14. de sa mesme histoire.

Touchant l'Ethyopie, & signamment celle qui confine à l'Egypte, il n'y a pas grands arbres de renom, horsmis ceux qui portent le cotton, desquels nous auons amplement traicté en la descriptiõ des Indes & d'Arabie. Toutesfois le cottõ qui vient és arbres d'Ethyopie, retire plus à la laine qu'à autre chose. Et encor que ces arbres cottonniers soiẽt semblables aux autres qui sont de mesme estoffe, ce neantmoins les bources & vessies qu'ils produisent (au dedans desquelles est le cotton) sont grosses comme grenades: le mesme au liure 19. chap. 1. & 2. a dit ce que s'ensuit.

Le lin aime les lieux sablonneux, & se contente d'vne seule façon de la terre: & neantmoins il n'y a chose qui croisse plustost que ceste-cy: car on le seme au Printẽps, & le cueille-on en Esté; ce causant vn grand tort à la terre qui le produit. Mais posé le cas que les Egyptiens soyent excusables de la grande quantité de lin qu'ils sement, pour la necessité qu'ils ont de faire des toilles, pour mieux trafficquer leurs marchandises en Arabie & és Indes; qu'est-il de besoing aux François d'en faire estat, iusques à assoir leur reuenu sur ceste marchãdise? Où veulent-ils aller? ne se contentent-ils de veoir qu'il n'y a que montagnes vis à vis de leur mer Meriterranee? & que du costé de la haute mer, ils n'ont que la vacuité de cest vniuers? & neantmoins ceux de Cahors en Querci, ceux de Calais, & de Rhodes, & ceux de Bourges en Berry, mesmes ceux de Teroënne qui est estimé le dernier & le plus lointain pays de France, au regard d'Italie: mesme quasi par toute la France on s'adonne à faire des voiles. Mais que dirons-nous de nos Flamans & Hollandois, qui se tiennent au delà du Rin, & qui de tous temps ont esté ennemis anciẽs des Romains? Certainement le plus riche accoustrement que sçachent porter leurs femmes, est du lin. Surquoy il me souuient d'vn mot que Marcus Varro dit, à sçauoir que la race & maison des Serraniens obserue cela inuiolablement, que toutes les femmes qui en sont sorties vont en lange, sans porter chemise, ny autre accoustrement qui soit de toille. Au reste, les tisserans & ceux qui font les toiles, besongnent és caues soubs terre en Allemagne: aussi font-ils en Lombardie, és contrées qui sont entre le Po & le Tesin, encores qu'ils y besongnent autrement que les Allemans: Toutefois apres les toiles de Satins de Castille, il n'y en a point de meilleures en Europe, qu'és quartiers de Lombardie, dont nous auons parlé cy-dessus: de sorte qu'on leur peut assigner le tiers rang de bonté:car les lins de Rectonio, qui sont sur la riuiere de Rio Mosso,qui passe en la Duché de Spoleto,& ceux de Faenza, & de la Romaine, sont mis au second rang de bonté. Et neantmoins ceux de Faenza sont ordinairement plus blancs,auant que estre battus,que ceux de la Duché de Spoleto, qui viennent le long de la riuiere de Rio Mosso. Quãt au lin Retonien,il croist fort espais, & est fort delié:mesmes il est bien aussi blanc que celuy de Faẽza,& n'est point bourru, & ne iette point de cotton,qui le fait encores plus estimer d'aucuns, & moins des autres. Et quant au fil qu'on en fait,il est aussi vny que fil d'Araigne:& est si fort,que le voulant rompre à la dent, il rend vn certain son: aussi le vent-on au double des autres lins. Touchant le lin d'Espagne, & principalement celuy qui vient d'Arragon,il est fort blanc: car les gens du pays le naisent en vn certain ruisseau, qui passe aupres de Tarragona, qui a vn eau fort propre à cela. D'ailleurs leur lin est fort menu: aussi la premiere inuẽtion des fines toiles vint de là. Item, il n'y a pas long temps qu'on a commencé à apporter du lin de Zoëla, ville maritime de Gallice,qui est fort bõ à faire filets. Il en vient aussi de fort bon au territoire de Cuma,qui sont bõs à retenir les sangliers: mesmes ils resistent aux coups d'espée: Et certes i'en ay veu des filets si menus, qu'vn pan de filé, auec ses cordes, dont on le serre & lasche, passoit par vn anneau:& ay veu vn hõme seul, porter aisément des filets assez pour ceindre & enuironner vne grande Forests, dequoy certes ie ne m'esbahis:mais plustost se faut esbahir, de ce que chasque fil de boucle estoit à cent cinquante doubles. Et de fait, il n'y a pas long temps que ie vis ces filets à Iulius Lupus, qui mourut gouuerneur d'Egypte. Ce seroit chose incredible, à qui n'auroit veu l'aubergeon ou pourpoint de toile d'Amasis Roy d'Egypte, qui est encores en l'isle de Rhodes, au temple de Minerue, où chasque fil est en c c c l x v. doublet. Et de fait Mutianus, iadis trois fois Consul à Rome, dit qu'en vn petit morceau de cest aubergeon, qui luy tomba par les mains, il a veu ce que dessus estre veritable. Mais certes on auoit grand tort de deffaire vn si riche ouurage: car comme il dit, on s'est tant essayé de veoir la minceté de ce fil, qu'il ne reste cõme plus rien de ce riche aubergeõ. Mais pour venir à nos lins d'Italie, on fait grand cas de ceux de la Bruzze: toutesfois personne ne s'en sert que les foulons. Et neantmoins les lins de Cahors en Quercy en emportẽt le bruit, pour estre fort blancs, & coutonnez comme laine: aussi en fait-on de bonnes flaines à faire lits. Et de fait, l'inuention des flaines & materas est venuë de France: car nos Italiens, pour auoir accoustumé de coucher sur la paille, appellent encores leurs lits, Stramẽta, c'est à dire paillasses. Quãt au lin d'Egypte, il n'est pas fort, mais il y a de grand profit. Ils en ont de quatre sortes, qui toutes portent les noms des regiõs où ils croissent: car il y a le lin de Damiette, de Tanitis, de Bentis, & de Tentiritis. Au reste, en la haute Egypte, qui tire contre Arabie, y a vne certaine plante, qui porte le cotton, que les Grecs appellẽt Gossipium, ou Xilon: comme aussi ils appellent Xilina les toiles qu'on fait de ce cotton.

Ceste plante est petite, & porte vn fruict sembla-ble aux noisettes, ayans leurs barbes, qui a vn cer-tain cotton au dedans, lequel est fort aisé à filer; & certes il n'y a laine au monde plus blanche ny plus delicate que ce cotton : aussi les sacrificateurs d'Egypte en font faire des robes & des surplis, par singularité. Il y a vne quatriesme espece de lin, qu'on appelle Orchomenien, qui se faict des mouchets d'vne certaine herbe de marais, qui croist comme vn rouseau. En Natolie ils naissent les genests, les laissans tremper en l'eau dix iours entiers : puis se seruent de la toille, de laquelle ils font du fil à faire filets, lesquels sont forts bons aux pescheurs, car ils ne se pourrissent point en l'eau. Les Ethiopiēs & Indiēs, en font de teille de Pom-miers: mais les Arabes tirent du cotton de certai-nes courges, qui viennēt sur les arbres cottōniers, ainsi qu'auons monstré cy dessus. Quant à nostre lin, nous cognoissons à deux choses quand il est meur, & en temps de cueillir, à sçauoir quand sa graine commence à s'enfler, & que le lin deuient ionastre ou blaffard, alors le fault cueillir: & apres auoir fait des petites poignées, autant que la main peult tenir, il les fault laisser pendre & seicher vn iour entier, la racine contremont: le lende-main il le fault tourner sans-dessus-dessous, ap-puyant les iauelles l'vne contre l'autre, afin que la graine tombe entre les deux iauelles, & le laisser aussi seicher cinq iours durās. Ceste graine est fort bonne en medecine; mesme il y a des Lombards & Piémontois qui en font du pain de fort bon goust. Toutesfois anciennement le pain de grains de lin, n'estoit praticqué, sinon és sacrifices des Dieux. Apres donc qu'on a moissonné le bled, on met nager le lin en eau eschauffée du Soleil; & le charge-on de pierres, ou de quelque autre chose pour le faire tenir à fonds, car il n'y a chose plus legere que le lin. Pour cognoistre donc quand il est asses rouy & naizé, il faut regarder si sa teille est point alaschie: Et quand on verra qu'il est asses naizé, il faut mettre seicher les iauelles de lin sans-dessus-dessous, comme on auoit fait la premiere fois: estant bien seiché, le fault battre en vne pille de pierre, auec vn maillet ou vne mace de bois, propre à cela. Au reste on appelle estoupe, la teille qui est la plus pres de l'escorce: aussi est-ce le pire du lin, & ne s'en sert-on gueres qu'à faire des mesches pour les lampes: & neantmoins on le pigne au seran, qui a les dents recourbeés à la mode d'vn hamesson, iusques à ce que toute la teille soit separée d'auec la paille du lin. Et quãt à la bonne teille, qu'on tiẽt pour la moëlle du lin, il y en a de plusieurs especes, qui toutes sont aisées à remarquer, à leur blancheur & delicatesse: Touchant le mestier de filer le lin, il est mesmes fort seant aux hommes. Item on se sert de ses cheuenneilles à chauffer le four. Mais pour cognoistre ce que le lin doibt rendre au seran, fault notter que cinquante liures de lin sec, auec sa cheuenneilles, en doiuent rendre quinze de lin pigné. Au reste, quand le fil est filé, encore le faut-il blãchir en l'eau, le batant fort sur vne pierre auecque d'eau. Mesmes apres que la toile en est faite, on la bat & derompt à coups de battoüers: de sorte que tant plus de mal on fait au lin, tant plus accroist sa bonté : Finalement on a trouué vne sorte de lin qui ne se consomme point au feu : nos gẽs l'appellent lin vif. Et de fait, i'en ay veu des napes de festins, qu'on iettoit au feu au sortir de table, où elles se nettoyoient mieux cent fois qu'elles n'eussent fait en l'eau, & si ne se gastoient point. Mesmes és obseques & funerailles des Roys, on reuestoit leurs corps de ces toiles, afin de pouuoir separer les cendres de leur corps, d'auec celles des parfums & des bois odorans où on les brusloit. Ceste sorte de lin croist és deserts des Indes, où il ne pleut point, ains y est la contrée toute bruslée du Soleil: aussi n'y voit-on que Serpens & Dragons : qui fait que ce lin se nourrit au feu, & est fort rare à trouuer, & bien difficile à tistre, à cause de ce qu'il est fort petit: il est roux de son naturel, & neantmoins est fort luisant, quãd on le iette au feu: Ceux qui en peuuent auoir, l'estiment bien autant que les grosses perles, dites Vnions. Les Grecs suiuant la proprieté de sa nature, l'appellent Asbestinos. Au reste, Anaxilaüs dit, qu'enuelopant vn arbre qu'on veut couper en secret, d'vn linge fait de ce lin, on ne sentira point dõner les coups. Et par ainsi, on peut bien tenir ce lin pour le prince & souuerain de tous autres lins. Le secõd d'apres, c'est celuy qu'on appelle Byssus : aussi nos Dames le souhaittent fort, pour s'en parer. Ce lin croist en Achaye, au territoire de Beluedere. Mesmes ie trouue qu'on le vendoit anciennement au poids de l'or: de sorte qu'vn scrupule coustoit quatre deniers Romains: Et quant au cotton que iette le linge, & principalement celuy que rend les voiles des nauires, on s'en sert fort en medecine : mesmes les cendres de ces voiles seruent de spodium. Au reste, il y a vne espece de pauot dont on se sert grãdement à blanchir le linge, car il le rend indiciblement blanc. Et neantmoins on est venu iusques à ce desordre de teindre en haulte couleur les toiles aussi bien que les draps. Ce que fut premierement pratiqué en l'Armée de Mer d'Alexandre le grand, sur les fleuues Indus, où les Capitaines d'Alexãdre chãgerẽt d'enseignes de nauires, en vne entreprise qui fut faite contre les Indiens, pour les estonner, de veoir les voiles & enseignes des nauires, peintes de diuerses couleurs. Item les voiles du nauire, où Cleopatra se sauua auec Marc Anthoine à Capo Figo d'Albanie, estoient toutes teintes en pourpre. Et dés lors on commença à en vser ainsi és nauires & galeres capitenaisse. Du depuis on commença à encortiner & à tendre des toiles teintes aux Theatres à Rome, pour y donner seulement ombre. Et de fait, le premier qui en monstra l'inuention, fut Quintus Catulus, lors qu'il fit la Dedicasse du Capitole. Mais Lentulus Spinter, fut le premier qui tendit & encortina les Theatres de toile fine, teinte en pourpre, és jeux d'Apollo qu'il fit faire. Apres luy Cesar Dictateur fit tendre & couurir de toiles fines toute la place publique de Rome, pour y donner seulement ombre, & toute la ruë Sacrée, depuis son Palais iusques au pied, & à la pente du Capitole, laquelle magnificẽce fut plus estimée, que le braue tournoy qu'il fit faire. Item Marcellus, fils d'Octauian, seruoit l'Empereur Auguste, estant edilé à Rome, l'an de l'onziesme consulat de son oncle, fit tendre & couurir des toiles fines toute la place cõmune, encores qu'il n'y eust point de jeux, mais seulement pour tenir à l'ombre ceux qui y venoient pour plaider. En quoy on peut voir quelle mutation y auoit eu à Rome, depuis le tẽps de Cato Censeur, qui ordonna vne fois que toute la place publicque de Rome où on plaidoit, fut pauée de chausse-trapes, pour garder les plaideurs & chicaneurs d'y plaider. Au reste encores voit-on en l'Amphiteatre de Nero des couuerts de toiles fines, teinte en bleu, qui toutes sont semée d'estoilles, iusques aux cordes qui les soustiẽnent: Et neãtmoins cela ne sert que pour garder du Soleil la mousse qui est des-ja assez au couuert: mesme la superbeté de cet Amphiteatre est si grãde que la terre y est teinte en rouge de haute couleur. Toutesfois quoy q̃ ce soit, la toile blãche emporte le bruit de tout: aussi estoit elle des-ja fort estimée durant la guerre de Troye. Et de fait, on s'en peut aussi bien seruir en guerre, qu'on fait és naufrages de mer. Toutefois, selon que dit Homere, il y auoit bien peu de gens qui portassent aubergeons de toille, allants à la guerre. Et neantmoins les plus sçauans estiment que Homere ait entendu parler des voiles & cordages, quãd il traite de l'equipage des nauires, lequel il appelle Sparta, dont il montroit bien que le genest se semoit des-ja.

CHAP. XI.

LA maniere d'accoustrer le Genest, fut trouuée long-temps apres le deceds d'Homere : car mesme on ne sçauoit que c'estoit au premier voyage que les Cartaginois furent en Espagne. Et neantmoins c'est vne herbe qui vient de soy mesme, sans estre plantée ny semée. Et de fait, on la peut bien appeller comme de terre seiche, & imperfection du territoire d'Espagne, car à parler au vray, ceste herbe remarque que le terroir où elle croist ne vaut gueres, & que autre chose n'y pourroit venir. Au reste le genest de Barbarie est petit, & ne vault rien à faire cordages : Mais au territoire de Cartagena la Nueua, qui est au Royaume de Mnocya en Espagne, il croist à force, mais non pas encore par tout, ains seulement en certaines montagnes qui sont au-dessus de Cartagena, qui neantmoins en sont toutes couuertes. Aussi les gẽs du païs en font leur matrats, ils s'en chauffent, & s'en seruent à faire torches & flambeaux : mesmes les Pastres s'en vestent, & s'en chauffent audit pays. Et neantmoins ceste herbe est mauuaise au bestail, horsmis les petits bouts & tendrons, qui ne luy font point de mal. Mais quãd les Espagnols veulent arracher ceste herbe pour s'en seruir, ils y prennent grande peine : car ils se bottent, & s'arment les mains de mouflets pour l'auoir ; & encores faut-il qu'ils l'entortillent, & qu'ils la tirẽt auecque aigret d'os, ou du bois, pour l'auoir plus aisement : & neantmoins en hyuer est quasi impossible de l'arracher : Et par ainsi pour l'auoir aisément, faut attendre à le tirer depuis le quinziesme de Mars, iusques au treiziesme de Iuin : car en ce temps-là, le genest est meur, & fort aisé à arracher. Apres donc qu'on l'a arraché, & qu'on en a fait des petits faits, on les met seicher deux iours tout de bout, en vn mont : le troisiesme iour on les delie, & l'estend au Soleil, pour le faire seicher. Ce qu'estant fait on le relie, & le porte-on à la maison. Apres cela on le met rouïr & naizer en l'eau marine, ou en eau douce, à faute d'eau marine : Puis le met-on secher au Soleil, l'arrousant tousiours : mais si on en estoit pressé, & qu'on en eust à faire subit, il le faudroit mettre en vne cuue, & ietter d'eau chaude dessus, & le faire secher par apres : car quand il sera roide, & se tiendra ferme & debout, c'est sine qu'il est assez roüy & naisé : cela fait, on le bat pour s'en seruir : car il n'y a meilleur cordage, ny qui se maintienne mieux & en eau douce, & en eau salée, que cetuy. Toutefois les cordes de chaume sont meilleures en lieu sec, que celles de genest. Au contraire la corde de genest se nourrit en l'eau, comme s'il se vouloit recõpenser de l'alteration qu'il auroit apportée au territoire sec & alteré, où il croist ordinairemẽt. Encores a-il cela de propre, qu'il est fort aisé à renouueller & à rafraichir : car pour vieil & vsé qu'il soit, il est bõ, meslé parmy de noueau. Et par ainsi, pour bien considerer la nature diuine & miraculeuse de ceste herbe, regardons de combien on se sert du genest, soit à equiper nauires, ou à faire cordages pour massons & charpentiers ; &

comme on l'empoye à mille autres choſes, requiſe à l'entretien de ceſte vie. Et neantmoins le tout qui fournit & ſatisfait à tout cela, (qui eſt le long des coſtes de Cartagena la Nueua) ne ſçauroit auoir trente milles de large, & quelque peu moins de long. Et de fait, ſi la deſpence n'y eſtoit ſi grande, on y traffiqueroit en ceſte marchandiſe bien loing. Quant aux Grecs anciens, ils faiſoient leur cordages de ioncs : car encores les ioncs en retiennent le nom, en leur langue: du depuis ils s'accoutumerent à faire leurs cordages de feuilles de Palmiers & de teille de tillet: de ſorte que ie tiēs pour certain que les Cartaginois trouuerent là l'inuention de naizer & rouïr les geneſts. Au reſte, Theophraſte dit, qu'il y a vne certaine plante bulbeuſe, qui croiſt le long des riuieres ; laquelle porte vn certain cotton, entre ſa premiere peleure, & la partie qui eſt bonne à manger en ceſte herbe, duquel on fait des toiles & des napes: Mais il ne met point la Region où cela ſe fait, & n'en parle point d'auantage: horſmis qu'en certains exemplaire, i'ay trouué qu'il appelle ceſte plante bulbeuſe, Eriophorum. Et certes encores que Theophraſtre ait eſté fort diligent & curieux à recercher les ſimples, toutesfois il ne fait point mention du geneſt: & s'il n'y a que CCCCXC. ans qu'il eſt decedé, comme des-ja nous auons dit: en quoy il appert que la maniere d'accouſtrer le geneſt a eſté inuentée depuis. Au reſte, veu que nous-nous ſommes jettez ſur les miracles de nature, nous les pourſuiurons. Et certes, il faut bien admirer nature, qui fait viure certaines choſes, ſans raſme ni filamés. Ce ſont les truffles dont nous parlons, lesquelles croissent en terre, sans racines, ny filamens, & sans que le lieu où elles viennent en soit plus bossu, ny qu'il aye aucune apparence de fente, ny creuasse ; mesmes elles ne tiennẽt point à la terre où elles croissent : & toutefois elles ont vne certaine peleure & escorce, faite de telle sorte, qu'on diroit que c'est vne pelotte de terre. Et neantmoins on ne sçauroit dire que ce fut terre, encores qu'à la verité ce soit terre amassée. Les truffles donc viennent és lieux sablonneux, parmy les boccages & buissons : on en trouue quelquefois d'aussi grosse que de põme de coing, mesmes qui poisent vne liure. Et toutefois on en trouue de deux especes : car il y en a de sablonneuses, qui gastent les dents : & d'autre qui ont la chair pure, & vnie : il y en a aussi de rousses, de noires, & de blanches : mais les meilleures de toutes, & les plus estimées, viennent de Barbarie. De sçauoir determiner resoluemẽt si ceste imperfection de terre (car les truffles ne viennent iamais en bon terroir) prend en vn instant le creu qu'elle doit auoir, ou si elle croit par traict de temps, & si elle à vie, ou non, ie tiens qu'il seroit bien difficile. Biẽ peut-on dire qu'elles sont subjettes à putrefaction, comme le bois. Au reste il n'y a pas long temps que Lartius Licinius, iadis preteur à Rome, & pour lors gouuerneur d'Espagne, mordant en vne truffle à Cartagena la Nueua, rencontra auec la dent vn denier Romain ; de sorte qu'il s'y gasta vne dent de deuant : en quoy on peut veoir les truffles estre faites d'vn certain amas de terre, qui s'amasse comme à vn durillon : comme aussi sont toutes choses qui croissent naturellement, & qui ne se peuuent ne semer ny planter.

Chap. XII.

EN Corene de Barbarie, y a vne sorte de truffles, dictes Mysi, qui sont souuerainement bonnes, aussi sont-elles plus charnuées, & plus poulpuées que les autres. On en trouue aussi de fort exquises en la Region de Thrace, mais elles sont cornuées, aussi les appellent-on ceraumes. En somme, pour parler resoluëment du fait des truffles, on tient pour certain, que quand l'Automne est fort pluuieux, & que l'Air est souuent esmeu de tonnerre en ce temps-là, alors y aura bonne saison de truffles, & principalement quand il tonne fort. On dit aussi que les truffles ne durent qu'vn an, & qu'elles sont plus tendres au Prin-temps qu'en tout le reste de l'année: & neantmoins il y a des contrées où les ruisseaux & cours d'eaux engendrent les truffles: comme à Mitileue, où n'y a autres truffles que celles qui viennent des ragaz d'eaux, qui les amenent de Tiara, qui est vn lieu fort peuplé de truffles. Quãt aux truffles d'Asie, les meilleures s'apportent d'aupres de Cirse, & d'Alopecõnesus: mais les parangõnes des truffles de Grece, viennẽt au territoire Beluedere de la Moree. Item y a vne sorte de champinons plats, que les Grecs appellent Pezicæ, qui aussi n'ont ny ceue ny racine. S'ensuit l'illustre Laserpitium, dit par les Grecs Philphium, qui premierement fut decouuert en la Region de Corenne en Barbarie. Le Laser est faict & tiré du jus de ceste Plante, lequel est si magnifique, & tant singulier, qu'on le vend au pris d'vn denier d'argent : & neantmoins il y a long temps qu'õ n'en trouue plus de profit: & mettẽt le bestail parmy ces plantes, & les gastent par ce moyen. Toutesfois encores y en trouua-on vne plante, qui fut apportée par grande singularité à l'Empereur Neron. Pour cognoistre donc quand il y aura du Laserpitium en vn pasquier, il faut prendre garde à la montonnaille & aux cheures : car la montonnaille s'endormira incontinent qu'elle en aura tasté, & la cheure esternuera. En somme il y a long temps qu'on n'a veu en Italie d'autre Laser que celuy qu'on amene de Perse, & Mode, & d'Armenie, où il croist en grande abondance: mais il ne dit rien au regard de celuy de Corenne : & neantmoins encores le sofistique-on auec de gomme, ou auec de Sarapinum, ou auec des febues cõcassées. Et par ainsi ie ne veux obmettre la singularité qui fut veuë à Rome, l'an du Consulat de Caius Valerius, & de Marcus Homerius : car on apporta de Corene en ce temps-là trente liure de Laserpitium, qui furent veuës publiquement à Rome. Item au commencement de la guerre ciuile, Iules Cesar tira hors de la chambre du tresor cxi. liures de bon Laserpitium, qui estoiẽt gardées comme reliques, parmy l'or & l'argẽt du tresor de Rome. Au reste, les plus renommez autheurs d'entre les Grecs, ont laissé par escrit, que sept ans auant la fondation de la Cité de Corenne, qui fut fondée cxliii. ans apres Rome, ceste herbe s'engendra en vn instant ; d'vne certaine pluye grasse & empoissee, qui tomba és enuirons des vergers Hesperiens, & vers le grand Baxos de Barbarie : & que ceste manne s'estendit enuiron quatre mille stades de païs en Barbarie. Diẽt dauãtage, que elle craint tant d'estre cultiuée, qu'elle aime mieux les lieux deserts, que de s'absujetir à la culture de l'homme. Disent outre, que ceste herbe iette plusieurs racines, qui neantmoins sont grosses, & massiues, & produit vne tige comme celle de Ferulla; non toutesfois si grosse: ses feuilles, qu'ils appellent maspetum, retire fort à l'asche. Quant à sa graine, elle est plate & mince comme vne feuille. Et touchãt sa verdeur, Ses feuilles tombẽt mesmes au Prin-temps. Disent d'auantage, que le bestail aime fort ceste herbe, & qu'elle luy est fort propre: car du commencement elle le purge; & apres l'auoir purgé, elle l'engraisse, & luy rend la chair de fort bon goust: Les feuilles donc de ceste herbe estant tombees, les anciens auoient accoutumé de manger ses tiges cuites sous la cendre, & bouillies: & de fait, cela ne leur seruoit qu'à les purger les premiers quarante iours de leur diete: & quant à son ius, on le tiroit en deux sortes, à sçauoir de la racine, & des tiges, & appelloit on le ius des racines Rhizias: & l'autre caulias, qui estoit plus sujet à putrefactiõ que celuy des racines, aussi estoit-il bien à meilleur marché: Touchant la racine de Laserpitiũ, elle a l'escorce noire: dont aussi on se sert à sofistiquer plusieurs drogues. Et quãt à la maniere d'accoustrer le ius de Laserpitium, apres l'auoir versé en vn vase, ils mesloient du sang parmy, auec lequel ils le debattoient tant, & si souuẽt, qu'en fin ils luy faisoient perdre toute sa crudité & verdeur: car sans cela il n'eust esté de durée, ains se fut corrompu incontinent: cependant ils regardoient bien quelle couleur il chargeoit, & quand il estoit sec : car ils cognoissoient à cela quand il estoit assez battu. Au reste, il y en a d'autres qui disent la racine de Laserpitium passer vne coudée en grosseur, & qu'elle a vn certain durillon, qui paroist sur terre, lequel estant incisé, rend vn certain ius blanc cõme laict: & que de ce durillon sort la tige, qu'ils appellent Magidaris. Disent d'auantage, que ceste herbe iette vne certaine graine dorée, en lieu de feuilles, laquelle tombe au commencement des iours caniculaires, au premier vent Meridional qui tire. Item que le Laserpitium vient de ceste graine, qui tombe aussi: & que la racine, ny la tige de ceste plãte ne dure qu'vne saison. Disent outre, qu'on auoit accoustumé de dechausser ceste herbe, & qu'elle ne sert à purger le bestail, ains à le guerir quand il est malade : de sorte que, ou elle fait mourir soudain le bestail malade (ce qu'aduient peu souuent) ou bien elle le guerit en vn instant. Toutefois la premiere description de Laserpitium se rapporte à celuy qui croist en Perse : il y en a encores vne autre espece, dite Magydaris, qui croist és lizieres de Surie: mais il est plus tendre, & est moins vehement que l'autre, & s'il n'a point de ius. Et de fait, on ne trouue point de ceste espece de Laserpitium en Barbarie. Item on trouue au mont Parnassius grande quantité d'vne certaine herbe, qu'ils appellent aussi Laserpitium, auec laquelle on sofistique ce diuin Laser tant celebré & tãt renommé. Toutefois, pour cognoistre le bon Laserpitium, il fault en premier lieu qu'il tire sur le roux en dehors, & qu'il soit blanc & transparant en dedans,

quand

quand on le rompt. Item il se fond quand on iette d'eau dessus, ou quand on le detrempe auec de saliue. Finalement fault notter que ce Lazer est souuerain à plusieurs maladies : aussi entre-il en plusieurs compositions medecinales. Au reste il y a encore deux autres herbes de mesme estoffe, qui sont bien cognuës du simple populaire, lequel en tire de bons deniers. Car en premier lieu, y a la garence, dont les teinturiers de draps de laine, & les affaicteurs de cuirs se seruent grãdement, pour leur donner couleur. Et de fait, la meilleure garence qu'on puisse trouuer, c'est celle d'Italie, & principalement celle qui vient és faux-bourgs de Rome. Et neantmoins on en trouue ordinairement par tous pays: car elle vient de soy-mesme, encore que quelquefois on la seme, comme on fait l'eruilia. La garence donc a sa tige aspre, & nouée, & a cinq feuilles disposees en rond, à chasque nœud, & produit vne graine rouge. Quant à ses vertus & proprietez, nous en parlerons cy apres. Touchant l'herbe aux foulons, dite des Latins Radicula, elle a vn ius fort propre à blãchir, & à degresser la laine: de sorte que c'est quasi chose miraculeuse comme elle la rend blanche & delicate. Celle qu'on seme prend par tout: toutesfois il y en a de fort bonne sauuage en Natolie, & en Surie, laquelle vient parmy les rochers & és lieux aspres: la meilleure neãtmoins de toutes, viẽt de delà du fleuue Euphrates: laquelle iette vne tige mince comme le fenoil, que les gens dudit pays mangent. Et neantmoins la faisant bouillir auec quelque chose que ce soit, elle la teint, & luy dõne couleur. Ceste herbe a la feuille semblable à celle d'Oliuier, & est appelée des Grecs Struthion : elle iette la fleur en esté, qui est fort belle à veoir, encores qu'elle soit sans odeur. Item ceste herbe est piquante, & produit sa tige bourruë, sans ietter aucune graine, sa racine est grosse, laquelle fault coupper menu, pour s'en seruir à ce que dessus.

Le Philosophe Theophraste liure 4. chap 9. de son histoire des Plantes, & le mesme Pline liure 13. ch. 11. font mention que les Anciēs se seruoient du Papyrus pour en faire des voiles, des nattes, des matteras, des cordes, & des linges ; & que le Roy Antigonus n'vsoit d'autres cordages que de ce Papyrus en tout son equipage de mer ; car la maniere de naizer les Genests n'estoit encor inuētée. Voyez ce que escrit Iacques Daleschampt en ses Commentaires sur ce chap. 11. dudit Pline cy dessus allegué, & Guillaume Rouille liure 10. chap. 9. & 10. de son histoire des Plantes, parlant des herbes tomenteuses. Et pour retourner à nos arbres portelaines, Iean Mandeuille Cauallier, en ses voyages, chapitre *De vna terra quelos arbres porten lana*, a dit ce que s'ensuit, *Daquella terra s'en va-on per la terra de Vaqre où ell his maluades Gents, & molt cruells : en aquella terra à arbres qui porten lana axi com les Oueylles, de laquells ells fan drap per vestir.* P. Belon liu. 2. chap. 60. de ses singularitez, fait mention de ces Arbres portelaines, croissants en grande quantité és Regions des enuirons de la mer rouge, disant, Ie trouue qu'Herodote a premierement fait mention de ces Arbres portelaines, suiuāt lequel Theophraste, Pline & plusieurs autres en ont escrit. Ces arbres sont du nombre de ceux qui demeurent tousiours verds, leur laine est plus fine que la soye, de laquelle les Arabes filent de tresbeaux linges, plus deliez & fins que ne sont ceux qui sont faits de fine soye, & plus blancs que ceux du cotton. Ce qui se peut bien preuuer par ces pommes que i'en ay rapportées & mõstrées, esquelles y auoit grande quantité de laines. F. Broccard Religieux en sa description de la terre Saincte, chap. de la fertilité de ladite terre Saincte en a autant escrit que ledit Belon cy dessus. Les modernes voyageurs tiennent que tous les arbres porte-laines ne sont autres que les arbrisseaux qui portent le cotton, lesquels croissent en grande abondance en Cypre, Crete, Malte, Sicile & plusieurs lieux d'Italie, & autres Prouinces & Regions de la terre ; mesme aux Indes Occidentales : & lesquels arbrisseaux sont assez cogneus pour le iourd'huy par toutes sortes de personnes. Prosper Alpinus liu. des Plantes d'Egypte chapitre 18. descrit vne autre espece d'arbre de cottõ que les communs. C'est assez parlé des arbres porte-laines, venons maintenant à traicter des arbres porte-soyes. Le grand Poëte Virgile au liure 2. de ses Georgiques en a fait mentiõ, disant que la soye prouenoit de certaines feuilles d'arbres, croissants au pays des Seres, autremẽt du Cambalu.

Quid nemora Aethyopum molli canentia lana
Velleraque vt folijs depectant tenuia Seres.

Pline liure 6. chap. 17. *Primi sunt hominum qui noscantur Seres lanitio syluarum nobiles, perfusam aqua depectentes frondium canitiem, vnde geminus fœminis nostris labor retordiendi fila ; rursumque texendi tam mul-*

tiplici opere, tam longinquo orbe petitur vt in publico Matrona transluceat: Les Seres sont les premiers des hommes qui ont esté recogneus par le fait de la marchandise de cotton & soye, qu'ils tirent des feuilles des Arbres, lesquelles ils raclẽt; & apres les auoir trempées en eau, ils les cardent & filent, & en font des toiles de soye de plusieurs façõs: Aussi nos Dames ont double peine apres ces toiles, car elles sont cõtraintes les deffaire & desourdir, pour par apres les faire à leur fantasie. Et voila la peine qu'on a, & les Regions qu'il faut circuir, pour donner lustre à la chair d'vne Damoiselle, par dessous vn crespe ou vne toile de soye. Solin chap. 53. *de Seribus & Serico vellere*, en son Polyhistor: *Sic in tractu eius oræ quæ spectat æstiuum orientem vltra inhumanos situs, primos hominum Seres cognoscimus qui aquarum aspergine inundatis frondibus, vellera Arborum adminiculo depectunt liquoris, & lanuginis teneram subtilitatem humore domant ab obsequium. Hoc illud est Sericum in vsum publicum damno seueritatis admissum & quo ostentare potius Corpora quam vestire, primò fœminis nunc etiam viris persuasit luxuriæ libido.* Alexandre le Grãd en vne sienne epistre Grecque, enuoyée du Sit de l'Indie: Les Seres est vne gent & Nation, laquelle tirant certain cotton ou bourre des feuilles des arbres, fait de la toison de ces feuilles Syluestres des vestemens. Le Poëte Senecque,

Quæ fila Ramis vltimis
Seres legunt.

Le Poëte Claudian:

Stamine quod molli tondent de Stipite Seres:

Et en son 1. liure in Eutropium:

Te folijs Arabes ditent, te vellere Seres.

Dionysius en son liure du Sit du Monde,

Gentes Barbaræ Serum
Varios depectentes deserte flores terræ
Vestes faciunt varij artificij pretiosas
Similes colore pratensis floribus herbæ,
Illis nequaquam opus aranearum certauerit.

Suidas en son dictiõnaire en dit presque autãt, parlant des Seres ; aussi fait Ammian Marcellin en ses œuures, *Abũde syluæ sublucidæ, à quibus arborum fœtus aquarum asperginibus crebris velut quædam vellera mollientes ex lanugine & liquore admixtam subtilitatem tenerrimam pectunt nentesque subtegmina conficiunt sericum ad vsus.* C'est pourquoy Arrian en son Periple appelle la Soye νῆμα σηρικὸν, & Denis liure 13. σηρικὸν ὑφασμα πολυδαίδαλον βαρβάρων ἔργον, & Strabo liu. 17. σηρικὰ ἐκ τινῶν φλοιῶν ξαινομένης βύσσου, Tertul. en son liu. de l'habit des femmes, *si ab initiō Seres arbores nerent.* L'autheur du liu. des merueilles du mõde: La Region des Seres est ainsi nommée, pource que là croist la Soye à moult grande abondance en certains Arbres : & semble que ce soit mousse, laquelle les gẽs du pays cueillent, & en font des draps de soye. I. Daleschampt en ses Comment. sur le chap. 23. du liure 11. de Pline cy dessus, a laissé par escrit, auoir veu de telles feuilles que les susdites, qui auoient esté apportées de Perse & Arabie, lesquelles estoient semblables à celles du Meurier, mais plus estroites & longues vn peu ; dans lesquelles il y auoit des Cocos de soye, que les vers à soye, qui estoient dedans iceux, auoient filé auparauant, sans industrie humaine, ains de leur seul naturel. Au contraire des Autheurs susnommez, le grand Aristote liure 5. cha. 19. de son histoire des Animaux, a escrit ce que s'ensuit, ἐκ δὲ τινὸς σκώληκος μεγάλου, ὃς ἔχει οἷον κέρατα καὶ διαφέρει τῶν ἄλλων, γίνεται πρῶτον μὲν μεταβάλλοντος τοῦ σκώληκος κάμπη, ἔπειτα νεκύδαλος, ἐκ δὲ τούτου βομβύλιος, ἐν δ᾽ ἓξ μησὶ μεταβάλλει ταύτας τὰς μορφὰς πάσας. ἐκ δὲ τούτου τοῦ ζώου καὶ τὰ βομβύκια ἀναλύουσι τῶν γυναικῶν τινὲς ἀναπηνιζόμεναι, κἄπειτα ὑφαίνουσι. πρώτη δὲ λέγεται ὑφᾶναι ἐν Κῷ Παμφίλη Λάτους θυγάτηρ. D'vn certain grãd ver qui a des cornes, & est different des autres : Premieremẽt de ce ver, estant mué, il naist la chenille, puis le ver nommé Bombylius : & de ce Bombylius, Necidalus : durant six mois iceluy ver est mué en toutes ces formes : de ce ver les femmes cardent & filent la soye : & dit-on que Pamphila, fille de Latous, fut la premiere laquelle carda & fila de la soye en Co. *Vnde Coa vestis.*

Tibullus

Illa gerat vestes tenues, quas fœmina Coa Texerat.

Ouide

Siue erit in Cois, Coa decere putat.

Pline liure 11. chap. 22. en a ainsi parlé : La quatriéme espece des mouches, est celle qui engendre les vers à soye : Elles viennent en Mosul, & sont plus grosses que les precedẽtes : Elles font leurs nids de bouë, lesquels sont attachez contre le roc, à mode de sel : & sont si durs, que mesme les ferrements n'y peuuent entrer : Elles rendent là dedans plus de cire, que ne font les mouches à miel : aussi font-elles vn ver beaucoup plus grãd que les autres mouches. Ceste race aussi s'engendre en vne autre sorte, à sçauoir d'vn ver qui a son espece à part, & est assez grand & gros, & a deux cornes. Ce ver produit certaines chenilles, lesquelles engendrent ce qu'on appelle Bombylius, duquel sort le ver qui produit le producteur de la soye, & le tout en six mois. Ces derniers vers font vne toile de soye, à mode d'araigne, dõt nos Dames sont fort curieuses pour se parer. La premiere qui trouua l'inuention de deffaire ces toiles, pour se seruir de la soye, & en faire de toile clere, fut Pamphile, fille de Latous, de l'isle de Co : laquelle certes ne doit estre priuée de l'honneur qu'elle a acquis, d'auoir rendu nos Dames vestues comme nuës.

Le mesme Pline au chap. 23. ensuiuant des vers de soye de l'isle de Co, autrement de Lango: On dit qu'en l'isle de Lango, on trouue des vers à soye, qui s'engendrent des fleurs qui tombent par la pluye des Terbentins, Fresnes, Chesnes, & Cypres : lesquels sont par-apres viuifiées des vapeurs sortans de la terre: Et dit-on que du cõmencement ce sont comme petits Papillons nuds, lesquels neãtmoins se font velus, & s'arment cõtre le froid d'vne robbe fort espesse. Ces bestes ont les pieds aspres : aussi auec iceux elles raclẽt tout le cottõ qu'elles peuuẽt aggraffer sur les feuilles d'arbres, pour en faire leur soye. Par-apres, elles l'amassent en vn blot, & foulẽt leur soye auec les pieds, & la cardent auec les ongles. Cela fait, elles pendent leur soye entre les brã-ches des arbres, & la pignent, pour la rendre subtile & viue : puis elles s'enueloppent & s'entortillent dedans, comme en vn ploton de soye. Alors on les prend, & les met-on en pots de terre pour les tenir chauds, où on les nourrit de son, & ce en lieu chaud, iusques à ce que ces animaux soient cõme renouuellez, & qu'ils chargent aisles comme auparauant : alors on les lasche, pour retourner à leur besongne. Quant à la besongne qu'ils ont laisſée faite, elle eſt ſi humide, que la ſoye commence à relentir : ſi bien qu'on la peut filer auec vn fuſeau de canne, ou de roſeau. Et c'eſt comme ſe fait la ſoye, laquelle les hommes n'ont eu honte de charger pour s'habiller plus à la legere en Eſté. Tant s'en faut qu'on vueille porter le harnois, & le corcelet, que meſme les robbes ſont maintenant trop peſantes. Ce neātmoins encores n'a-on point touché à la ſoye Aſſyrienne, laquelle eſt reſeruée aux Dames. Pauſanias Autheur Grec, en ſes Eliaques poſterieures en a dit ce que s'enſuit, au rapport de Cælius Rhodiginus liure 16. chap. 10. de ſes diuerſes leçons: & Alexandre d'Alexandrie liure 4. chapitre 9. de ſes Iours geniaux: Les filets deſquels vſent les peuples appellez Seres, ne procedēt d'aucunes Plantes, car en leur pays il naiſt vn certain ver que les Grecs nomment Sezem, eux autremēt, de grandeur deux fois ſemblable à vn grand Scarabée, mais ſemblable au reſte à vne araigne, lequel ils nourriſſent diligemment, luy faiſant de petites cachettes pour l'hyuer & pour l'Eſté : & iceluy file ſur les arbres de ſes pieds, qui ſont huict en nombre, ainſi que les araignes; eſtāt nourry de pains par l'eſpace de quatre ans : & au cinquieſme (car la vie d'iceluy n'eſt de plus longue durée) ils luy donnent des roſeaux vers, deſquels ceſt animal eſt grandement friand: & eſtant engreſſé de cela, il creue; & de ſes entrailles les Seres tirent leurs trames de ſoye.

Seruius commentateur de Virgile, en ſes Commentaires ſur le paſſage du 2. des Georgiques cy deſſus allegué dit ces parolles ſequentes : *Apud In-*

dos & Seres sunt quidam in arboribus vermes qui Bombyces appellantur, qui in Araneарum morem fila tenuissima deducunt, vnde est Sericum, nam Lanam arboream non possumus accipere, quæ vbique procreatur. Vn peu apres il dit : *Depectant, decerpant sed alij, depectat, legunt quod si est Seres posuit pro Ser, sicut trabes pro trabs, Sic Lucanus Poëta.*

Sub iuga iam Seres iam barbarus esset Araxes.

Iulius Pollux, Autheur Grec, liure 7. de ses Onomastiques en parle ainsi, ἔνιοι δὲ καὶ τοὺς Σῆρας ἀπὸ τοιούτων ἑτέρων ζώων ἀθροίζειν φασὶ τὰ ὑφάσματα. Quelques-vns disent que les Seres recueillent de ceste maniere de vers & autres animaux, leurs draps de soye: & encor τὰ δὲ ἐκ βομβύκων σκώληκες εἰσὶν οἱ βόμβυκες, ἀφ' ὧν τὰ νήματα ἀνύονται, ὥσπερ ὁ ἀράχνης, des Bombyces sont & procedent les vers à soye, qui filent leur soye ainsi que l'araigne. Clement Alexandrin en ses œuures parle de ces vers à soye en ceste forme: Des vers à soye procede vn insecte, nommé Hirsuta Campe, de cestuy vn nouueau appellé Bombylios, ou selon aucuns Necydalus, qui puis-apres ourdit sa soye ainsi que les araignes.

Hierosme Cardan liur. 7. chap. 28. de la varieté des choses, dit à ce propos, que les vers à soye, ainsi que les chenilles, ont diuers noms & appellations, selon leurs changemens de forme : Commençans à s'esclorre de leurs œufs ou graine, en-tant qu'ils mangent, ils sont nommez Vers : puis quand ils se couurent d'vne peau fort dure & forte en forme ronde, estant immobiles & informes, ils sont appellez Chrysalides & Aureliæ, puis sortans de ceste forme ronde, ils sont nommez Nymphiæ: puis en ſin Papiliones ; donc les Aureliæ ſont les vers , qui apres auoir veſcu quelque temps en forme de vers, ſe mettẽt en vn pelotton ſans diſtinction de membres, ſans manger, & ſans rendre aucuns excrements, eſtant couuerts d'vne peau dure, qui les rend immobiles, à cauſe dequoy ils ſont appellez encor Chryſalides : Nymphæ ſont ceux qui entrẽt en la forme de papillon, pour engendrer des œufs, ou graine : Et les papillons, ſont ceux qui volent & meurent en l'Automne apres auoir fait leurſdits œufs ou graines. Entre les recents I. Daleſchampt en ſes Comm. ſur le chap. 23. du liure 11. de Pline cy deſſus allegué, eſcrit que quãd le ver à ſoye commence à vouloir filer, & ſe retirer à cachette pour ce faire, il eſt nommé Bombylius, non du ſon appellé par Feſtus Bombyzatio, mais à Bombirio, c'eſt à dire de la ſoye qu'il ourdit : *vnde bombycina Veſtis* : Et que les papillons ſont appellez par Ariſtote νεκυδάλος, ἀπαλλαττομένους νεκύων : Comme Renais, deliurez de la mort, & reſtituez en vie par la mutation de leur forme ou νεκυωθέντας, c'eſt à dire νεωθέντας καὶ προσφάτως ἐξαλλομένους dernier reſſents, & nouuellement renaiſſants ; Quand ils volent ils ſont nommez Necydali, puis ayant fait leurs œufs & ſemence qui ſont noirs, ronds & fort petits comme les graines du Iuſquiame, ou herbe de Petum ou Nicotiane, iceux viennent à mourir vers l'Automne, & ne viuent plus long temps. Quoy que s'en ſoit, les Anciens Romains vſoient fort peu de ſoye en leurs habits & accouſtremẽts, ainſi que recite Corneille Tacite liur. 2. de ſes Annales, diſant que du temps de l'Empereur Tybere il fut fait vne ordõnance que les robes de soye ne fussent aucunemēt portees, par quel grand & riche qui fut. Valentinian l'Empereur en son temps renouuella ceste deffence l. 1. c. de vestib. olober. Lampride escrit que l'Empereur Heliogabale fut le premier qui porta vne robbe toute de soye, que les Grecs appellent ὁλοσηρικά. Vopiscus en son Aurelianus recite que de son temps la liure de soye se vendoit à la liure d'or. Procope liure premier de la guerre Persique, & Alexandre d'Alexandrie liure 4. chap. 9. de ses Iours geniaux, asseurent que auant le temps de l'Empereur Iustiniā, la soye qui prouiēt des vers à soye tels que nous les auons de present, n'estoit aucunement en vsage en Italie, Grece, Espagne, & France, ains seulemēt la soye prouenant des feuilles des Seres: & que du temps de cest Empereur certains Moynes Asiatiques furent les premiers qui apporterēt en Grece des œufs ou semence des vers qui la filent, d'vne ville d'Indie, ou Inde, nommée Syrindie, nom feint (ainsi que veulēt quelques vns) de ces deux dictions cy Seres, & India; Car les Seres ainsi qu'escriuent Ptolomée table 11. d'Asie, & Estienne au liure des Villes, estoient certains peuples d'Indie, dont vint premierement l'vsage des soyes, que leur produisoit vne maniere de petit ver, dit σηρ en Grec: Surquoy quelques modernes Voyageurs ont laissé par escrit que Seres est en Tartarie, vn lieu d'où on apporte en Perse & en Turquie grande quantité de soye: ce que confirme I. Cesar Scaliger exercit. 158. à H. Cardan: ce qui est aisé à croire, attendu que M. Paule Venitien en ses voyages de Tartarie rapporte, que vers l'Asie

Orientale les villes du Cathay sont remplies de toutes sortes de soye, procedant des vers qui la filent : Dauantage A. Theuet liure 12. chap. 9. de sa Cosmograph. escrit que les Egyptiens luy ont quelquefois asseuré, que ils auoient esté ceux qui ayant recouuert des vers à soye du pays de Cambalu & Cathay, ont les premiers donné cognoissance d'iceux & de la soye aux Grecs, Italiens, & autres Europeens, ainsi qu'il est contenu en l'histoire des Barbares Asiatiques. Et pour ne laisser rien en arriere qui serue à la cognoissance des vers à soye cy-dessus descrits, nous apprendrons que la premiere chose est de faire naistre les vers qui font ladite soye, & les nourrir & alimenter. Ce qui se fait en ceste maniere: l'on prēd ces petits œufs, ou semence que les vers ont fait en l'Automne precedent, & enuiron la my-Auril apres, on les met au sein, ou en lieu chaud, ou au Soleil en vne piece, ou sur du cotton, ou sur du papier, ou linge, iusques à ce que les vers viennēt à naistre & proceder d'iceux: lesquels lors qu'ils escloent sont noirs & pelus, on leur baille à manger des feuilles de meurier tant qu'ils mangent : Ce que remarque Ange Politian en son rustique.

Mox vbi iam sapiens cœpit frondescere Morus,
Ante quidem sapiens nunc ambitiosa nec vllum
Quæ pariat pomum, sed sereia pensa ministret.

Et dit-on que apres qu'ils sont naiz ils mangent dix ou douze iours, iusques à ce qu'ils dorment, & dorment trois ou quatre iours sans rien mãger, & appelle-on cela dormir de la brume : & puis ils se resueillent, & mangent l'espace d'autre huit ou dix iours, & puis ils dorment vne autrefois comme auparauant, & cela s'appelle dormir de la blanche : estant reueillez ils mangent encor par l'espace de huit ou dix autres iours, & puis ils dorment vne autrefois, & puis estant reueillez, ils mangent autres huit iours, & dorment vne autrefois, & cela s'appelle dormir de la grosse : & se leuans ceste quatriesme fois, ils ne dorment plus, & mangent encor dix ou douze iours, & se font grands & luisans, & ne veulent plus mãger, & ceux qui les gouuernent le cognoissent, en voyant qu'il sort de leur bouche de la soye, & les prennẽt & mettent sur des branches de genests, lesquelles à cause de leur asperité, sont fort propres à retenir la soye, sur lesquelles branches ces vers filent leur soye, se renfermant tousiours au milieu de leur pelotton, qu'ils font comme vn petit œuf de pigeon, à l'entour duquel par le dessus il y a de gros fils de soye, comme de grosse laine veluë, appellez par les ouuriers Cocos: dans ce pelotton tout parfait & paracheué par le ver qui y est enfermé, iceluy ver se trãsforme en l'effigie d'vn petit enfant emmaillotté, puis en fin en papillon : Les ouuriers qui accoustrent la soye, tirent les pelottons des vers à soye des branches où ils sont, & gardent ceux qu'ils veulent pour les œufs & semence, & les enfilent en vn fil, & les attachent en vn lieu essuyé & sec, & en peu de temps les vers qui sont dedans cesdits pelottons, se changent en papillons, & sortent dehors, & les masles s'accompagnent des femelles, & font leurs œufs & semence pour les vers de l'année apres : puis ces papillons apres auoir fait leursdits œufs ou semence meurent; & ainsi en peu de mois ils naissent, croissent, font leur soye, se changent de forme, renaissent, font fruits, meurent, & laissent d'œufs vne tant grande & estrange merueille de nature, vraye preuue de la future resurrectiō de nos corps. En apres les ouuriers qui accōmodēt la soye, apres qu'ils ont fait leurs fuseaux, ils les font seicher au Soleil vn iour ou deux: & puis ils ont vne chaudiere sur vn fourneau, & la font bouillir, & y mettent la soye auec certaines choses qu'ils roulēt dessus ladite soye, laquelle estant accommodée, va entre les mains des ouuriers qui l'accoustrent sur des roüets, & puis elle va au fileur qui la file, & estant filée elle retourne és mains des femmes qui l'accommodent sur leurs roüets, & puis retourné au fileur pour la tordre, & puis elle va au Tainturier apres que le marchand l'a receuë: le Tainturier la cuit premierement auec de l'eau & du sauon, & puis il la taind de telle couleur que l'on veut, & la retourne au marchand, lequel la met aux cheuilles, auec lesquelles il la tire tresbien, & la fait deuenir luisante & belle: & puis elle est portée aux ouuriers qui l'assemblent sur certains canons, par lesquels le tisserant ou veloutier ourdit l'ouurage qu'il veut faire, & le vient à tistre comme il luy plaist, pour en faire des draps de soye de tant de façon que nous auons, mesme des velours que les Grecs nomment en leur langue βηρὺς, les Latins Serica, ainsi que remarque Cuias sur le liure 11. du C. de Iustinian, citant Zonaras & Balsamon in 12. Can. Gangrensi, lesquels interpretent ce mot βηροὺς σηρικὰ ὑφάσματα. Les Autheurs subsequēts ont parle amplement des vers à soye cy dessus. Sainct Ambroise liu. 5. chap. 23. Hèxameron, Ierosme Vida en vn Poëme latin de Bombyce. Vadian Epitome des trois parties de la terre, Polidore de Virgile liure 3. de l'inuention des choses, A. Musa Brassauole au commencement de son examen des Syrops, Lazare Baif en sa repetition de la loy, vestes de aur. & arg. leg. Cap. 5. & 6. R. Volaterran liure 27. de ses Comm. Barthelemy Cassanée liure 12. nombre 96. de son gloria Mundi, R. Constātin, & H. Estienne en leurs tresors de la langue Grecque sur le mot σηρικόν. Le discours des secrets de l'agriculture, & B. Vigenere en ses Commentaires sur le tableau de la chasse des bestes noires de Philostrate. Theodore Zuinger en son theatre : *Admirabile Creatoris in abiectissimo animaculo est, Vermis primum est, folliculo inclusus emoritur informis ; & folliculo denuo prodit Alatus papilio, statque insectum reptile, in volatile per medium Zoophyton motus atque sensus expers, admiranda metamorphosi commutatur, &c.* Voyez le Theatre d'Agriculture d'Oliuier de Serres, seigneur du Pradel, vn de mes bons amis, liure 5. chap. 15. de la cueillette de la soye par la nourriture des vers qui la font, & chap. 16. ensuiuant, de la preparation de l'escorce du meurier blanc, pour en faire du linge & autres ouurages.

Des Arbres porte-farines.

CHAP. XIII.

NOVS ne nous arresterons en cest endroit, à deduire & rapporter par le menu vne infinité de sortes & differences de farines prouenãs de plusieurs especes de grains, desquelles les Anciens faisoient du pain & autres viandes pour leur nourriture, ainsi que deduisent Theophraste en son histoire des Plantes, Pline liure 18. chap. 7. 8. 9. 10. & 11. de son histoire Vniuers. & Athenée liu. 3. chap. 15. 16. 17. & 18. de ses Dypnosoph. Seulement nous dirons que Ioseph Acosta Espagnol en son liure 4. chap. 16. de son histoire naturelle des Indes, tant Orientales qu'Occidentales, a escrit ce que s'ensuit:

Maintenant pour traitter des plantes, nous commencerons à celles qui sont propres & particulieres és Indes, & puis apres de celles qui sont communes aux Indes, & à l'Europe. Et pource que les plantes ont esté creées principalement pour l'entretien de l'homme, & que la principale dont il prend nourriture est le pain, il sera bon de dire, quel pain il y a aux Indes, & dequoy ils vsent à faute d'iceluy: Ils ont comme nous auons icy vn nom propre, par lequel ils designẽt & signifient le pain, qu'ils disent au Peru, Tanta; & en d'autres lieux, d'vne autre façon. Mais la qualité & substance du pain, dont ils vsoient aux Indes, est chose fort differente du nostre ; pource qu'il ne se trouue qu'il y eust aucun genre du froment, ny orge, ny mil, ny de ces autres grains dont l'on se sert en Europe à faire du pain : au lieu de cela ils vsoient d'autres sortes de grains & racines, entre lesquels le mays tient le premier lieu, & auec raison: le grain, qu'ils appellent mays, que l'on appelle en Castille, bled d'Inde, & en Italie grain de Turquie. Et ainsi comme le froment est le plus commun grain, pour l'vsage des hommes, és Regions de l'ancien monde, qui sont Europe, Asie & Afrique, ainsi aux endroits du nouueau monde, le grain de mays est le plus commun, & qui presque s'est trouué en tout les Royaumes des Indes Occidentales, comme au Peru, en la neufue Espagne, au nouueau Royaume, en Gatimalla, en Chillé, en toute la terre ferme: Ie ne trouue point qu'anciennemét és Isles de Barlouente, qui sont Cuba, saint Dominique Iamaycque, & saint Iean, ils vsassent du mays ; aujourd'huy ils vsent beaucoup de la Yuca, & Caçaui, dequoy nous traiterons incontinent: ie ne pense point que le grain de mays soit inferieur au froment, en force ny en substance : mais il est plus grossier, & engendre beaucoup de sang, d'où vient que ceux qui n'y sont point accoustumez, s'ils mãgent trop, ils deuiennent enflez & roigneux. Il croist en des cannes, ou roseaux, chacun desquels porte vne ou deux grappes, ausquelles le grain est attaché: & combien que le grain en soit assez gros, si est-ce qu'il s'y en trouue en grande quantité: tellement qu'en telles grappes, i'ay conté sept cens grains. Il le faut semer à la main vn à vn, & non pas espards ; il veut la terre chaude & humide, & en croist en plusieurs lieux des Indes en fort grande abondance: Et n'est point chose rare en ces pays de recueillir trois cens faneques ou mesure d'vne seiée de semence : Il y a de la difference entre le mays, comme il y en a entre le froment: l'vn est gros & fort nourrissant, & l'autre petit & sec, qu'ils appellent Moroche: les feuilles & la canne verte du mays est vn manger fort propre pour les mulles, & pour les cheuaux, & leur sert aussi de paille quand elle est seiche, le grain en est de plus de substance & nourriture pour les cheuaux que n'est pas l'orge. C'est pourquoy ils ont accoustumé en ces pays, de faire boire les bestes auant que leur donner à manger: Car si elles beuuoient apres, ce seroit pour les faire enfler, comme elles feroient ayant mangé du froment. Le mays est le pain des Indes, & le mangent communement bouilly, ainsi en grain tout chaud, & l'appellent Mote, comme les Chinoys & Iappons mesme mangent le rys cuit auec son eau chaude, quelquefois le mangent roty : il y a du mays rond & gros comme celuy du Lucauace, que les Espagnols mangent rosty, comme viande delicieuse, & a meilleure saueur que les buarbeuses ou pois rostis. Il y a vne autre façon de le manger plus delicieuse, qui est de moudre le mays, en ayãt amassé la fleur, en faire de petits tourteaux qu'ils mettent au feu, qu'on a accoustumé de presenter tout chaud à la table. En quelques endroits ils les appellent Arepas: ils font mesme de ceste paste des boulles rondes, & les accoustrẽt d'vne façon qu'ils durent & se conseruent long temps, les mangeans comme vn mets delicieux. Ils ont inuenté aux Indes, (pour friandises & delices) vne certaine façon de pastin, qu'ils font de ceste paste & fleur, auec du sucre, lesquels ils appellent Biscuits, & Mellindres. Le mays ne sert pas seulement aux Indiés de pain, mais aussi il sert de vin: car ils en font leur boisson, de laquelle ils s'enyurent plustost que de vin de raisins: ils font ce vin de mays en diuerses façons, l'apellant au Peru Acua, & pour le nom le plus commun és Indes, Chicha, le plus fort se fait en façõ de ceruoise, mettant tremper premierement le grain de mays iusques à ce qu'il se creue, & par apres ils le cuisent d'vne telle façon, & deuient si fort qu'il en faut peu pour abattre son homme: ils appellent cestuy-là au Peru Scota, & est vn breuuage deffendu par la loy, à cause des grands inconuenients qui en prouiennent, enyurant les hommes: mais cette loy y est mal obseruée, d'autant qu'ils ne laissent point d'en vser, ains passent les nuicts & les iours entiers à en boire, en dançans & ballans. Pline raconte que ceste façon de breuuage, qui estoit de grain trempé & cuit par-apres, auec lequel on s'enyuroit, estoit anciennement en vsage en Espagne, en France, & en d'autres Prouinces, comme aujourd'huy en Flandres ils vsent de la seruoise, faite de grain d'orge. Il y a vne autre façõ de faire l'Acua ou Chicha, qui est de mascher le mays, & faire du leuain de ce qui a esté ainsi masché, apres le faire bouillir: voire est l'opiniõ des Indiés, que pour faire de bon leuain, il doit estre masché par des vieilles pourries, ce qui fait mal au cœur à l'ouir seulement, toutefois ils ne laissent pas de le boire: la façon la plus nette, la plus saine, & qui fait moins de dommage est de rotir ce mays, qui est celle dont vsent les Indiens, les plus ciuilistez, & quelques Espagnols mesmes pour medecine: car en effect ils trouuēt que c'est vne fort salubre boisson pour les reins, d'où viēt qu'és Indes à peine se trouue-il aucun qui se plaigne de ce mal de reins, à cause qu'ils boiuent de ce Chicha. Les Espagnols & Indiēs, mãgēt pour friandise ce mays bouilly ou rosty, quãd il est tendre en sa grappe comme laict, ils le mettent au pot, & en font des saulses, qui est vn bon manger. Les rejettons du mays sont fort gros, & seruēt au lieu de beurre & d'huille: tellement que le mays és Indiens sert aux hõmes, & aux bestes, de pain, de vin & d'huille. Pour ceste raison le Viceroy Dom Francisque de Tollede, disoit que le Peru auoit deux choses riches, & de grande nourriture, qui estoit le mays, & le bestail du pays: à la verité il auoit raison, d'autant que ces deux choses y seruent de mil. Ie demanderay plustost que ie ne respondray, d'où a esté apporté le premier mays aux Indes, & pourquoy ils appelent en Italie ce grain tãt profitable, grain de Turquie? Car à la verité, ie ne trouue point que les anciens fassent mention de ce grain: combien que le mil (que Pline escrit estre venu de l'Inde en Italie, y auoit dix ans lors qu'il escriuoit) ait quelque ressemblance auec le mays: en ce qu'il dit que c'est vn grain qui croist en roseau, & se couure de sa feuille, ayant le coupeau comme des cheueux, & en ce qu'il est fertile. Toutes lesquelles choses ne se raportent pas au mil. En fin le Createur a de party & donné à chaque Region ce qui luy estoit necessaire. A ce continent il a donné le froment, qui est le principal entretenement des hommes: & au continent des Indes, il a donné le mays, qui tient le second lieu apres le froment, pour l'entretenement des hommes & des animaux. Iean de Mandeuille Cauallier, natif d'Angleterre, viuant & florissant en l'an de salut 1322. en ses voyages composez en langage Romanesque non encor imprimez, fait mention de certains arbres porte farines, croissans en vne certaine Prouince des Indes Orientales en l'Asie, disant, chap. *Dels arbres qui leuen farina. En aquesta terra ha multituts d'arbres qui leuen farina de ques fa molt bon Pa, e blanc, é de bona sabor, é ssemble que sia de forment, mas ell no es pas daquella sabor, & sius plau saber com se fa la farina en los arbres yo los diré, hom fer l'arbre ab vna axeta tot entorn de la Cana, & de san hom tota la escorça, laqual els posen a sechar per que torna farina bella & blancha*: C'est à dire en François: en ceste terre il y a multitude d'arbres qui portent farines, desquelles on fait de tresbon pain, blanc & de bõne saueur, lequel semble estre de froment, mais il n'est pas de telle saueur. Et s'il vous plaist sçauoir comment se fait ceste farine en ces Arbres, ie vous le diray: on ferit l'arbre auec vne congnée tout à l'entour de la Cane, & en oste-on toute l'escorce, laquelle on met seicher, & par ce moyen icelle se tourne en farine belle & blanche. Marc Paule Venitien, viuant & florissant en l'an de salut 1269. en ses voyages en l'Asie, composez en langue Italienne liure 3. chap. 19. parlant du Royaume de Fanfur, pres l'Isle de la petite Iaue, escrit qu'en ce Royaume il y croist certains arbres, gros & longs, ausquels ayant leué la premiere escorce, qui est subtile, on trouue leur bois gros & espais de trois doigts tout à l'entour, dedans lequel on y trouue certaine moüelle ou suc comme farine de Caruol, & que ces arbres sont si gros & espais, que c'est tout ce que peuuent faire deux hommes, que de les embrasser: la farine de ces arbres est mise dans certains vases plains d'eau, laquelle on remuë auec vn baston, & incontinent le gros & immondice d'icelle vient dessus, & la farine subtille au fonds, de laquelle estant purgée & separée de ladite eau, qui auoit seruy à la purger & nettoyer, on se sert en ce Royaume de Fausur, pour en faire des foüasses ou petites galettes: Et dit plus le susdit Marc Paule, que de ce Royaume il auoit apporté à Venise à son retour du voyage de Tartarie, de ces foüasses & gallettes, mais qu'elles ne sont si bonnes ne si sauoureuses que celles que on fait de farine de froment, ains telles & semblables en goust & saueur, que celles qui sont faites de farine d'orge: le bois de ces arbres est semblable à du fer, parce que aussi tost qu'il est lancé dans l'eau, il va au fond d'icelle, & se peut aisément fendre en droitte ligne d'vn bout à l'autre, comme vne Cane ou Roseau: & parce qu'ayant tiré sa moüelle & son suc, le bois ainsi que i'ay ja dit, demeure espais & gros de trois doigts: Les habitans de cedit Royaume s'en seruent à faire des lances & jagayes assez petites, parce que si elles estoient grandes & longues, on ne les pourroit pas porter, à cause de leur trop grande pesanteur: on aiguise le bout & la pointe de ces lances & jagayes au feu: qui les endurcit en telle sorte, qu'il semble que ce soit du fer bien aceré & bien trempé. Marc Antoine Pigafette en son voyage autour du monde, faisant mention de la terre du Verzin, escrit ce que s'ensuit, *Il lor Pane e bianco, rotundo, fatto di vna midolla di vno arbore, ma non e troppo buono*: Leur pain est blanc, rond & fait d'vne moüelle d'vn certain arbre, mais il n'est pas trop bon. Au mesme voyage, parlant de l'isle de Gilolo, dit: *Il loro Pane fanno di leguo di vn arbore in questo modo. Pigliano vna quātità di questo leguo molle, & cauanne fuori certe come spine lunge, poi lo pestano & a questo modo ne fanno pane, il qual per la maggior parte vsano quando nauigano & si chiama Sagu.* Frāçois Drack Anglois de nation, qui par le commandement de la Royne d'Angleterre fit, ce disoit-il, le cours de cest vniuers en sa nauigation, rapporta à ceste Princesse curieuse de chose rares, que en l'isle de Terenate ou Tarenate, proche de l'Equateur, en tirant vers le Pole arctique, il naist vne certaine Plante en forme d'arbre, le tronc de laquelle est gros comme la cuisse d'vn homme, sa hauteur est de dix pieds, & porte sa teste rōde, ainsi que la teste d'vn chou cabu, ou chou de pōme: au milieu il a & produit de la farine blāche, de laquelle le commun peuple de ceste Isle se nourrit & alimente en ceste façon: on l'amasse curieusement, & la moüille-on auec vn peu d'eau, puis-apres on la laisse là quelque peu pour la faire leuer, puis on la pestrit, & apres on la met en forme de petits quarreaux, ou tourteaux quarrez sur le foyer, où il y a du feu tout à l'entour, qu'on y entretient vif quelque peu de temps, apres lequel on trouue ces quarreaux ou tourteaux cuits, & ces quarreaux ou tourteaux, ou plustost pains ou galettes, sont de la grandeur de la paulme, & ne sont guere bons à manger, que tous chaults ou frais: que s'ils s'endurcissent, on ne s'en peut seruir que en forme de bouillie, les ayant premierement bien destrépé auec de l'eau chaude: Les Anglois, qui accompagnoient ledit Drack, n'en pouuoient manger aysément, à cause qu'ils n'ont pas beaucoup de goust: aumoins à ceux qui estoiét, comme lesdits Anglois, accoustumez au pain de froment ou seigle, mais ils les trouuerent tresbons apres qu'ils les eurent meslé auec vn peu de Poiure, Cinamonie, & Succre, & sont les fragments & pieces de ce pain diuisées en deux, en telle forme ou façon.

Le portraict des deux pains.

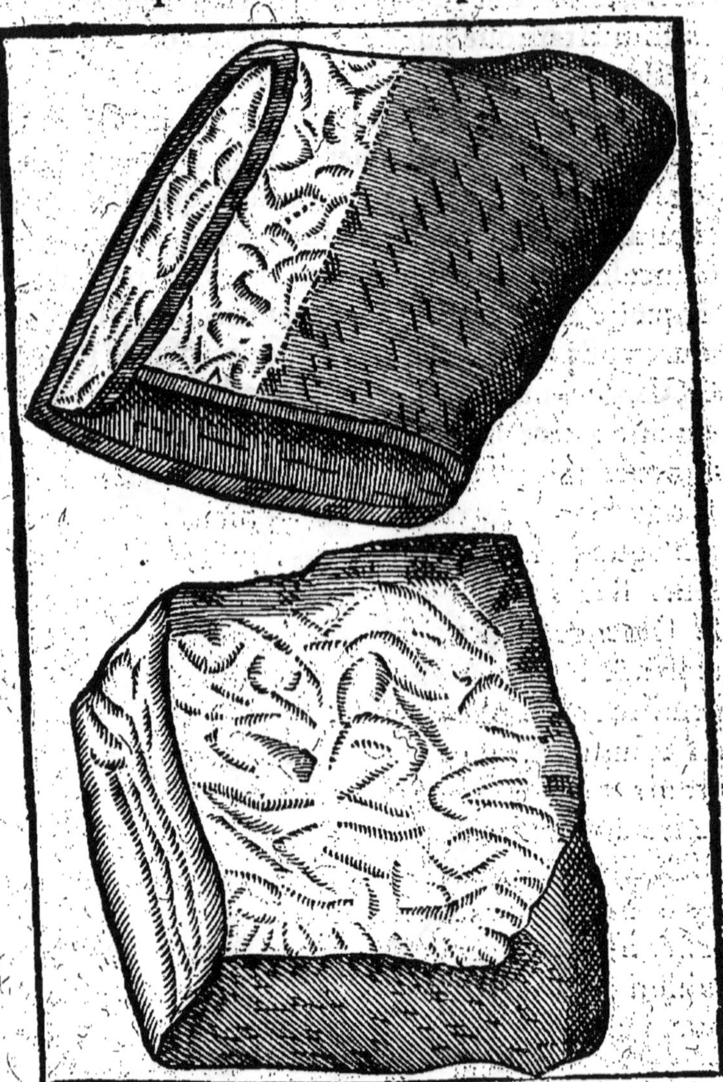

CHristofle Acosta en ses liures de l'histoire des Espiceries, descrit vne autre sorte de Galanga, que celle qui a esté descrite par Garcie ab Orte liure 1. chap. 40. des Espiceries des Indes, & liure des Medicaments simples cha. 332. & en dit ce que s'ensuit. Il y a deux sortes de Galanga, l'vne plus petite, mais qui sent fort bon, laquelle est communément apportée auec la Rheubarbe de la Region de la Chine en l'Inde Orientale, & de là puis apres en Portugal, appelée par les habitans où elle croist, Lauandou : l'autre plus grande, qui croist en abondance en la Iaue & en Malabar, la description de laquelle est telle : Elle est haute de deux couldeés, ou vn peu plus : quād elle vient en terre plus grasse, elle à ses feuilles semblables à celle du Couillon de chien de Dioscoride liure 3. mais vn peu plus longues & larges, au hault plus verdes qu'au bas, sa tige faite de certains enuelopemens de feuilles, ainsi que sont les feuilles du couillon de chien : leurs fleurs sont blanches sans aucune odeur, sa semence petite, sa racine ainsi que sa teste, crasse & bulbeuse, au reste semblable au Gingembre, mais plus grande, quelquefois portant ses sommitez comme celles des Afrodilles : elle prouient d'vne racine plantée en terre, & est appellée des Canarines & Brachmenes (entre lesquels elle est en grand vsage pour les maladies, tant des hommes que des cheuaux, & pour leurs salades, & miscollances qu'ils en font auec du ris & du poisson) Caccharu des Arabes, Caluegian : en la Iaue, Lancuax : en Malabar Cua : & est l'vsage de ceste racine tellement commune entre les habitans de Malabar, que non seulement ils s'en seruent pour la guerison de leurs maladies, mais aussi pour en faire de la farine, de laquelle, (ainsi comme du laict du Cocos ou noix d'Inde, en exceptant le Sura ou Iagra) ils paistrissent vne certaine espece de pain en forme de petites foüasses ou gallettes, qu'ils appellent en leur langue Apas : Et est ceste sorte de pain tenu pour delices, desquels on fait vser à ceux qui endurent des debilitez & frigiditez d'estomach, des douleurs aux intestins, des affections de Matrice, & difficultez d'vrine, lesquels en ayant vsé, s'en sentent grandement soulagez en leurs infirmitez & maladies, de quelque cause qu'elles puissent proceder. Voyez Rouille liure dix-huict chap. 91. & 127. de son hist. de toutes les Plantes peregines. Qui plus est Nicolas Monardes Espagnol liure 3. des Medicamens simples apportez du nouueau monde, parlant du Caçaui, sorte de pain, duquel les Indiens se nourrissent & substâtent y a si long temps, qu'ils n'en ont memoire aucune, escrit ce que s'ensuit. Apres Ouiede en son Epitome de l'histoire des Indes liu. 7. Gomara chapit. 71. de son histoire generale des Indes, & Ioseph Acosta liure 4. chapit. 17. de son histoire Natur. des Indes, tant Orientales qu'Occidentales. Le Caçaui ou Cazabi, est vne sorte de pain, de laquelle les Indiens & les Espagnols qui sont de present aux Indes substantent leur vie, lequel pain est fait d'vne certaine herbe nommée des Indiens Yuca, haute de terre de cinq ou six paulmes, ayant ses feuilles semblables à nostre chanvre, mais larges comme la main, diuisées en sept ou huit pointes, vermeilles du tout, en tout temps: Sa racine est plantée à pieces & à morceaux dans de la terre bien labourée & sillonnée, & est ceste racine grosse cõme sont nos gros naueaux ou carrotes, du dedãs de laquelle ayant osté la premiere peau ou escorce, qui est de couleur tannée ou grisastre, mais fort aspre au goust, laquelle la couure, les Indiens font du pain en ceste sorte. Iceux l'ayant grattée de sadite peau, ou repurgée & nettoyée de son escorse, la mettent dans certains instrumẽs dentelez, à forme de dẽts aigues & fermes, semblables aux Barges ou instruments desquels nous-nous seruons à nettoyer le lin, par le moyen desquels ils la coupent & trenchent à petits morceaux, lesquels ils mettent dans vn sac, ou chausse de cinq pieds de long ou plus, de la grosseur de la iambe d'vn homme, appelé par les habitãs du pays de Vraba, Parie & Castille d'or, & des Isles voisines Cybucam, qui est fait & tissu de palmes tissues, duquel ils s'aydent comme d'vn escouloir ou tamis, pour couler vn laict d'amande, & sur ce sac ou chausse, ils mettent de grandes & grosses pierres, par la pesanteur desquelles ils font escouler le suc, lequel estant osté, la plus espaisse matiere de ceste racine demeure, laquelle est semblable à celle des Amandes broyées & exprimées, ou bien comme de la Paste tresblanche. Cela fait, les mesmes Indiens la font cuire à feu lent dans vne poëlle, ou dans vn couuercle ou pot de terre, iusques à ce qu'elle se conioinct & assemble d'elle-mesme, la remuant & virant souuẽt: puis ils la forment en petites gallettes, qu'ils exposent au Soleil ou au feu, desquelles estãt ainsi cuittes ils se seruent en lieu de pain, lequel nourrit fort, & demeure long temps sans se corrompre ou moisir, bien vn an entier, selon que le dient quelques-vns.

De fait les nauires qui partent des Indes pour aller en Espagne, se chargent le plus souuent de ce pain, en lieu de biscuit, qui ne se corromp aucunement, s'il ne se mouille: vray est que ce pain est fort aspre au gosier, s'il n'est adoucy & meslé auec de l'eau ou du bouillon, ou autre viande qui soit humide ou aqueuse: & est vne chose grandement estrange & esmerueillable de ce suc cy dessus, qui descoulle de cestedite racine, lequel est tel, qu'incontinent, que quelque homme ou animal en boit ou gouste tant soit peu, il en meurt subitement, comme du plus grand & fort venin du mõde. Mais si iceluy est mis bouilly & cõsommé au feu iusques à la moitié, & qu'il soit rafreschy, il se tourne en fort vin-aigre: & s'il est cuit iusques à ce qu'il s'espaississe du tout, il deuient fort doux, ainsi que du miel: & par ce moyen iceux tirent d'vne mesme racine du pain, du vin-aigre, & du miel: & est vne chose plus admirable que tout le Yuca, qui croist au continent ou terre ferme des Indes, duquel on fait du Caçaui ou Cazabi, encor qu'il soit semblable à celuy qui croist à l'isle saint Dominique, est tresbon & tressalutaire, soit en son fruict ou racine, & aussi en son suc, & n'aporte aucune incommodité à celuy qui en vse: au contraire de celuy de ladite isle sainct Dominique, le suc duquel est veneneux, & & tuë incõtinent ceux qui en vsent. Au reste l'Yuca n'est en sa perfection, ny prest à estre cueilly, qu'vn an apres qu'il a esté planté. Les mesmes Indiens ont encor vne autre sorte d'Yuca, qu'ils nomment au Bresil, & isle Espagnole, Boniata ou Batata: en l'isle de saint Thomas, Igname, de goust de chair ou de fruict, le ius & suc de laquelle n'est point geneneux ne dangereux, ains la mange-on sans l'espraindre ou presser, estant cuitte sous les cendres à cause de sa flatuosité, comme on faict de nos carrottes & pastenades: elle est tresbonne & tres-nourrissante, estant principalement meslée auec vn peu de vin, ou de vin-aigre: & ceste sorte d'Yuca est en sa perfection & preste d'estre recueillie dans huict mois apres qu'elle est plãtée. En quelques endroits des Indes, il ne croist du mays, ny du froment, comme est le hault de la Sierre du Peru, & les Prouinces qu'ils appelent de Colao, qui est la plus grande partie de ce Royaume, où la temperature est si froide & si seiche, qu'elle ne peut endurer qu'il y croisse du froment, ny du mays: au lieu dequoy les Indiens vsent d'vn autre genre de racines, qu'ils appellent Papas, lesquelles sont de la façon de turmes de terre, qui sont petites racines, & iettent bien peu de feuilles: Ils cueillent ces Papas, & les laissent seicher au Soleil, puis en les pilans, ils en font ce qu'ils appellent Chuno, qui se conserue ainsi plusieurs iours, & leur sert de pain. Il y en a en ce Royaume fort grande traicte de ce Chunon, pour porter aux mines de Potozy: l'on mange mesme ces Papas ainsi fraisches, bouillies ou rosties, & des especes d'icelles y en a de plus douce, & qui croist és lieux chauds, dont ils font certaines faulces ou hachis qu'ils appellent Locro. En fin ces racines sont tout le pain de ceste terre, tellement que quãd l'année en est bonne, ils s'en resiouïssent fort, pource que assez souuent elles se gellent dedans la terre, tant est grand le froid, & intemperature de ceste Region : Ils apportent le mays des valées, & de la coste ou riue de la mer : & les Espagnols qui sont friands, font apporter des mesmes lieux, de la farine de bled, laquelle se conserue bien, & s'en fait de bon pain, à cause que la terre est seiche. En d'autres endroits des Indes, comme és Isles Philipines, ils se seruent de ris au lieu de pain, dont il en croist de fort exquis, & en grande abondance en toute ceste terre, & en la Chine, où il est de bonne nourriture : Ils le cuisent en des Pourcelaines, & apres le meslent tout chaud auec son eauë parmy les autres viandes : ils font mesme de ce ris en beaucoup d'endroicts leur vin & breuuage, le faisant tremper, & puis bouillir, comme l'on fait la biere en Flandres, ou l'Acua au Peru : le ris est vne viande qui n'est guere moins commune & vniuerselle en tout le monde, que le froment & le mays, & par-aduëture l'est-il encor dauantage: car outre ce qu'ils en vsent en la Chine, au Iappon, & Philipines, & en la plus grande partie de l'Inde Orientale, c'est le grain qui est le plus commun en Afrique & Ethyopie: Le ris demande beaucoup d'humidité, & presque vne terre toute remplie d'eau, comme vne prarie. En Europe, au Peru, & en Mexique, où ils ont l'vsage de bled, l'on mange le ris pour vn mets de viande, & non pas pour pain, & le cuit-on auec du laict & du bouillon du pot, ou d'vne autre maniere. Voyez l'Autheur de la nauigation en l'isle saint Thomas, I. Acosta liure 4. chap. 17. de son hist. des Indes : I. Cesar Scaliger exercit. 181. de la subtilité, A. Pæna en ses œuures, A. Theuet liu. 22. cha. 12. de sa Cosmog. & G. Rouille liure 18. chap. 136.

137. & 138. de son histoire des Plantes. Le mesme Theuet liure douze chapitre 8. de sa mesme Cosmograph. asseure qu'aucuns habitans des Isles de Puloan, Philippine & Vendenao, prennẽt l'escorce d'vn arbre, qu'ils appellent Sagu, laquelle est fort sauoureuse, & la desseichent, en faisant de la farine, puis du pain : & du fruict de cest arbre ils en tirent de l'huile, tout ainsi qu'ils font du Palmier, & s'en seruent pour se frotter ; & l'appliquent, s'ils sont malades, sur les parties qui leur font douleur. Fernand Cortez en ses voyages parle du pain des Mexicains en ceste façon : Leur pain est fait d'vn certain grain par eux appelé Tagul, ayant figure d'vn poix, les vns estant rouges, autres blancs, & autres noirs, qui estant semez, leur tige vient de la hauteur d'vne demie lance, iettant deux ou trois branches, où est le grain, tout ainsi que pardeça nous voyons le gros Millet & Panicle, lequel grain les Mexicains nettoyent de son escorce, & le meulent auec quelques pierres faites expres : & si tost qu'il est brisé, aussi soudain on met ceste farine en eauë pour en faire paste, laquelle sans leuain aucun, ils forment en pain, & le font cuire sur certains tuilleaux grands cõme cribles, le mangeãs tout chaut, à cause qu'il est meilleur que s'il estoit refroidy. Outre ce que dessus deduict, nous apprendrons que les mesmes Indiens des Indes Occidentales, ont des racines de certaines herbes, desquelles ils viuent, à sçauoir Hetich, & Manihot : l'Hetich est vne racine grosse comme vne Raue de Limosin, il y en a de deux especes de mesme grosseur, l'vne qui estant cuitte deuient faulue, & l'autre blancheastre. Les femmes de ces Indiens les plantent en ceste fa-

çon: Elles tranchent ces racines en petites pieces, puis elles font auec le doigt vn pertuis en terre, par elles labourée, auec certains inſtrumens de bois ou de fer, & dans chacun de ces pertuis, elles y mettent vne de ceſdites petites pieces, ainſi qu'on fait de par-deçà, en plantant les poix & les febues: & afferment ces Indiens, que vn de leur Charaibe leur a enſeigné l'vſage de ceſte racine pour leur cōmune nourriture, laquelle aupatauant n'eſtoit que d'herbes & racines champeſtres, comme celle des beſtes brutes. Iacques Dalechampt a eu opinion que Theophraſte liure 21. chap. 15. de ſon hiſtoire des Plantes, & Pline liure 1. chapitre 11. de ſon hiſt. naturelle, ont eu vne certaine cognoiſsãce de ceſte racine, ſoubs le nom de ἄρον, & oetū: mais ie ferois grande difficulté de croire cela, à cauſe que du tẽps de ces perſonnages, les Indes Occidentales, où viẽt ceſte racine, n'auoient encor eſté deſcouuertes. Le Manihot eſt vne autre racine, laquelle eſt groſſe ainſi que le bras d'vn homme, longue d'vn pied & demy, quelquefois de deux: plus ſouuent elle croiſt tortue & oblique, la Plante qui la produit eſt petite, non plus haute de quatre pieds ou enuiron: les feuilles d'icelle ſont ſemblables à celles de la Plante, appellée par les Arboriſtes, Pes Leonis: & à chacun de ſes rameaux il y a ſix ou ſept de ces feuilles, chacune deſquelles eſt longue de enuiron demy pied, large de trois doigts: les Indiens font de ceſte racine de la farine en ceſte façon: Ils nettoyent & broyent pluſieurs de ces racines, eſtant verdes, ou ſeiches, auec vne large eſcorce d'arbre, garnie de petites pierres fort dures, à la maniere d'vn raclouer: puis ils les criblent, & les mettent dans vn vase plein d'eau sur du feu, & les brassent & remuët souuent, iusques à ce qu'elles se tournent en petits drageons ou grains de farine, comme ceux de la Mane greuée, laquelle farine ressenté, est tres-excellēte, & d'vn bon & parfait suc & nourrissement au corps humain: & ceste façon de faire de la farine, est l'office seul des femmes Indiēnes, & non de leurs maris. Et est chose tres-asseurée, que depuis le Peru Canada, la Floride, toute la terre continente d'entre l'Ocean & destroit Magellanique, comme l'Amerique Canibales, voire iusques au destroit de Magellan, enuiron deux mille lieuës d'estēduë, il n'y a sorte de pain plus vsité que cestuy, qui est fait de ces racines nōmees Cassades, lesquelles les Indiens meslent souuent auec leur chair & leur poisson, n'approchants iamais la main de leur bouche pour y porter la viande, ains la iettant de loing dans icelle auec vne tres-grande dexterité, en estant leur main eslongnee d'enuiron vn pied, se mocquans des Chrestiens qui en font autremēt: Ce que confirme I. de Lery chap. 9. de son histoire de l'Amerique. Quelques modernes ont osé escrire que Theophraste liu. 1. cha. 11. & Pline apres luy ont donné cognoissance de ces racines, mais ie ne le puis croire, pour les raisons par moy touchées cy dessus. Voyez André Theuet liure de ses singularitez de la France Antartique chap. 58. disant outreplus que les Ameriquains plantent quelques petites legumes blanches en grande abondance, non differentes à celles que l'on voit en Turquie & Italie, lesquelles ils font bouillir, & les mãgēt auec du sel faict d'eau de mer, bouillie & cõsommée iusques à la moitié: pareillement auec ce sel, & quelque espice broyée, ils font du pain gros comme la teste d'vn homme, dont plusieurs mangent auec chair & poisson, les femmes principalemēt. En outre, ils meslēt quelquefois de l'espices auec leur farine non pulverisée: mais ainsi qu'ils l'ont cueillie, ils font encor farine de poisson fort seiche, tresbonne à manger. Ce mesme personnage au chap. 61. ensuiuant escrit, qu'en vne des Isles des Canibales, il y croist vn arbre, duquel la liqueur qui en sort (l'arbre estant incisé) est venin, comme reagal: la racine toutefois est bonne à manger, aussi en font-ils de la farine, dont ils se nourrissent comme en l'Amerique. Le Capitaine Drak, Anglois de nation, qui auoit fort voyagé à Vuiant, asseure à la Royne d'Angleterre sa maistresse, que en l'Isle Beretine il se trouue certain fruict prouenant sur de grands arbres semblables aux chesnes, mais plus grands; lequel fruict estant bouilly est fort bon, & estant reduit en farine, & cuit auec de l'eau comme de la bouillie sur le feu, sert grandement à la nourriture des hommes.

Du Coca.

IL y a vne certaine autre Plante, de laquelle les Indiens font grand cas & estime, d'eux appellée Coca, qui croist de la haulteur d'vne aulne, a ses feuilles vn peu plus grandes que celles des myrtes, dans le milieu desquelles il s'y voit la figure d'vne autre feuille, semblable à celle qui la contient; & sont ces feuilles tendres, molles, & verdes: le fruict est comme la grappe d'vn raisin, quand il meurit il deuient rouge, comme les grains du Myrte, & de mesme grandeur, & quand il est du tout meur, il se fait noir; les feuilles sont cueillies & portées vendre en plusieurs & diuerses parties du monde, sa graine est conseruée dans vn mastre, pour estre par apres semée en terre bien cultiuée, tout ainsi que les febues & les poix. Les Indiens se seruēt ordinairement de ceste Plante à plusieurs vsages domestiques, mesme en leurs voyages: Ils bruslent des coquilles d'huytres, & autres poissons marins, lesquelles puis-apres ils reduisent en pouldre fort menuë, puis ils prennent des feuilles de cestedite Plante, qu'ils maschēt entre leurs dents, en y meslant plus de ceste pouldre cy dessus que de feuilles, iusques à ce que le tout soit bien meslé ensemble: & de ce meslange ils en font des trochisques, ou petites balles rondes, qu'ils font puis-apres seicher: Et quand ils en veulent vser, ils mettent vn de ces trochisques, ou petites balles dans la bouche, qu'ils succent, en la tournant souuent çà & là en la bouche, iusques à ce qu'il soit du tout consumé: & par apres ils continuent tousiours ainsi durant leurs voyages, iusques à ce qu'ils ayent du tout assouuy & esteint leur faim & leur soif, & reparé leurs forces naturelles: & s'ils veulent s'enyurer, & se rauir hors de leurs sens, ils meslent auec les feuilles de ce Coca, des feuilles de Tabacus, ou Nicotiane. Voyez H. Benzo liu. 3. ch. 20. de son hist. des Indes, Garcias ab Orto, histoire des drogues & Espiceries, Nicolas Monardes liu. des Espiceries, qui sont apportées des Indes chap. du Tabacus &

chap.du Coco, Fernand Ouiede liu.11. chap.5. de ſon hiſtoire des Indes, & Pierre Cieçe chap.96. en ſes hiſtoires des Indes, & G.Rouille liu.18.cha.155. de ſon hiſt.de toutes les Plantes peregrines. Ioſeph Acoſta Eſpagnol liu.4.chap.22. de ſon hiſt. naturelle & morale des Indes, tant Orientales qu'Occidentales, dit ce que s'enſuit du Cacao, ou de la Coca: Iaçoit que le Plane ſoit le plus profitable, neantmoins le Cacao eſt plus eſtimé en Mexique, & le Coca en Peru, eſquels deux arbres ils ont beaucoup de ſuperſtition. Le Cacao eſt vn fruict vn peu moindre qu'Amandes, & toutefois plus gras, lequel eſtant roſty n'a pas mauuaiſe ſaueur: il eſt tant eſtimé entre les Indiens, voire entre les Eſpagnols, que c'eſt vn des plus riche, voire plus grãd commerce de la neufue Eſpagne: Car comme c'eſt vn fruict ſec, & qui ſe garde long temps, ſans ſe corrompre, ils en ameinent des nauires chargez, de la prouince de Guatimalla. En l'an paſſé, vn corſaire Anglois bruſla au port de Guatulco en la neufue Eſpagne plus de cẽt mil charges de Cacao, l'on s'en ſert meſme comme de monnoye, d'autãt qu'auec cinq Cacaos ils achettent vne choſe, auec trente vne autre, ſans qu'il y aye contradiction, & ont accouſtumé de les donner pour aumoſne aux pauures qui leur demandent. Le principal vſage de ce Cacao eſt en vn breuuage, qu'ils appellent Chocholate, dont ils font grãd cas en ce pays, follemẽt & ſans raiſon, & fait mal au cœur à ceux qui n'y ſont point accouſtumez, d'autant qu'il y a vne eſcume & vn bouillon au haut qui eſt fort mal aggreable pour en vſer, ſinon n'y a beaucoup d'opiniō. Toutefois c'est vne boisson fort estimée entre les Indiens, de laquelle ils traittent, & festoyent les Seigneurs qui viennent ou passent par leur terre. Les Espagnols & les Espagnoles, qui sont ja accoustumez au pays, sont extremement friāds de ce Chocholate : Ils disent qu'ils font ce Chocholate en diuerses façons, & qualitez, sçauoir l'vn chaut, & l'autre froid, & l'autre temperé; & y mettent des espics, beaucoup de chily; mesmes ils en font des pastez, qu'ils disent estre propres pour l'estomach, & contre le catharre: Quoy quil en soit, ceux qui n'y ont point esté nourris, n'en sont pas beaucoup curieux. L'arbre où croist ce fruict, est d'vne moyēne grādeur, & d'vne belle façon: il est si delicat, que pour garder que Soleil ne le brusle, ils plantent aupres de luy vn autre grand arbre, qui luy sert seulement d'ombrage, & l'appellent la mere du Cacoa: Il y a des lieux où ils sont ainsi que les vignes & les Oliuiers sont en Espagne. La Prouince qui en a plus grande abondance, pour la commerce & la marchandise, est celle de Guatimalla. Il n'en croist point au Peru, mais il y croist de la Coca, qui est vne autre chose où ils ont encore vne autre plus grande superstition : qui semble estre chose fabuleuse. A la verité la traitte de la Coca en Potozi, se monte à plus de demy million de pezes par chacun an, d'autant qu'on y en vse quelques quatre-vingts dix, ou quatre-vingts quinze mille corbeilles par an. En l'an mil cinq cens quatre vingts & trois, on y en consomma cēt mil. Vne corbeille de Coca, en Cusco, vaut deux pezes & demy, & trois: & en Potozi elle vaut tout contant quatre pezes & cinq tomines, & cinq pezes essayes. C'est l'espece de marchandise, à l'occasion de laquelle presque se font tous les marchez & foire, parce que c'est vne marchãdise dont il y a grande expedition. La Coca donc qu'ils estiment tant, est vne petite feuille verde, qui naist en des arbrisseaux, qui sont comme d'vne brasse de haut, elle croist en des terres fort chaudes & humides; & iette cest arbre de quatre mois en quatre mois ceste feuille, qu'ils appelent la Tresmitas ou Tremoy: elle requiert beaucoup de soing à la cultiuer, pource qu'elle est fort delicate, & beaucoup d'auantage à la conseruer, apres qu'elle est cueillie. Ils les mettent par ordre en des corbeillons longs & estroits, & en chargent les moutons du pays, qui vont auec ceste marchandise en trouppes, chargez de mil, & deux mil, voire trois mil de ses corbillõs. On l'apporte le plus cõmunément des andes & vallées, esquelles il y a vne chaleur insupportable, & où il pleut tousiours la plus-part de l'annee. En quoy les Indiens endurent beaucoup de trauail & de peine pour l'entretenir, & bien souuent plusieurs y perdent la vie: parce qu'ils apportent de la Sierre de lieux tres-froids, pour l'aller cultiuer & recueillir en ces andes. C'est pourquoy il y a eu de grandes disputes & diuersité d'opinions entre quelques hommes doctes & sages, à sçauoir s'il estoit plus expedient d'arracher tous arbres de Coca, ou de les laisser: mais en fin, ils y sont demeurez. Les Indiens l'estiment beaucoup: & au temps des Roys Ingnas, il n'estoit pas licite ny permis au commun peuple d'vser de la Coca, sans la licence du Gouuerneur. L'vsage en est tel, qu'ils le portent en la bouche, le maschent & succent, sans toutefois l'aualler. Ils disent qu'elle leur donne vn grand courage, & leur est vne singuliere friandise. Plusieurs hommes graues, trouuent cela pour superstition & chose de pure imagination. De ma part, pour dire la verité, ie me persuade que ce n'est point vne pure imagination, mais au contraire, i'entens qu'elle opere & donne force & courage aux Indiens : car l'on en voit des effects, qui ne peuuent estre attribuez à imagination, comme de cheminer quelques iournées sans manger, auec vne poignée de Coca, & autres effects semblables. La saulse auec laquelle ils mangent ce Coca, luy est asses conuenable, pource que i'en ay gousté, & a comme le goust de Sumacq. Les Indiens la broyēt auec de la cendre d'os bruslez, & mis en pouldre, ou bien auec de la chaux, comme d'autres disent: ce qui leur semble fort appetissant & de bon goust, & disent qu'il leur fait vn grand profit. Ils y employent librement leur argent, & s'en seruent en mesme vsage que de la monnoye. Encor toutes ses choses ne seroient point mal à propos, n'estoit le hazard & risque qu'il y a en son commerce, & à l'aprofiter, en quoy tant ces gens sont occupez. Les Seigneurs Ingnas vsoient du Coca cōme de chose royalle & friande, & estoit la chose qu'ils offroient le plus en leurs sacrifices, le bruslans en l'honneur de leurs Idoles.

De la Plante appellée Melt, ou Magnei, croissant en la Prouince de Mexique, laquelle Plante sert à infinis vsages, vtiles & necessaires à la vie des Mexicains.

Chap. XIIII.

VN certain Gentil-homme Espagnol, de la suitte de Fernand Cortez, qui s'empara le premier de la grand ville de Themistitan, capitale du Royaume & Prouince de Mexique, en l'Inde Occidentale, escrit en vne sienne relation, par luy composée en langage Italien, d'aucunes choses de la nouuelle Espagne, ou grande Cité de Themistitan en Mexique, Que le Melt ou Magnei, est vne certaine Plante qui croist pour le iourd'huy en Mexique, nommée par les Indiens Melt ou Magnei, laquelle est presque semblable à l'artichaut, estant grosse en sa principale tige, comme l'est vn enfant de six ou sept ans, & haute comme de deux ou trois hommes, ayant enuiron quarante feuilles, qui sont larges par le bas, & par le hault poinctuës, longues d'vne brasse, au bout desquelles vient vn fruict aussi gros que la teste d'vn artichaut; icelle Plante large & espaisse au bas, & poinctuë par le dessus, produisant fleurs, semence, & espines: Les poinctes des feuilles de ladite Plante, sont si fortes & dures, qu'on en perce des tables, comme si elles estoient d'vn fer bien aceré, & lesquelles estant ainsi fortes & dures seruent d'aiguilles, de traicts, & fleches, à ceux du pays où elle croist: Et est vne chose commune aux Mexicains d'accommoder, peigner & naiser les feuilles d'icelle, & en ourdir du filet, duquel ils font des vestemens, des souliers, des cordes, & des licts, ainsi que nous Européens faisons de nostre chanure: le tronc de ceste Plante sert à faire des armes, des tables, des bricques ou bardelles, pour en couurir les maisons: Deuant que ceste Plante croisse beaucoup, les Mexicains entament son tronc, duquel il sort vne certaine eau precieuse & excellente, que iceux gardent dans certaines escorces d'arbres. Le suc de la racine & parties proches d'icelle, quand la Plante fleurit, apporte ainsi qu'vn vray & souuerain antidote, guerison aux morsures des bestes venimeuses; & le suc tiré des feuilles verdes vn peu eschauffé, puis appliqué tout chaut sur les vlceres & playes vieilles & inueterées, les nettoye & guarit subitement. Quand on ouure ou entame le tronc d'icelle Plante, auant qu'elle soit beaucoup creuë, il en sort vne eauë qui approche fort à la couleur & saueur des Syrops des Apoticaires, laquelle eau bouillie & cuitte au feu, se tourne en vray miel: Les feuilles de ceste mesme Plante sont propres à faire du papier, des cartes & parchemins, desquels les Mexicains se seruent à la peinture, en leurs sacrifices, & en leur escriture, qui est de lettres hierogliph. L'eau de laquelle i'ay fait mention cy dessus, qui se tourne en miel, estant purgée & nettoyée, se muë en succre tres-fin; les bourgeons & plus tendres feuilles de cestedite Plante estant cõfites, seruẽt de tresbonne conserue. L'eau qui est tirée du tronc d'icelle, estant detrempée en eauë de fontaine, purgée & nettoyée de son marc, se tourne en bon& excellent breuuage, semblable au vin, lequel pour estre doux & aggreable à boire enyure comme le vin. Les trōçons de ceste plāte bruslez, purgent par leur vapeur la verolle & les vieilles vlceres. L'eauë dont i'ay desia parlé, detrempée en eauë claire de fontaine quelque espace de temps, se tourne en vin-aigre: bref ceste seule plante sert à infinies commoditez pour la vie des Mexicains. Ioseph Acosta en son liur.4.de son hist. des Indes chap.23. Hierosme Cardan liu.6.chap.20. de la varieté des choses, & François de Belle-Forest en ses additions à la Cosmographie de Sebastien Munster, sur la fin du 12. chap. du liur. 7. font mention de ceste estrange & esmerueillable plante. Il me souuient auoir leu dans les voyages de Fernand Cortez, & autres voyageurs Espagnols, que les Mexicains vsent d'vne certaine boisson Cacanatle, faite d'vn fruict d'vn arbre semblable à vn Concombre, lequel arbre est si delicat, qu'il luy faut d'autres arbres toffus autour, qui le defendent du vent & du hasle; & neantmoins il demande la terre qui soit grasse, & non aucunement morfonduë : le fruict s'appelle Cacao, que les Mexicains fōt boullir, & y meslent quelques pouldres parmi, pour luy donner meilleur goust; & consiste ceste boisson presque toute en escume: à cause dequoy ceux qui en boiuent, ouurent fort la bouche, afin qu'elle s'escoulle, & plus aisémēt descēde en bas le gosier.

Bref nous pouuons dire de ceste plante, ce qu'vn grand Poëte de ce tēps en a escrit en ses Poëmes.

Là se pousse le Melt qui sert ores en Mexique
D'aiguille, de filet, d'armes, de bois, de bricque,
D'antidote, de miel, de lissé parchemin,
De succre, de parfum, de conserue & de vin:
Son bois nourrit le feu, & ses plus durs fueillages
Par vne artiste main reçoiuent mille vsages:
Car ores en leur surface on imprime les loix,
Les loüanges des Dieux, & les gestes des Roys:
Ores sur les maisons on les courbe à la file;
Si bien qu'on les prendroit pour des beaux rangs de tuile.
Ores on les tort en fil, & de leurs bouts on fait
Aiguilles des petits, & des grands fers de trait:
Le suc d'enhault guerit les picqueures mortelles
Des serpens violez: ses perruques nouuelles
En conserue on confit: & ses tronçons bruslez
Par leur forte vapeur purgent les verolez:
La liqueur de ses pieds est vn vray miel figée,
Destrempée, vin-aigre, & succre repurgée.

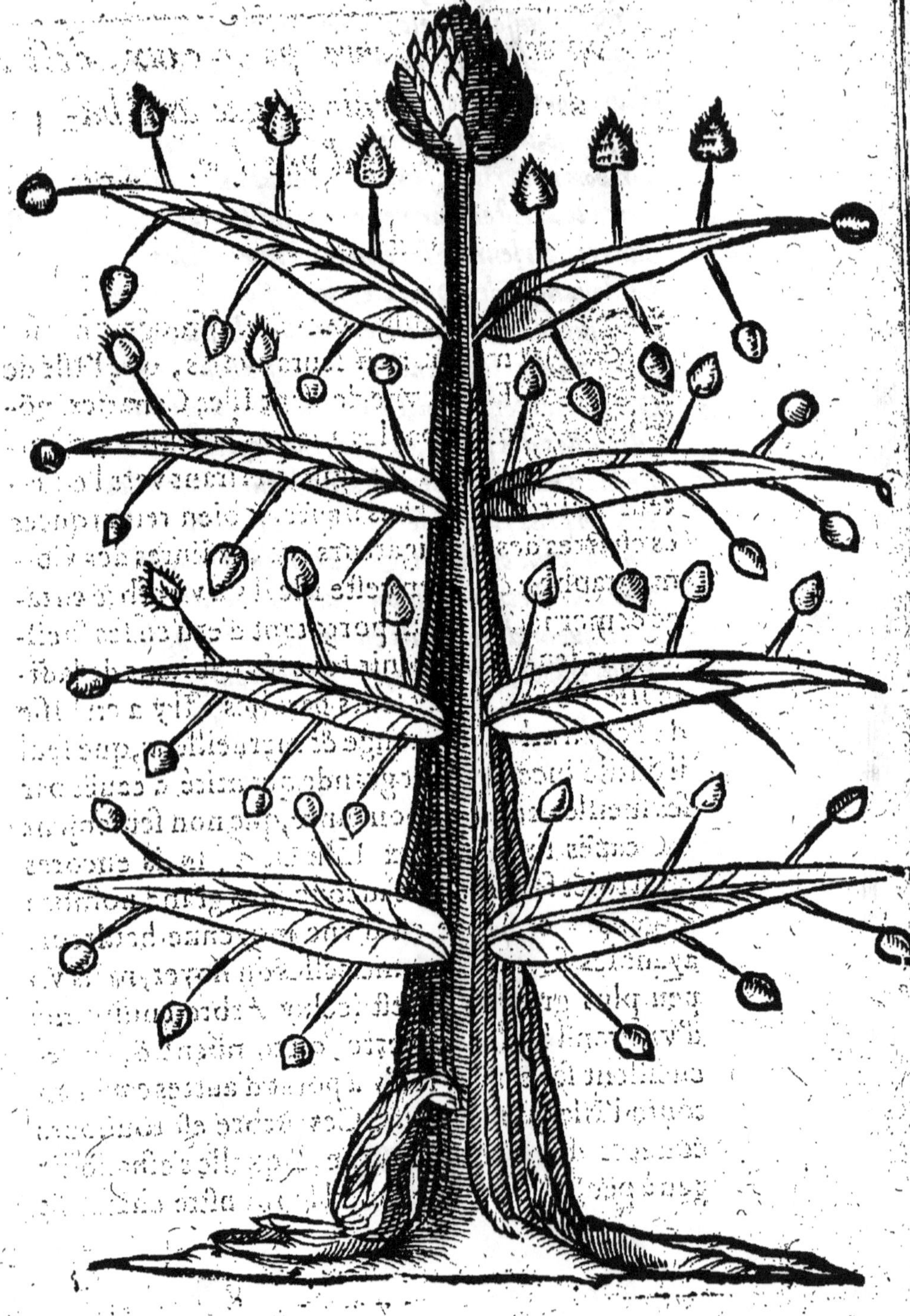

D'vn certain Arbre porte-eaux, c'est à dire qui fournit d'eaux aux habitans d'vne Isle.

CHAP. XV.

LES Nauigateurs & Cosmographes fõt mention en leurs escrits, que l'Isle de Fer est vne des sept Isles Canaries, nõmees par les anciens Fortunees, eslongnees d'Espagne, en tirant vers l'equateur enuiron cinq cens lieuës, & bien remarquees és chartes des Nauigateurs, & aux liures des Cosmographes: & qu'en ceste Isle il y a vn arbre estrãge & merueilleux, qui porte tant d'eau en ses fueilles, que seul il en fournit tous les habitans de ladite Isle de Fer. Voicy leurs parolles: Il y a en l'Isle de Fer vn arbre si estrange & merueilleux, que seul il distile incessammẽt grande quantité d'eauës par ses fueilles, en telle abondance, que non seulement ces eauës suffisent aux Insulaires, mais encores pourroiẽt fournir à beaucoup plus grand nombre de gens: Cet Arbre est d'vne moyenne haulteur, ayant les fueilles comme celles du noyer, mais vn peu plus grandes: & est iceluy Arbre enuironné d'vn grand bassin de pierre, où tombent & se recueillent ses eauës: Il n'y a point d'autres eauës en toute l'Isle que celle-là: Cet Arbre est tousiours couuert d'vne petite bruine, laquelle s'esuanoüit peu à peu, selon que le Soleil se monstre chaud &

ardent au long du iour. Du commencement que les Espagnols prindrent possession de ceste Isle, ils se trouuerent presques confus, n'y trouuans point de puits, fontaines & riuieres : & s'enquerans des Insulaires d'où ils recouuroient des eauës; iceux leur respondoient n'en auoir autres que celles qui prouenoient des pluyes, & cependant ils tenoient leur Arbre couuert de branches, roseaux, bois & autres choses propres; esperās par ceste ruse chasser les Espagnols hors de leur Isle : mais vne de leurs femmes, entretenuë par vn Espagnol, luy descouurit l'Arbre, & la merueille d'iceluy : ce que le Capitaine tenoit pour fable: mais en ayant fait faire recherche par ses gens, luy & les Espagnols ayant cogneu la verité de ce, demeurent rauis d'vn tel miracle : & les Insulaires ayans descouuert la trahison de ceste femme, la firent mourir.

Hierosme Benzo Milanois à la fin du dernier liu. de son hist. du nouueau monde, asseure auoir veu cet arbre, & le descrit en la mesme forme & maniere que ie l'ay deduit cy dessus. Les paroles duquel H. Cardan liu. 6. chap. 22. de sa varieté des choses, a repeté presque de mot à mot: disant outre plus, que quelques Autheurs modernes ont voulu asseurer que cet Arbre a esté cogneu de Pline & de Solin, lesquels ont appellé en leur langue ceste Isle de Fer *Ombrion* ou *Pluuialiam*, à cause qu'en ceste Isle, il n'y auoit aucunes eauës que celles qui prouenoiēt des pluyes. Voicy les mots de Pline liur. 6. chap. 32. *Primam vocari Ombrion, nullis ædificiorum vestigiis, habere in montibus stagnum, arbores similes ferulæ ex quibus aquæ exprimantur, ex nigris amara, ex can-*

didioribus potui iucunda; c'est à dire: La premiere s'appelle *Ombrion*, où il n'y a aucune apparence de villes, ni de maisons, & y a vn Lac en certaines montagnes, où y a aussi des Arbres retirans aux plantes de *Ferula*, lesquels iettent & expriment des eauës, & les eauës sortās des Arbres noirs sont ameres: mais celles qui sortent des arbres blancs, sont fort bonnes à boire. Solin cy dessus liur. de son Polyhistor chap. dernier, en dit ces mots: *In prima earum, cui nomen est Ombrion, ædificia nec sunt, nec fuerunt: Iuga montium stagnis madescunt. Ferulæ ibi surgunt ad arboris magnitudinem. Earum quæ nigræ sunt expresse liquorem reddunt amarissimū. Quæ candidæ succos reuomunt etiam potui accommodatos.* De moy ie fais grand doute de croire cela, attendu que le Pline & Solin cy dessus alleguez, semblent vouloir escrire que les feuilles de ces arbres ne rendent aucunes eauës, qu'elles ne soient serrées & exprimées: Le iugement en soit aux plus doctes & sçauans. Voyez P. Messie part. 2. chap. 30. de ses diuerses leçons.

Portraict

Des Arbres porte-vins, ou breuuages.

CHAP. XVI.

ATHENEE Autheur Grec liure 1. chap. 23.24.25.26.27.28.29.& 30. & liur.2.ch. 1. & 2. de ses Dypnosophistes, & Pline liur.13. chap.5. de son Hist. vniuerselle, & liur. 14. sequent, chap.1.2.3.4.5.6.7.8.9.10.11.13. 14.15.16,17.18.19.20.& 21. & liur.23.chap.1. & 2. ont descrit fort au long, & par le menu toutes les sortes de vins, ou breuuages, soit de celuy qui se fait en Egypte du Sebesten, soit des vins ou breuuages comuns d'Italie, d'oultre-mer, des sept especes de vins salez, des quatorze especes de vins doux, des trois especes de vin de despense, des vins qui ont prins credit en Italie depuis peu de temps, des anciennes obseruations sur le fait du vin, de l'ancien vsage du vin, & des vins des anciens, des caues & magazins de vin, & du vin opimien, des vins artificiels, de l'hydromel & oximel, & des vins monstrueux & miraculeux, des vins excommuniez des sacrifices, & de la maniere de sofistiquer les vins nouueaux, des especes des poix & des resines, & de vin-aigre, & de plusieurs especes de vin & de vinaigre, & aussi du vin-aigre fait auec squilles & oignons marins de l'oximel, du vin cuit, des lies de vin & autres breuuages à plain mentionnez aux lieux cy dessus alleguez, & par I. Daleschampt en ses Comm. sur les passages cy dessus, de Pline, en son Hist. naturelle. Entre les Autheurs recents,

Nicolas de Conti Venitian, en ses voyages d'Asie fait mention, qu'en l'Isle de la Taprobane il y a vn arbre appellé Thal, lequel estãt fendu & incisé réd vn bon & doux breuuage, qui sert de vin aux insulaires: Aluise de Cadamoste chap. 26. de ses nauigations escrit, qu'en la Prouince de Budomel il croist vn arbre, lequel rend tous les iours vn certain iust, ou suc appellé *Mignol*, qui est fort excellent à boire, & enyure ainsi que le vin de deça, duquel iust ou suc boiuent les habitans de ladite Prouince: Maximilian Transsiluain en son Epistre au Cardinal Salzburgense recite qu'en l'Isle de Zebul il y a des Palmiers, lesquels estans incisez rendent vne liqueur, de laquelle les Zebutiens se seruent en lieu de vin, ainsi que font les habitans de Burner & des Isles Moluques. André Theuet liure de ses singularitez de la France Antartique chap. 11. parle ainsi des Palmiers qui portent du vin, ou de breuuage semblable à du vin: Ayant escrit le plus sommairement qu'il a esté possible, ce que meritoit estre escrit du Promontoire verd, i'ay bien voulu particulierement traitter des Palmiers, & du vin ou breuuage que les Sauuages noirs ont apprins d'en faire, lequel en leur langue ils appellent *Mignol*: les Palmiers qui seruẽt à cela sont arbres merueilleusement beaux & bien accomplis, soit en grandeur, en perpetuelle verdure ou autrement, dont il y en a plusieurs especes, & qui prouiennent en diuers lieux en l'Europe: comme en Italie, les Palmiers croissent abondammẽt, principalement en Sicile, mais steriles: en Afrique ils sont fort doux: en Egypte semblablemẽt, en Cypre, en Crete, en l'Arabie pareillement : en Iudee tout ainsi qu'il y en a abondãce, aussi est-ce la plus grande noblesse & excellence, principalement en Ierico. Le vin que l'on en fait, est excellent, mais qui offense le cerueau. Mais pour retourner au Promontoire cy dessus mentionné, il croist en icelui tant par la disposition de l'aër tres-chaud, estant en la Zone torride distant de quinze degrez de l'equateur, que pour la bonne nature de la terre, grande abondance de Palmiers, desquels les habitans de ce Promontoire tirent certain suc pour leur despence & boisson ordinaire : l'arbre ouuert auec quelque instrument cõme à mettre le poing, à vn pied ou deux de terre, il en sort vne liqueur, qu'ils reçoiuent en vn vaisseau de terre, de la hauteur de l'ouuerture, & la reseruent en autres vaisseaux pour leur vsage ordinaire, & l'appellent *Mignol.* Et pour la garder de corruption ils la salent quelque peu, comme nous faisons le verjus de pardeça : tellement que le sel cõsume ceste humidité crüe estãt en ceste liqueur, laquelle autrement ne se pouuãt cuire ou meurir, necessairemẽt se corromproit. Quant à la couleur & consistence, elle est semblable aux vins blancs de Champagne & d'Anjou, le goust fort bon, & meilleur que les citres de Bretagne : ceste liqueur est tres propre pour rafraischir & desalterer, à quoy ils sont subjects pour la continuelle & excessiue chaleur. Le fruict de ces Palmiers sont petites dattes aspres & aigres, tellement qu'il n'est facile d'en manger, neantmoins le iust de ces arbres ne laisse d'estre fort plaisant à boire, aussi ils en font estime entre eux, comme nous faisons des bons vins. Ce breuuage est en vsage en plusieurs contrees de l'Ethiopie, par faulte de vin naturel. Quelques Maures semblablement font certaine autre boisson du fruict de quelque autre arbre, mais elle est fort aspre, comme verjus ou citre de cormes, auant qu'elles soient meures.

Le mesme Theuet liur. sus-allegué chap. 23. fait mention de l'Isle de Madagascar, ou de Saint Laurens, en laquelle il dit que croist vn certain fruict fort excellent, nommé par les habitans de ceste Isle Chicorin, l'arbre qui le porte estant semblable aux Palmiers d'Egypte ou Arabie, tant en hauteur que feuillage, duquel fruict se void par deça, que l'on ameine par Nauires, appellé en vulgaire, noix d'Inde, que les marchands tiennent assez cheres, pource qu'outre les fraiz du voyage, elles sont fort belles & propres à faire vases: car le vin estant quelque temps en ces vaisseaux, acquiert quelque chose de meilleur, pour l'odeur & fragrance de ce fruict, approchant à l'odeur de nostre muscade. Le fruict est entierement bon, sçauoir la chair superficielle, & encor meilleur le noyau, si on le mange fraiz cueilly. Les Ethiopiens & Indiens affligez de maladies, pilent ce fruict, & en boiuent le ius, qui est blanc comme laict, & s'en treuuent tresbien: ils font encor de ce ius (quand ils en ont quantité) quelque alimẽt cõposé de farines de certaines racines, ou de poissons, dont ils mangẽt apres auoir bien bouilly le tout ensemble. Ceste liqueur n'est de longue garde, mais autant qu'elle se peut garder, elle est sans comparaison meilleure pour la personne que confiture qui se trouue. Pour mieux la garder ils font bouillir de ce ius en quantité, lequel estant refroidy ils reseruent en des vaisseaux à ce dediez. Les autres y mettent du miel pour le rendre plus plaisant à boire, & estancher la soif.

Le mesme au chap. 24. suyuant, fait mention du breuuage des Americains, composé de miel, nommé *Auati*, qui est gros cõme poix : il y en a de noir & de blanc, & font pour la plus grande partie de ce qu'ils en recueillent ce breuuage, faisant bouillir ce miel auec autres racines, lequel apres auoir bouilly est de semblable couleur que le vin clairet: les Sauuages le trouuent si bon qu'ils s'en enyurent comme l'on fait du vin de pardeça, vray est qu'il est espaiz comme moust de vin. Le mesme A. Theuet confirme cecy liur. 21. chap. 5. de sa Cosmographie, disant outre-plus ce que s'ensuit, liur. 23. chap. 2. de sa mesme Cosmographie : Et parce que i'ay parlé du breuuage des habitans de la Floride, & autres nations estranges, nommé Cassina, vous notterez icy qu'il n'y a nation au monde tant soit elle barbare & aggreste, qui n'ayme plus se trauailler à faire quelque liqueur pour son boire, que de se contenter de l'eau pure, qui semble estre le propre breuuage des bestes. Ce que i'ay assez experimenté par toutes les quatre parties du monde, esquelles i'ay frequenté. Ie dis breuuages, lesquels comme ils sont faits de diuerses compositions & simples, aussi sont-ils de diuers gousts & saueurs. Regardõs ceux de la Guinée, plus de six cẽs lieuës de coste de mer; ils vsent pour leur boisson de ius de palmiers, qu'ils tirent en telle abondance, qu'il leur suffit pour leur nourriture : & est ce boire fort excellent & plaisant à gouster. En la haute Ethiopie les Noirs font leur breuuage de certain fruict gros comme vn citron moyen, qu'ils appellent *Zazulich*, & en tirent vne boisson, qu'ils nomment *Anabier*, autres *Alkadin*, breuuage qui tire sur le rouge, & a le goust fort sauoureux, sauf qu'il est tãt soit peu aigret, & seroit bon pour ceux qui aiment tant à boire. *Del garbetto*, c'est du vin tirant vn peu sur l'aigre. Quant aux Orientaux & Indiens, iusques aux Royaumes de *Huserath*, *Hedrosie*, celuy de Cabut *Moltan*, *Chirtor*, *Dely*, & tirant iusqu'à celuy de *Bisnagar*, tous font leurs breuuages de grosses dattes fort meures, auec vn autre fruict, qu'ils appellent *Bulon*: Les Abissins le nõment *Azanali*, du nom d'vn oyseau, qui est semblable en grosseur, & non en couleur, à celuy que nous disons Merle, & en font en telle quantité, qu'ils trafiquent de ce auec leurs voisins, & par les pays estrangers, ainsi que nous faisons de noz vins, auec les Anglois, Escossois, Flamans, Bretons & autres. Ceux de Malaca, iusqu'à la mer de Mangi, & Royaume de Xantõ, Cambalu, la Chine, & iusqu'à Quinsay, par toute la haulte Tartarie Orientale, font leur boisson d'vn fruict gros, & tout tel que les noix d'Inde, & vsent presque de pareille façon & industrie que les Normands à faire leur citre. Ce fruict est par eux appellé *Suluch*, & vient en vn Arbre ayant ses fueilles aussi longues & larges que sont celles du Mause, qui croist en Egypte. Nos Sauuages, ainsi que i'ay veu, font leur breuuage, qu'ils appellent *Cahouin*, & le composent d'vne certaine racine & de gros Millet, qu'ils nomment *Auati*, qui est rouge: & de ceste boisson ils s'enyurent aussi bien que du meilleur vin qu'on sçauroit boire: & vsent de mesme breuuage les Canibales & Margageas, les Turcs & Persans, qui sont noz plus proches voisins, ausquels par la loy Alcoraniste est defendu l'vsage du vin aussi bien qu'aux Arabes & Sythes Occidentaux: tous ceux-cy (i'entens les plus riches) font vne certaine compositiõ d'eauë qu'ils font bouillir auec de la canelle, succre & autres choses cordiales: les grands Seigneurs Persiens fõt mettre de l'or puluerisé dãs leur breuuage: & leur est ceste boisson plus plaisante, & ie pẽse plus saine que n'est la biere aux Alemans, Flamãs & Picards. En Egypte les Arabes, les Chrestiens, Grecs, Nestoriens & Abissins, mesmes les Latins boiuent d'vn certain breuuage que font les Mahometans auec du miel, raisin de damas, succre & canelle, le tout bouilly ensemble auec de l'eau. Et quoy que ce breuuage soit fort bon, si est-ce qu'il n'est point de garde, ainsi que i'en ay fait l'experience: il est presque tout ainsi que les iulleps que les Medecins nous font prendre par deça, & le nomment *Cherbect*. Et pour le trouuer meilleur, quand quelqu'vn en veult boire vne fois, qui peut couster vn *Medin*, ils y mettent aussi gros dedans de glace qu'vne bale d'arquebuze, qui le fait tout soudain deuenir aussi froid qu'on le peut endurer. Et quelque chaud qu'il face, ils gardent des glaçõs & de la neige à cet vsage tout le long de l'annee, cõme i'ay veu plusieurs fois, tant en Egypte qu'en Arabie, mesmes en Constantinople: Quant aux Sauuages de la Floride, ils font ainsi leur breuuage que dit est cy dessus: Et c'est aux femmes, qu'ils nõment *Nya*, à composer & faire ce breuuage, & en conuient volontiers ceux qui les vont veoir en leurs logettes, qu'ils appellent *Tapecona*, & les autres Sauuages *Mortugabe*, & vous monstrant signe d'amitié vous diront les vns apres les autres *Antipola, Bonnasson, Timale, Desa*, qui signifie, Ie suis ton frere, boy auec nous, & pren de ce que nous auons, & appelloient plustost les François que les Espagnols, à cause qu'ils ne les ayment point, pource qu'ils leur ont pris iadis leurs femmes & enfans pour les faire esclaues, & les appellent *Rötizze*, tout ainsi que ceux de l'Antartique nomment *Peropts* les Portugais, qui me fait penser que ce soit quelque mot iniurieux. Les Nauigateurs Portugais & Espagnols modernes, à ce propos descriuant en leurs œuures le pays de Canada, escriuent que ce pays est beau de soy, en belle assiette, & bien plaisante, & qu'il a force arbres de diuerses sortes, desquels nous n'auons aucune cognoissance depardeça, & qui ont de tres-grandes proprietez: entre autres il y en a vn que les Canadeens nommẽt *Cotoni*, lequel est de la grosseur d'vn gros noyer de pardeça. Cet Arbre a esté long temps inutile & sans aucun profit, iusqu'à ce que quelqu'vn desdits Nauigateurs le voulant couper, dés qu'il l'eust touché au vif, il en veit sortir vne liqueur en quantité, laquelle estãt goustée, fut trouuée d'aussi bon goust que plusieurs l'esgaloient à la bonté du goust du vin: de sorte que plusieurs recueillirent de ceste liqueur en abondance, laquelle ayda grandement à raffraischir lesdits Nauigateurs, ainsi que confirment Iacques Cartier, François de nation, en ses voyages en Canada, & le mesme Theuet cy dessus allegué, liu,23.cha.4.de sa Cosmographie,les mesmes voyageurs & Nauigateurs Portugais & Espagnols font mētion en leurs voyages & nauigatiōs, qu'au Peru il y a certains arbrisseaux, qui ont leur tronc fort tendre,tirant sur le verd obscur,tacheté de petites marques cendrees,leurs feuilles semblables à celles des fresnes, mais plus petites, sentans comme l'odeur du foin:leur fruit est semblable en grandeur à celuy du poiure, estant oleagineux, & couuert d'vne petite peau rouge,& est comme vne grappe de raisin : sa fleur est petite, & semblable à celle de la vigne. Et ces Arbrisseaux croissent en abondance aux valons & plaines du Peru,lesquels sont appellez par les Indiens *Molles*: du fruict desquels iceux Indiens se seruēt, pour en faire du vin, ou breuuage fort excellent,ayant goust de vin, en ceste façon:Ils prennent son fruit,& le font bouillir assez bonne espace de temps,auec de l'eau fraische de fontaine: puis quand ils l'ont fait cuire au feu en sa perfection, ils retirent du feu ceste decoction, & la font rafraischir, puis ils boiuent d'icelle,qui a le goust d'vn vin doux & picquant: que s'ils la font bouillir long tēps,ils en font du miel, & du vin-aigre:& font iceux Indiens si grād cas & estime de ces Arbrisseaux,qu'en aucuns lieux ils les dedient & consacrent à leurs idoles. Voyez Pierre Cieça, premiere partie de sa Cronique du Peru, chap.112. H.Cardan liu.6.chap.20.de la varieté, & Nicolas Monardes liure des Medicaments simples,apportez des Indes, I. Delery, chap. 9. de son histoire de l'Amerique, & Charles Clusius en ses annotatiõs sur ledit Monardes, qui represente le portrait desdits Arbrisseaux, G.Rouille liure 18. chap.21. de son histoire des Plantes, le mesme Hierosme Cardan liu.6.chap.24.de la varieté des choses, fait ample mention des bieres, citres, perets, halez & autres breuuages, desquels vsent plusieurs peuples & natiõs en lieu de vins. Voyez Leontius dãs Cassianus en ses Geoponiques, & autres mentionnez dans les Comment. de I. Daleschampt, sur les chap.16.17.& 22. du 14. liure le son histoire vniuerselle: & Oliuier de Serres sieur du Pradel, en son liure 3. chap.15. des boissons artificielles composees de fruicts, de grains, de miel, succre & autres, en son Theatre d'Agriculture. Pierre Belon, liure 2. chap.98. de ses Obseruations parle ainsi du breuuage des Turcs: I'obserueray premierement en Hamons, que l'vsage de faire le breuuage anciẽ, nommé Posca, n'est du tout aboly, & veux dire en oultre qu'il n'y a ville en Asie, où il n'y aye des tauernes, qui vendent le susdit breuuage, ils le nomment vulgairement *Chousset*, qui est celuy que les anciens Grecs nomment *Zitum*, les Latins *Posca*, ou *Pusca*, ou *Phusca*, des mesmes dictions Latines, dont Suetone & Columelle ont vsé, comme aussi Serapion & Auicenne en ont fait mention. C'est vn breuuage blanc, comme laict espois, & bien nourrissant, & enteste beaucoup ceux qui en boiuẽt par trop, iusqu'à les enyurer: l'on a pensé que Posca fust Oxicratum, mais c'est bien autre chose: car Oxicratum est celle chose, qui est maintenant en vsage és vaisseaux Grecs & Italiens, & mesmement les Chuomes des nauires & galeres Veniciẽnes en boiuent ordinairement; car estans sur mer, sont contraincts de garder les eaux moult long temps, iusques à s'empirer & empuantir. Et pour luy oster le mauuais goust qu'elle a acquis d'auoir long temps demeuré dedans les vaisseaux, l'on y mesle quelque peu de vin-aigre, qui luy donne vn moult plaisant goust, & cela est Oxicratum. Mais Posca, ou Posset, ou Chousset, different à la biere, & est ce que les anciens ont nommé Curmi, moult different à l'Oxicratum. Le Curmi est à dire Biere, est fait de grains entiers, & quelques-fois cassez: mais le Zitum ou Posca, maintenant appellé Posset, est fait de farine mise en paste, qu'ils font cuire dedans vne grande chaudiere, puis on iette vne boule de ladite paste dedans de l'eau, qui incontinent boust d'elle-mesme, & s'eschaufe sans feu, tellement qu'il en est fait vne beuuette espoisse: Son escume est blanche & legere, que les femmes Turques acheptent volontiers à se farder, d'autãt qu'elle rend la chair moult delicate & tendre; & faut qu'elles en portẽt aux bains pour s'en frotter. C'est vne enseigne du Zitum, que les anciens Autheurs n'ont pas ignoree: parquoy ne se faut abuser, pensant qu'Oxicratum soit Posca: mais trop bien que Zitum & Posca est vne mesme chose. Et pour prouuer que Posca n'est pas Oxicratum, vn seul passage en Suetone satisfait, qui dit qu'vn esclaue de l'Empereur, fugitif, fut trouué en la ville de Capue, vendant du Posca, & s'il n'y eust eu autre chose en ce breuuage, non plus qu'en Oxicratum, il est manifeste que sa tauerne eust esté mal achalãdée, & n'eust pas fait grand proffit. Voyez Prosper Alpinus liure des Plantes d'Egypte chap. 16. du bon Arbre, ainsi nommé, faisant mention que les Arabes font vne sorte de breuuage des fruicts de cet arbre, par eux nommé Caous : lequel breuuage il recommande fort, pour sa singularité & excellence.

Du Chesne marin, Arbuste, qui prend sa naissance dans vne Coquille.

Chap. XVII.

THEOPHRASTE Autheur Grec, liure 4. chap. 7. de son Hist. des Plantes, faisant mẽtion de plusieurs plãtes, herbes & mousses, lesquelles naissans pres la mer, gardent longue espace de temps leur verdure & vigueur, escrit ce que s'ensuit de nostre Chesne marin.

Les Chesnes & Pins marins sont veuz estre de mesme nature & proprieté : car iceux naissent & croissent sur des pierres & tests de pots rompus, & prouiennent communément sans racines, & ainsi que les huistres adherent aux pierres & tests de pots. La fueille d'iceux est comme charneuse, assez lõgue & espaisse ; mais beaucoup plus espaisse que la feuille des Pins: assez toffue, non trop differente & dissemblable des gousses, qui sont aux legumes: estant icelle caue par le dedans, & ne cõtenant rien en soy : ains estant plus tendre que la feuille du

Chesne commun, & ressemblant à celles des Tamarins: la couleur de la feuille de ces deux arbustes approchant fort de la couleur du pourpre: la forme desquels arbustes est pareille & semblable à celle d'vn Pin dressé en terre, estant vn peu toutesfois iceux plus courbes que les Chesnes cõmuns, & plus larges & spacieux de beaucoup. Tous ces arbustes estans grandement brancheuz & rameuz: mais le Chesne est moins toffu que le Pin: les rameaux duquel Pin sont longs, droicts & separez: ceux du Chesne, au cõtraire, plus courts, contords & espaiz: l'vn & l'autre de ces arbustes n'estās plus grands & haults d'vne coudee, ou vn peu plus. Le Chesne sert, & est vtile aux femmes, pour les taintures des laines: aux rameaux duquel plusieurs animaux couuerts d'escailles cõioincts, y pendent & adherent, & soubs iceux plusieurs autres: dans lesquels animaux, à demy presque mangez, entrēt les Insectes à plusieurs pieds, & autres bestions de ce genre, comme aussi les Polypes & autres. Cet Autheur au chap. 8. ensuyuant, au mesme liu. parle de quelques arbustes, ou herbes semblables à ces Chesnes ou Pins marins. Pline liu. 13. chap. 25. de son histoire naturelle, ayant imité Theophraste cy dessus allegué, dit ce que s'ensuit.

» *Nascuntur & in mari frutices, arboresque, mino-*
» *res in nostro, rubrum enim, & totus orientis, ocea-*
» *nus refertus est sylius. Non habet lingua alia nomen,*
» *quod Graci vocant Phycos: quoniam alga herbarum*
» *magis vocabulum intelligitur: hic autem est frutex.*
» *Folia lata colore viridi gignit quod quidam prason vo-*
» *cant, alij Zostera. Alterum genus eiusdem, capillacei*

folio, simile fœniculo in sacris nascitur superius in vadis haud procul littore: verno vtrumque, & interit autumno: Circa Cretam Insulam nato in petris purpuras quoque inficiunt, laudatißimo à parte aquilonis, aut cum spongiis. Tertium est gramini simile, radice geniculata: & caulæ qualiter calami. Aliud genus fruticum Brion vocant, folio lactucæ, rugosiore tamen iam hoc interius nascens. In alto vero Abies & Quercus cubitali altitudine, ramis earum adhærent Conchæ. Quercu etiam tingi lanas tradunt, glandem etiam quasdam ferre in alto: naufragiis hæc deprehensa vrinantibusque: & aliæ traduntur prægrandes circa Sicyonem. Vitis enim paßim nascitur, sed ficus sine foliis, rubro cortice. Fit & Palma fruticum generis extra Herculis columnas, porri fructu nascitur frutex, & alius lauri & thymi, qui ambo eiecti in pumicem transfigurantur. At in oriente mirum est statim à Copto per solitudines nihil gigni, præter spinam, quæ sitiens vocatur, & hanc raram admodum. In mari vero rubro syluas viuere, laurum maximè, & oliuam ferentem baccas: & cum pluat, fungos, qui sole tacti, mutantur in pumicem. Fruticum ipsorum magnitudo ternorum est cubitorum, caniculis referta, vt vix prospicere è naui tutum sit, remos plerumque ipsos inuadentibus, &c.

C'est à dire, On trouue des arbres & arbrisseaux en la mer: toutes-fois ceux de la mer mediteranee sõt beaucoup moindres que ceux des autres mers: car la mer rouge & mer orientale est garnie de grãdes forests. Ce que les Grecs appellent Phycos n'a point chãgé de nom en quelque lãgue que ce soit: car quãt au nom d'Alga, il se rapporte aux herbes:

mais Phycos est vn Arbrisseau, lequel produit des feuilles larges & vertes, qu'aucuns appellent Prason, ou Zostera. Il y a vne autre espece de Phycos, qui croist parmy les rochers, lequel produit ses feuilles capilaires, & semblables à celles du fenoil: on en trouue ordinairement sur des escueils assez pres des bords de la mer, & ce au printemps, car il meurt en Automne. Et par ainsi il faut chercher l'vn & l'autre Phycos au printemps, car il meurt en Automne. Quant au Phycos qui croist parmy les rochers des costes de Candie, & mesmes du costé de Septention, ou bien parmy les Esponges, on s'en sert à faire la teinture de pourpre. (Quelques modernes tiennent que ce soit le Feul, qu'on trouue és rochers, dequoy on fait la teinture de Lacque.) La tierce espece de Phycos retire au gramen ou dents de chien, & à la racine & la tige compartie par nœuds, ainsi qu'on voit és canes & roseaux. Il y a vn autre arbrisseau, que les Grecs appellent Brion, c'est à dire Mousse, qui a les feuilles de laictuë, horsmis qu'elles sont plus ridées & retirees: & quelques modernes tiennent, que ceste Mousse marine est la Coranille des Apothicaires: cet arbrisseau croist assez auant en la mer. En la haute mer aussi on trouue des chesnes & sapins, de la haulteur d'vne coudee, aux branches desquels les coquilles se tiennent ordinairemēt attachées. On dit que les chesnes marins seruent à teindre les laines. Item y a des arbres qui portent gland en la haute mer, selon que raportēt les Vrinateurs, & mesmes plusieurs autres qui sont eschapez des naufrages, & principalemēt en la mer de Sicyone.

Quant

Quant à la vigne marine, on en trouue quasi en toutes mers. Les figuiers marins ne iettent point de feuilles, & ont l'escorce rouge: on y trouue aussi des palmiers petits cõme Arbrisseaux. Au delà du destroit de Gibaltar, on trouue en la mer, des arbrisseaux qui ont la feuille comme le Porreau, & d'autres qui retirent au Laurier, & au Tim: les branches desquels, & principalement celles qui paroissent par dessus l'eau, sont couuertes & transformees comme en pierre-ponce. Quant aux Regions Orientales, c'est vn grand cas, que depuis Coptus en là, on ne sçauroit trouuer vne seule plante par les deserts, horsmis vn certain chardon, qui est appellé chardon alteré, lequel encores y est bien clair-semé. Touchant la mer rouge, on dit qu'elle contient en soy des grandes forests, & mesmes des Lauriers & Oliuiers qui portent fruict. On dit aussi que quand il pleut, ceste mer produict des Champignons, lesquels se conuertissent en pierre-ponce, soudain qu'ils sont battus du Soleil. Quant aux arbrisseaux qui y viennent, ils sont de la hauteur de trois coudees: & sont si peuplez de roussettes ou chats de mer, qu'il n'est trop seur aux passages de mettre le nez hors du nauire: car mesmes ils se iettent aux rames. Plusieurs soldats d'Alexandre le Grand ont laissé par memoire, qu'au voyage des Indes, ils trouuerent plusieurs arbres verdoyans en la mer: la brancheure desquels estât mise à sec, se conuertissoit soudain en sel, à la chaleur du Soleil. Item que par les bords & riuages, ils trouuerent à force ioncs de pierre, du tout semblables aux ioncs naturels: & qu'en la haute mer, ils veirent certains arbrisseaux, ayans leurs branches faictes d'vne matiere semblable à corne de bœuf, qui toutesfois estoient rouges à la cime, & tendres comme verre, & rougissoient au feu, comme le fer ; & neantmoins estant refroidies elles tournoient à leur premiere couleur. En ces contrées le flot de la mer est si haut, qu'il couure toutes les forests des Isles, encores que les arbres y soient hauts comme planes & peupliers. Ces arbres ont la feuille semblable au Laurier: mais leur fleur retire, & en couleur, & en odeur, à celle du Violier. Ils produisēt en Automne vn fruict semblable aux oliues, lequel sent fort bon : & sont lesdits arbres verds tout l'an. Les plus petits sont entierement couuerts du flot: mais ceux qui sont hauts & grāds ont seulement les cimes hors de l'eau, ausquelles les passans attachent leurs vaisseaux, quand la marée est haute: car quand le flot s'est retiré, ils les attachent aux racines. Ils disent aussi qu'ils veirent en la haute mer, en ces quartiers là, des arbres qui demeuroiēt verds tout l'an, lesquels iettoient vne graine semblable aux Lupins. Le Roy Iuba dit que le lōg des Isles des Volges, on trouue en la haute mer vn arbrisseau, que les gens du pays nommēt Isidos Plocamon, lequel n'a point de feuilles, & est fait à mode de corail. Cet arbrisseau estant coupé, change de couleur, & deuient noir : toutesfois, il est aussi tendre à se rompre que verre. Il dit aussi qu'on y trouue vn autre arbrisseau, nommé Charitoblepharos, lequel est fort propre à faire l'amour: & dit que les dames en font des carquans, & portent ces branches pendues au col : dit dauantage, que cet arbrisseau a sentiment, quand on le veut prendre : tellement qu'il s'endurcit lors cōme vne corne, de sorte que le fer à peine y peut prēdre : que si d'auanture on ne l'arrache auec le fer, ains qu'on l'attrappe auec cordages & filets, il se conuertit en pierre.

Le grand Iules Cesar Scaliger, en son exercitation 181. distinct. 4. de la subtilité à H. Cardan, parle ainsi de nostre chesne marin. *Flumen Vistula qua sese exonerat in Oceanum, is sinus dicitur, Pucicus. Littoris illius tractus saxeus est bituminosis glebis. Quibus adnascuntur Arbusculæ pallidæ, vix ad pedis altitudinem si maximam eorum partem spectes : rarò explent quatuor. Quercus eis & Buxi species, sine radice : quemadmodum Coralli.* Le fleuue Vuistule vulgairement appellé Vuiexel noble fleuue de l'Europe, naissant aux monts Carpathes, separant la Germanie de la Sarmatie (ainsi qu'on peut veoir en Ptolomee table 8. de l'Europe. Pline liu. 4. chap. 13. & Vadian sur le 3. liu. de Pomponius Mela) au lieu qu'il se descharge en l'Ocean, nommé Goulphe Pucique, a ses bords & riuages pierreux, tous pleins de mottes bitumineuses, dans lesquelles viennent à croistre certains arbrisseaux pasles, non plus hauts d'vn pied, si on contemple de pres la plus part d'iceux : les plus grands & hauts desquels, rarement prouiennent à la hauteur de quatre pieds : iceux arbrisseaux estans du tout pareils aux chesnes & aux buys communs, à ceste cause nommez des bons Autheurs Chesnes ou Buys marins : lesquels croissent sans aucunes racines, ainsi & en la forme des Arbustes du Corail. Desquels arbres du Corail traittent amplement Orphee, liure des pierres precieuses, Theophraste liure des pierres, Pline liu.32. chap.2. Solin chap.8. de son Polyhistor, A. Matheole en ses Commentai. sur le liur.5.chap.97. de Dioscoride, & G. Rouille liur.32.cha.12.de son Hist. generale des Plantes.

Portraict du Chesne marin, qui naist dans vne Coquille.

ET afin que les Lecteurs beneuoles ne treuuent incredible que des arbrisseaux ou arbustes puissent naistre dãs des Coquilles, ou sur des pierres: ie feray icy mention que le mesme Iules Cesar Scaliger en son exercitation 59. distinct. 2. au mesme H. Cardan escrit qu'il fut apporté au feu grand Roy François, premier du nom, vne huistre ou coquille marine, non par trop grande, contenant dedans soy vn petit oyseau, presque du tout parfait, auec les bouts & sommitez des aisles, du bec, & des pieds; adherant aux extremitez & bords de ceste-dite huistre, ou coquille, & que les hommes doctes qui la virent, iugerent asseurément qu'icelle auoit esté transformee par la force & puissance de nature en ce petit oyselet. Hierosme Cardan liur. 7. de la varieté, chap. 36. soubz la personne de Hector Boëtius Seuerinus, refere qu'vn certain personnage nommé Alexandre Gallonidan Pasteur de l'Eglise Kilkĕdense, homme (outre vne insigne probité & integrité) desireux & curieux de choses incredibles & admirables, contemplant vn certain iour de la mousse ou alge marine, conioincte & adherante à certains rameaux d'arbres, iceux bordez & garnis d'huistres & coquilles marines; poussé & induict de la nouueauté de telle rencontre, s'approcha de cesdits rameaux, & vint à ouurir cesdites huistres ou coquilles, dans lesquelles (miracle estrange) il ne trouua aucune chair ou substance accoustumee d'estre de nature aux huistres & coquilles, mais de vrays oyseaux, non plus grands & gros que pouuoient porter les coquilles, dans lesquelles ils estoient: à cause duquel miracle ce Paſteur rauy en admiration, vint vers moy (dit Boëtius) cupide & deſireux de choſes belles & rares, auquel il monſtra ceſdits oyſeaux, ainſi nez & procreez dans ceſdites huiſtres & coquilles. Ce qui occaſionna que ie ne fus moins eſtonné & eſbahi, voyant inopinément vne telle choſe ſi miraculeuſe. A ce propos André Theuet liur. 16. chap. 2. de ſa Coſmographie, fait mẽtion qu'aux Iſles Hebrides, y a certains arbres, leſquels produiſent & engendrent à l'entour de leur tronc, certaine matiere, ſemblable à groſſes moules de mer, laquelle matiere cheutte & tombee en terre au moys de Iuin, ſe change & transforme, par la vertu & puiſſance de nature, en vrays & parfaits oyſeaux, qui ſe nourriſſent en terre, vingt-cinq iours entiers & accomplis: puis vont querir & chercher leur nourriture & paſture, le long des riuages de la mer: deſquels oiſeaux, ie traitte amplement au chapitre ſubſequent. Et à fin qu'il ne ſemble à ceux qui liront ces commẽtaires, que les modernes Autheurs de ce ſiecle, ſoiẽt à tout propos reciteurs de miracles & prodiges, i'ameneray en ieu le grand Ariſtote Prince des Philoſophes, lequel au 2. liu. des Plãtes, a aſſeuré qu'en la nature, il ſe pouuoit communement & ordinairement engendrer, & produire des plantes & herbes ſans aucunes feuilles, ou racines. Ce que prouue appertement le meſme Theophraſte ſon diſciple, liu. 4. chap. 7. de l'Hiſtoire des Plantes, cy deſſus allegué; parlant de pluſieurs & diuerſes plantes, herbes & mouſſes, qui naiſſent en la ſuperficie de l'eau: enſemble des pierres, des caillous. Pline liu. 12. chap. 9. de ſon hiſt. naturele, escrit ce que s'ensuit. La Region de Perse confine aux Regions cy dessus, du costé de la mer rouge, que nous auons appellé cy dessus, Goulphe d'Azimia. Le flot de ceste mer va bien auant en terre, & là voit-on de plusieurs sortes d'arbres, qui sont admirables. Car apres que le flot s'est retiré, on voit lesdits arbres sur la plage, ayans leurs racines desnuees, comme si la mer les auoit rongees, & diroit-on à veoir lesdites racines embrasser le sable, que ce sont Poulpes, qui embrassent quelque chose auec leurs pieds: & neantmoins encores que leurs racines soient desnuées, quand la maree retourne, elles demeurent fermes, & resistent aux flots, & aux impetuositez des vagues, pour grandes qu'elles soient: mesmes quand la mer est haute, ils sont tous couuerts d'eau: tellemẽt qu'à veuë d'œil on cognoist qu'ils se nourrissent de l'aspreté de la mer, & neantmoins, ils sont fort hauts, & sont faits quasi à mode d'Arbousiers. Leur fruict est comme vne amende en dehors, mais en dedans, le noyau est comme entortillé. L'Aristote cy dessus allegué, liu. 4. chap. 5. des parties des animaux, fait mention de certaine herbe, nommee Epipetre, laquelle suspendue en l'aër, peut long temps viure sans aucune humeur ou nourriture. Plutarque, au traitté de la face, qui apparoist dedans la Lune, recitãt que dans la mer adjacente, à la Prouince Gedrosie & Troglodytie, il s'y engẽdre & nourrit des arbres de hauteur & grandeur merueilleuse, qui sont verdoiãs iusqu'aux pieds, & aux fonds; aucuns dequels sont nommez Oliuiers, autres Lauriers, autres Cheueux d'Isis, parle d'vne certaine plante, appellee Anacampserotes : laquelle arrachee du lieu où elle croist, non seulement vit tant que l'on veut, sans aucune nourriture & aliment; mais qui plus est iette & produit verdure & feuille fort long temps : Pline liu. 24. chap. 17. en parle comme en passant, & en faisant vne deduction assez ample de plusieurs estranges & admirables herbes. Hierosme Cardan liu. 5. chap. 19. de la varieté des choses, rapporte qu'il a eu assez long temps en sa possessiõ vne certaine pierre, prouenant de la mer d'Ecosse, laquelle portoit & produisoit des feuilles & herbes, à mesure qu'elle estoit mouillee, & arrousee. Qui plus est nous trouuons dans les histoires d'Italie, qu'au Pape Martin V. il fut presenté vne grãde piece de fort & dur marbre; dans laquelle on trouua, le sciant & fendant par le milieu, vn assez grand & gros serpent, viuant, sans qu'il eust autre espace qu'vne petite trace, ou fosse cauee au beau milieu de ladite pierre, pour se tourner & virer: dans laquelle trace, ou fosse, il ne fut trouué aucune liqueur, ou viande, pour seruir d'aliment ou nourriture à cedit serpent. Ceux qui veirent ceste pierre, iugerent que ce serpent auoit esté engendré dans cestedite pierre, lors & quand elle fut endurcie & rendue forte, pour en faire vne vraye & parfaite pierre de marbre. Voyez ce que Iacques Daleschampt escrit en ses Commentaires sur les passages de Pline cy dessus alleguez, apres Alexandre d'Alexandrie liur. 5. chap. 9. de ses Iours geniaulx. Guillaume Rouille liu. 12. de son histoire de toutes les Plantes, chap. 10. 11. descrit toutes les sortes de mousses de mer, qui croissent sur des Coquilles, & sur les bords & riuages de la mer.

D'vne Plante ou Herbe appellée Phallus Hollandicus, Phalle Hollandique, autrement Vit de Hollande, ou Vit Hollandique.

Chap. XVIII.

THEOPHRASTE liure 4. chap. 7. de son Hist. des Plantes, & Pline liure 12. chap. 9. & liur. 13. chap. dernier, font mention de plusieurs estranges & esmerueillables plantes, & herbes, lesquelles croissent dans la mer, & sur les bords & riuages d'icelle, sans feuilles & sans racines. Ce qu'estant premis, nous sçaurõs qu'vn certain personnage de ce temps, Flament de nation, versé és bonnes lettres, en vn discours par luy cõposé pour cet effect, a descrit amplement & particulierement la nature de ce Phalle Hollandique, qui est vne chose fort estrange & admirable sur toutes les autres choses de cet Vniuers.

» *Phallus Hollandicus in maritimis Hollandiæ ac Zelandiæ arenosis gignitur, hominis pudendo suo præputio contecto adeò similis, vt inde nomen sit tributum. Siue integrum, & partibus adhuc suis constantem, ac compactum, minimè diuisis, siue in partes è quibus componitur, iam discissum inspiciamus, ad verendorum hominis figuram sic accedit, vt in eo generando lusisse natura videatur lasciuius, succo in arenis frigidis siccisque reperto, è quo penem hominis fingere meditata sit, afflatu etiam maris fortaßis adiuta, cuius vim maximè genitalem esse periti rerum na-*

turalium omnes testantur, & suis Poëtæ fabulis indicant τὴν ἀναδυομένην Ἀφροδίτην versibus celebrantes, nempe Venerem è maris fluctibus exorientem, ac emergentem. Posteriore parte velut inter duas prominulas nates, carium patet: (malo enim cum podice comparare, quàm cum muliebri vulua) In id cauum tanquam in Scroti fundum, tenue filum subit, bifidum, quo tanquam radice, in arenoso solo defigitur. Quod terræ proximum est, bulgæ figura, inferiora Phalli operit, extremaque ora laciniata, in apices extantes diducta, vndique illum amplectitur, rugosi scroti quadam imagine. Bulga detracta subest aliud inuolucrum, tanquam elytreoeides tunica in hominis testiculis. Superiore Angustius, ac minus, Phallum circundans orbe simplici linea circumeunte, non tamen continuato, sed interrupto rima, quæ veluti duorum testium interuallum ac interstitium offendit. In tuberculum subrotundum id desinit, radice vicinum, cui radix inseritur. Inde penis in longum porrigitur, mentulæ specie, punctis quibusdam notatus, in summo, sub præputio, pertusus, rotundo foramine, quod in extremo hominis veretro fissuram imitatur, qua vrina profluit. Munit summum illud fastigium, & vestit præputium (sic enim aptißimè vocari potest) vndique circumuolutum, cutis plicatilis modo. Extrema parte præputij, carnosi osculi rotundus velut apex eminet, fistulosus, pelle circum crispata humani præputij corrugato fini similis.

C'est à dire : Le Phalle ou Vit Hollandique est produit & engendré aux lieux maritimes & areneux des Regions d'Hollande & Zelande, lequel est tellemẽt semblable à vn membre viril d'hõme, couuert de son prepuce, qu'à cause de cela il a esté ainsi appellé en Langage Latin, *Phallus Hollandicus* en François, Vit d'Hollande ou Zelande. Car si on cōsidere tout entier ce Phalle auec toutes ses parties conioinctement, & non separément, ou bien non entier, mais diuisé de sesdites parties, il semblera si fort approcher de la forme du membre viril de l'homme, que la nature semble s'estre iouëe & esbatuë fort lasciuemēt, en le produisant & engendrant, comme si elle eust voulu former vn vray membre viril d'hōme, par le moyen d'vn suc trouué sur les arenes froides & seiches, s'estant icelle nature peut-estre aydee de la force & puissance du masle: la force genitale duquel, tous les Philosophes plus entendus aux secrets des choses naturelles, & les Poëtes ont en leurs fables declaré estre τὴν ἀναδυομένην Ἀφροδίτην, Venus sortant & procedant des flots de la mer. En la partie posterieure de ce Phallus, située comme entre deux eminences de deux petites fosses, il apparoist vne certaine cauité (de moy ie l'ayme mieux comparer à vn cul, qu'à la vulue d'vne femme) dans laquelle cauité, qui est comme le fonds du scroton, il y a vn petit fillet separé en deux, par lequel, ainsi comme par vne racine ce Phalle est fiché dans la terre areneuse. Ce qui est plus proche & contigu de ce Phallus vers la terre, estant ainsi qu'vne bourse, couure les parties inferieures d'iceluy: & sont les extremitez des bords d'icelle bourse, dentelees en forme de pointes, lesquelles couurēt & enuirōnēt par le bas tout à l'entour de ce Phalle, en la forme & semblance d'vn scroton tout riddé: ayant osté ladite bourse, il se trouue dessous icelle vne autre couuerture ou tunique, comme est celle nommee Elytroeide, qui se voit aux coüillons d'vn homme. Laquelle couuerture ou tunique est plus petite & anguste que l'autre, enuirõnant tout à l'entour ce Phalle, par vn simple rond d'vne seule ligne, non toutes-fois continuée, ains interrompuë par vne fente : laquelle represente comme vne separation de deux testicules: & finit ce Phallus en vne tuberosité ronde proche de sa racine, en laquelle sadite racine est entée. Et de là est estendu ce Phalle en long, comme le membre viril d'vn homme, estant marqué de certains poincts : & en son bout d'enhaut, à sçauoir soubz le prepuce, il est garni d'vn petit trou, ainsi qu'vn membre viril d'homme, & est ce bout d'enhaut garny tout à l'entour d'vne peau fort aysee à plier, à mode & façon d'vn vray prepuce, ainsi qu'à bon droict il peut estre appelé: en la superieure partie de ce prepuce, il a comme vne eminẽce ou sommité fistuleuse, ainsi qu'il s'en voit aux prepuces riddez d'aucuns hommes. Quelques sçauans & curieux personnages, qui auoient longuement demeuré en Hollande & Zelande, m'ont asseuré auoir veu de ces Phalles, & les auoir bien cõtemplez: & qu'ils sont tous pareils & semblables à ce que i'en ay descrit cy dessus : mais ils adioustẽt que ces Phalles semblent par le trou, qui est en leur bout d'enhaut, receuoir l'aër ou respiratiõ, ou reietter la trop grande superfluité des eaux marines, desquelles ils semblent se nourrir & alimenter. I. Clusius en son traitté de la briefue hist. des Champignõs, fait mentiõ de quelque sorte de

Champignons, lesquels approchent fort de la forme & figure de ce Phallus, ou Vit Hollandique, & fait estat de ce miracle: la description duquel, comme incredible, il attribue à Adrianus Iunius. Qui voudra veoir plusieurs choses dignes de remarque des Plantes, lesquelles representent les coüillons & les Vits des animaux, lise I. Baptiste Porte, liu. 4. Phytognomonicon, ch. 19. & 20. & li. 6. subsequēt, chap. 12. faisant mention des excroissances des Arbres, lesquelles ressemblent aux membres virils.

Portraict du Phalle Hollandique entier.

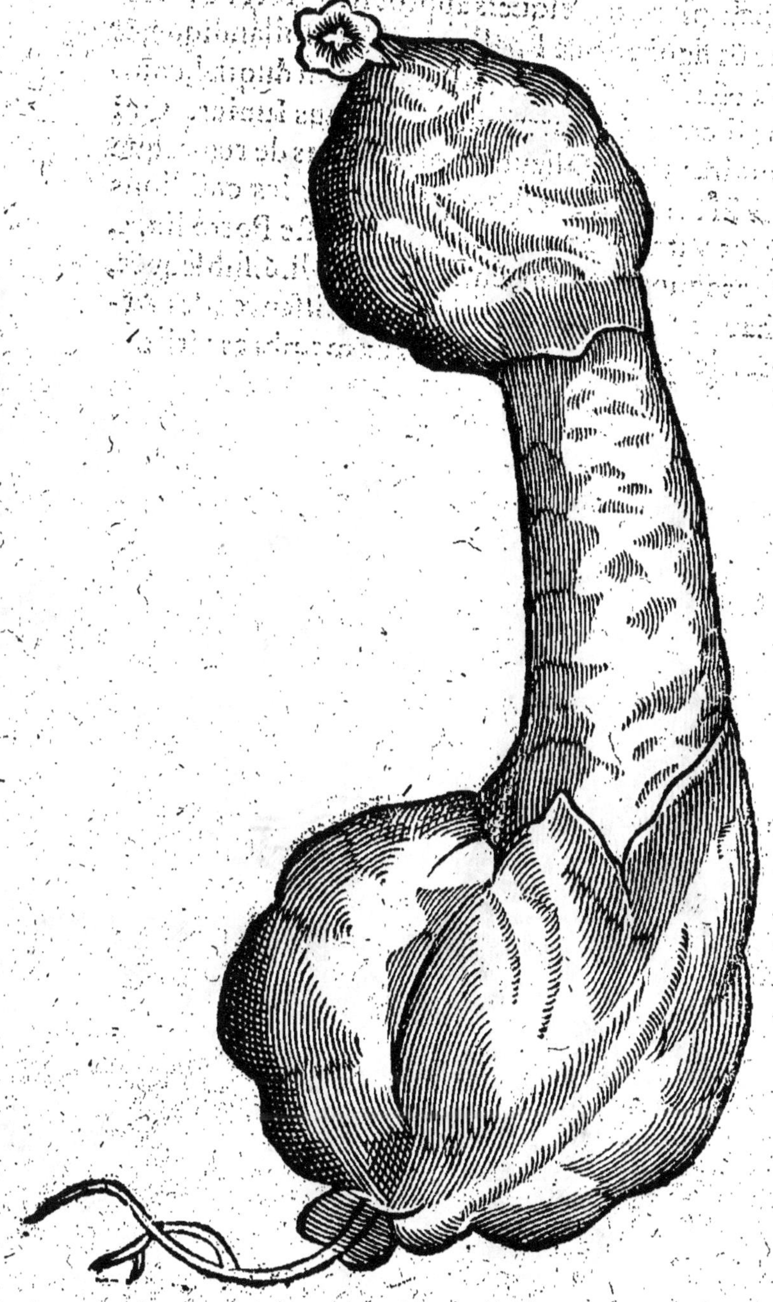

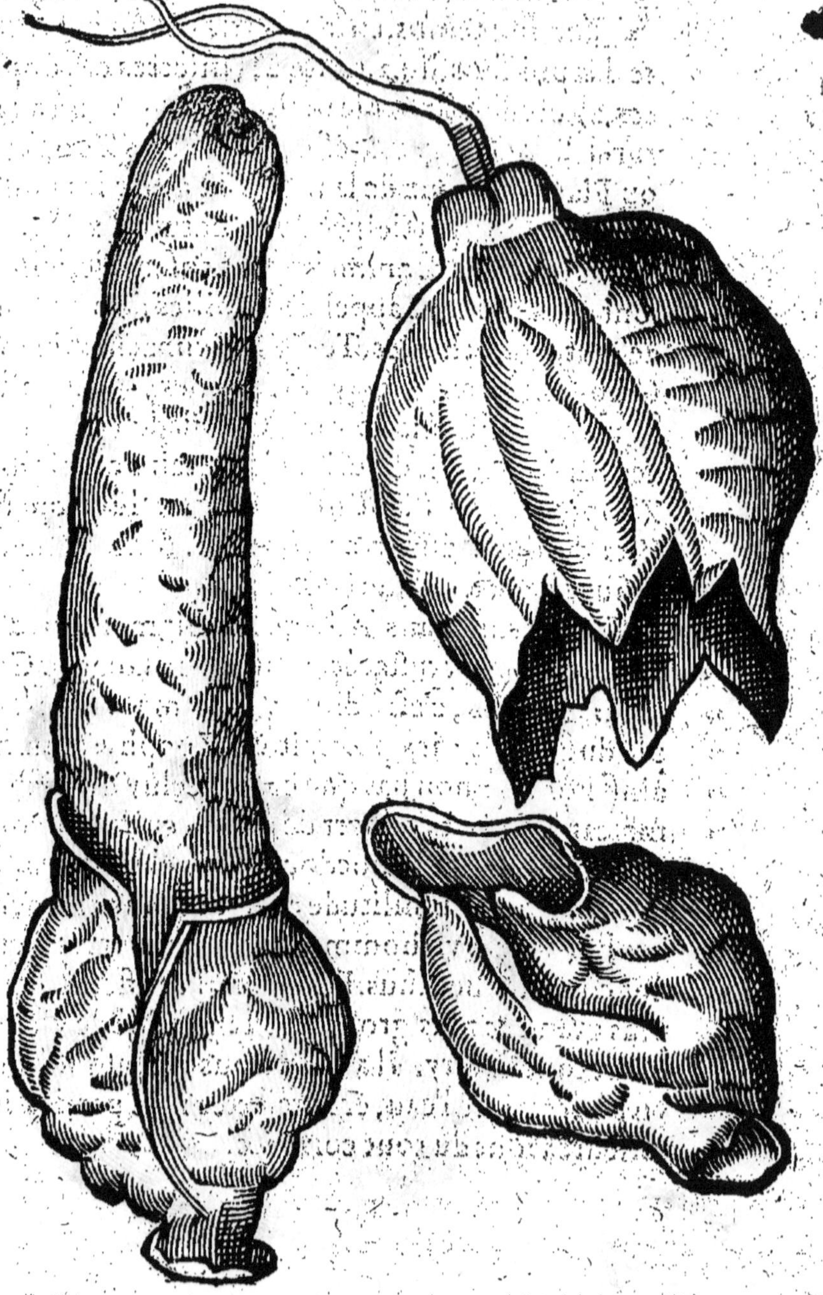

GVuillaume Rondelet, tres-ſçauant medecin en ſon temps, en ſa 2. partie de ſon hiſt. entiere des poiſſons, liu. 2. traite des inſectes & zoophytes, ayant deſcrit par le menu, & repreſenté au naturel les eſtranges & eſmerueillables Zoophytes ou Plant'animaux de la mer, c'eſt à dire les poiſsõs qui ſemblent participer de la nature des Plantes, & des poiſſons & animaux tout enſemble, tels que ſont ceux qui ſont appellez Eſtoilles de mer, Soleil de mer, Holothuries, Tethyes, Pennaches de mer, Grappes de mer, Albergame de mer, Concombre de mer, Poulmons de mer, Giroflade de mer, & des Eſpõges, a fait mention de certains admirables Zoophytes, ou Plant'animaux, par luy appellez Vits de mer: diſant au chap. 20. & 21. du lieu cy deſſus allegué, ce que ſ'enſuit.

» Epicharme dans Athenée a fait mention d'vn
» Animal marin cruſtacée, nommé en langage Grec
» αἰδοῖον θαλάττιον, c'eſt à dire, Vit de mer: à l'exem-
» ple duquel i'ay icy portrait vn Zoophyte marin,
» ainſi nommé: non pas que ce ſoit celuy d'Epichar-
» me, car ceſtui eſt couuert de teſt ou cuir dur, lequel
» en Prouence & Languedoc, on appele Vit de mer,
» pour la grande ſimilitude de figure, auec le mem-
» bre honteux d'vn homme. Il eſt couuert de cuir
» dur cõme les Becchus. Eſtant vif il ſ'enfle, & ſe rẽd
» plus grand & plus gros: & eſtant priué de vie de-
» uient tout flaiſtry. Il a deux trous à chaſque bout,
» vn pour attirer l'eau, & la reietter: ſes parties in-
» terieures ſont du tout confuſes.

IL y a vn autre zoophyte marin, qui n'est pas aussi fort dissemblable au membre honteux de l'homme, retiré & racourcy : il est couuert de test, comme cartilagineux, espais, transparant, auec plis & rides: il a deux trous separez l'vn de l'autre, par lesquels l'eau iallit, quand on les presse.

Ce mesme Rondelet, en la 1. partie de sadite hist. des poissons, chap. 1. escrit auoit veu souuent dans le grauier de la mer, des Boyaux de mer, de la grosseur d'vn gros doigt, ou des menus boyaux des hõmes, longs de quatre coudees, n'ayãs aucune semblance auec les autres animaux, nulle distinction de membres; bref vn corps long & informe, mais au dedans tout plein de grauier. Il y a vne sorte d'Herisson de mer, qui n'a point de dents, & lequel vit du seul grauier, duquel on le trouue tousiours plein au dedans. Voyez ce mesme Autheur, liu. 18. cy dessus, chap. 27. 28. 29. & 30. traittant de toutes sortes d'Herissons de mer.

D'aucuns Arbres, Arbrisseaux, Plantes, & Herbes, qui ont vne tres-grande sympathie, ou amitié secrette, auec le Soleil, & ses rayons.

CHAP. XIX.

THEOPHRASTE liur. 1. chap. 16. de son Hist. des plantes : & liur. 2. chap. 26. des Caus. fait mention des feuilles de l'Oliuier, Tilleu, de l'Orme & Peuplier : lesquelles se tournent apres le solstice d'Esté, & sont vn vray signal aux paysans du solstice d'Esté ia passé, ayant vne tres-grande sympathie auec le Soleil, vers lequel elles se virent tousiours. Et apres luy Pline liu. 16. chap. 24. de son hist. vniuers. & liur. 18. chap. 27. Ces Autheurs cy dessus alleguez, nous ameinent à deduire que le mesme Theophraste liure 4. chap. 9. de son hist. des plantes, escrit ce que s'ensuit.

» En certaine Isle, nommee Tylos, située au sein
» Arabesque, il se trouue certain Arbre grandement
» feuillu, semblable au Rosier, lequel la nuict se fer-
» me & reserre; au leuer du Soleil s'ouure, enuiron
» le midy il s'espand & eslargit du tout, sur le vespre
» il commẽce vn peu à se comprimer & resserrer: &
» en fin la nuict il se ferme & resserre du tout: lequel
» Arbre les habitans de ceste Isle disent alors dormir
» & reposer. Pline, liure 12. chapitre 11. parlant de l'Isle de Thylos, en la mer rouge. *In Thilis autem*
» *& alia arbor floret albæ violæ specie, sed magnitudine*
» *quadruplici, sine odore quod miremur in eo tractu:*
» *est & alia similis, foliosior tamen, roseique floris, quem*
» *noctu comprimens, aperire incipit solis exortu, meri-*
» *die expandit. Incolæ dormire eam dicunt.*

C'est à dire: En Tylos donc il y a vn Arbre qui porte fleurs, lequel est semblable au violier blanc, mais il est plus grand quatre fois, & lequel est sans aucune odeur, chose admirable en ces contrees: & y a en cestedite Isle, vn autre Arbre, semblable au precedent, toutesfois plus feuillu, ayant les fleurs semblables aux fleurs du rosier, lequel Arbre se fermant & resserrant la nuict, commence à s'ouurir au leuer du Soleil, & enuiron le midy s'espād & eslargit du tout : les habitans de ceste Isle disent iceluy Arbre dormir & reposer.

Le mesme Theophraste cy dessus, fait mention d'vne herbe par luy appellée en sa langue Grecque Λωτὸς Αἰγύπτιος, liu. 4. chap. 10. de son Hist. des plantes cy dessus alleguée : disant, ὁ δὲ λωτὸς καλούμενος φύεται μὲν ὁ πλεῖστος ἐν τοῖς πεδίοις, ὅταν ὁ χώρα κατακλυσθῇ, &c. c'est à dire : La Plante appellée Lotus croist ordinairement, & pour la plus part en la plaine, & sur tout quand le Nil se desborde. Sa tige retire à celle de la febue, aussi fait son fruict, encore qu'il soit moindre, & plus gresle que celuy de la febue. Il porte son fruit en vne teste comme fait la febue, & iette vne fleur blanche, qui a ses feuilles estroittes, comme la fleur de lys. Elle produit plusieurs fleurs, lesquelles sont en grand nombre, & entassées les vnes pres des autres. Elles se resserrent & plongent la teste en l'eau, quand le Soleil se couche ; mais au leuer du Soleil, elles s'espanoüissent & leuent leurs testes par dessus l'eau : & font tousiours ainsi, iusqu'à ce qu'elles desflorissent, & que la teste soit parfaite, laquelle est grosse comme vne teste de pauot, estāt dechiquetee ne plus ne moins que ledit pauot : toutesfois ce Lotus porte plus de graine que le pauot, laquelle est semblable au millet. On dit qu'au fleuue Euphrates ce Lotus plonge sa teste & ses fleurs iusqu'à la minuict, & qu'elle les courbe si profond en l'eau, qu'il seroit difficile de les pouuoit toucher de la main, pour biē qu'on puisse estendre les bras auant dans l'eau : mais cōme le leuer du Soleil & le iour s'approchent, ce

Lotus se redresse, & ce d'autant plus que l'aube du iour est prochaine : & neantmoins il ne se mõstre sur l'eau, que le Soleil ne soit leué : au leuer duquel, il épanoüit toutes ses fleurs, & s'esleue si haut hors de l'eau, que ses fleurs en sont bien eslõgnees. Le mesme Autheur repete ces mesmes mots au liure 2. des Caus. des plantes, chap. 26. & tasche de rendre des raisons naturelles de ces choses. Pline liur. 13. chap. 17. parlant du Lotus, escrit ce que s'ensuit.

» *Est autem eodem nomine & herba, & in Aegypto*
» *caulis in palustrium genere. Recedentibus enim aquis*
» *Nili riguis prouenit similis fabæ, caulæ, foliisque densa*
» *congerie stipatis, breuioribus tantùm, gracilioribusque*
» *cui fructus in capite papaueri similis incisuris omni-*
» *que alio modo, intus grana seu milium. Incolæ capita*
» *in aceruis putrefaciunt ; mox separant lauando, &*
» *siccata tundunt, eoque pane vtuntur. Mirum est, quod*
» *præter hæc traditur. Sole occidente papauera ea com-*
» *primi & integi foliis. Ad ortum autem aperiri, do-*
» *nec maturescant, flosque qui est candidus, decidat.*

C'est à dire : Il y a aussi vne herbe qu'on appelle Lotus. Quant au Lotus d'Egypte, c'est vne tige qui croist és marais d'Egypte : car quand le Nil s'abbaisse, il vient le long du Nil, & produit sa tige semblable à celle des febues, & est fort entassee de feuilles, qui neantmoins sont plus courtes, & plus gresles que celles des febues. Ceste plante produit à la cime de sa tige, vne teste, du tout semblable, & en incisures, & autres choses à vne teste de pauot : toutesfois la graine, qui est au dedans, retire du tout au millet. Les gens du pays apres qu'ils ont fait vn grand monceau de ces testes, les laissent pourrir, puis les lauent, pour en separer la graine, laquelle par apres ils font secher, pour la concasser & mouldre, & en faire du pain. On dit d'ailleurs chose admirable de ceste plāte: car quād le Soleil se couche, les testes de ceste plante se resserrent, & se couurent de feuilles, & demeurent ainsi iusqu'au Soleil leuant qu'elles s'ouurent; & continuent tousiours ce mestier, iusqu'à ce qu'elles sont entierement meures, & que leur fleur, qui est blanche, tombe de soy mesme. Le mesme Pline, au liure cy dessus allegué, chap. 18. ensuyuant.

» *Hoc amplius & in Euphrate tradunt, & scapū ipsum & florem vespere mergi vsque in medias noctes, totumque abire in altum, vt ne demissa quidem manu possit inueniri: Verti deinde paulatimque subrigi, & ad exortum Solis emergere extra aquam, ac florem patefacere, atque etiamnum exurgere vt planè ab aqua absit altè. Radicem Lotos hæc habet mali cotonei magnitudine, opertam nigro cortice, qualis & castaneas tegit. Interius candidum corpus, gratum cibis, sed crudo gratius decoctū, siue aqua, siue pruna, nec aliūde magis, quàm purgamentis eius, sues crassescunt.*

C'est à dire: On dit dauantage, touchant le Lotus Egyptien, qu'au fleuue Euphrates, il se plonge entierement, auec sa tige & ses fleurs en l'eau, iusqu'à la minuict, & se courbe si profond en l'eau, qu'il seroit fort difficile y pouuoir atteindre de la main, pour bien estendre qu'on puisse le bras: mais passee la minuict, ceste plante commence à se dresser peu à peu: de sorte qu'au Soleil leuant, sa fleur paroist par dessus l'eau, & monte si haut auec le

Soleil, que ses fleurs se treuuent en fin fort eslongnees de l'eau: sa racine est de la grosseur d'vne pôme de coing, & est couuerte d'vne escorce noire, semblable à celle des chastaignes, mais le dedans est blanc, & fort bon à manger: toutes-fois estant cuitte en eau, ou soubz la cendre chaude, elle est beaucoup meilleure que cruë. Quant aux peleures de ceste racine, elles sont fort singulieres à engraisser les pourceaux. Proclus en a dit ces mots, en ses
» œuures. *Lotum Apollinis numini adscriptam, atque*
» *dicatam, quòd ante Solis emersum sua folia implicat,*
» *prosurgente autem, sensim ac paulatim explicat, &*
» *quatenus ad mediam cæli plagam ascendit folia ex-*
» *pandit, quo venerationem suo numini peculiarem osten-*
dat. Dioscoride, liu. 4. chap. 109. confirme cecy,
» disant: *Est & in Aegypto Lotus quæ in cãpis flumi-*
» *ne inundatis prouenit, caulæ fabæ: flore paruo, can-*
» *dido, lilio simili, quem tradunt occidente Sole com-*
» *primi, occludique, ad ortum autem aperiri: addunt-*
» *que caput ipsum vespera aquis condi, & ad exortum*
» *Solis emergere. Caput quale papaueris, maximum: &*
» *intus grana seu milij, quæ Aegyptij exsiccant, &*
» *in panes coquunt, &c.* Quelques-vns ont nommé ceste plante Lotum Niloticam, ou Euphraticam. Les Arabes l'appellent en leur langue Arabesque, Handachoca, ainsi que maintient Serapio, liure 4. chap. 106. & 107. Voyez H. Cardan, liu. 6. cha. 22. de la varieté. Prosper Alpinus, liu. des Plantes d'Egypte, chap. 24. & Guillaume Rouille, liu. 9. chap. 60. de son hist. de toutes les Plantes.

Theophraste cy dessus allegué s'est efforcé, liu. 2. chap. 26. des Causes des Plantes, de rendre raison naturelle de ceste sympathie & amitié secrette des Plantes cy dessus, auec le Soleil & ses rayons. Ce qu'a traitté fort au long I. Baptiste Porte Neapolitain, en ses liures intitulez, Phytognomonica.

Pline, liu. 22. chap. 21. descrit l'herbe appellee en Grec ἡλιοτρόπιον, & σκορπίουρον, en Latin, *Heliotropium & Verrucaria, Solaris, Herba Cancri*: en François, Tournesol, & l'herbe au Chanchre : & en dit ces mots: *Heliotropij miraculum sæpius diximus cum Sole se circumagentis etiam nubilo die, tantus sideris amor est, noctu velut desiderio, contrahit cæruleum florem.* Touchant l'Heliottopion, nous auons souuentesfois parlé du naturel admirable qu'il a, de se contourner auec le Soleil, encores que le temps fust couuert, tant est grande l'amour qui est entre ceste herbe & le Soleil : de sorte qu'elle serre sa fleur bleuë de nuict en l'absence du Soleil. Dioscoride liu. 4. chap. 185. & 186. Apulee liu. des vertus des herbes, chap. 49. Pierre Crinit, liur. 24. chap. 6. *de honesta disciplina*: & G. Rouille liur. 11. chap. 77. confirment la mesme chose cy dessus. Qui plus est, quelques modernes asseurent, que quasi toutes les fleurs iaunes des plantes & herbes, suiuēt le cours du Soleil. Les Voyageurs modernes font mētion d'vne certaine espece de reclisse admirable, disans: *Oriente Sole singula folia in latitudinem primū æqualiter explicantur, mox vna cum ascendente Sole eriguntur, atque interdum sursum omnino rigent, & vna cum surculo, cymbam, aut nauium carinam, forma referunt. Occidente Sole rursum se demittunt demissáque pendent. Quinetiam aëris constitutionibus reguntur. Nam si dies sereni fuerint, interdiu eo modo quo di-*

» *ctum est, erecta sunt, pluuiosis vero nubilis, tristibus*
» *& frigidioribus diebus, etiam æstate, atque ipso me-*
» *ridie se demittunt, quæ de foliis tantùm intellige, non*
» *de eorum pediculis quorum positus neque à Sole, ne-*
» *que ab aëris constitutione mutatur.* Cordus liu.2.ch. 156.confirme cecy de mot à mot: aussi fait Guillaume Rouille li.2.ch.59.de son hist.de toutes les Plãtes: & liu.11.chap.77.de la mesme hist. La version des propos Latins cy dessus est telle: Toutes les feuilles s'espanoüissent esgalement en latitude au Soleil leuant, & incontinent se dressent en haut auec le Soleil montant sur l'horison, & quelques fois durant le iour entier, semblent estre alterées: & par ce moyen representent, auec leur tige, vne petite nasselle, ou carine de nauire. Au Soleil couchant, ses feuilles s'abaissent derechef, & abaissees pendent contre bas: mesmes icelles sont gouuernees par les constitutions de l'aër: car si les iours sont beaux & serains, durant le iour, ainsi qu'il a esté dit cy dessus, elles sont longuement erigees en haut: & les iours estans pluuieux, nubileux, tristes & froids, elles s'abaissent, encor que ce soit en Esté & à midy. Ce que nous deuons seulemẽt entendre des feuilles, & non de la tige & branches d'icelle: la position desquels, n'est aucunement changee, ni par le Soleil, ni par la constitution de l'aër. Les nauigateurs modernes asseurent en leurs nauigatiõs, au rapport de Prosper Alpinus, liure des Plantes d'Egypte, chap. 10. que les feuilles des Tamarins font le mesme que les feuilles du reclisse cy dessus descrit: Ce que confirme Garcie ab Orta liu.1.cha. 28. de son hist. des espiceries: & Christofle Acosta

en son liure des espiceries, chap. des Tamarins. Ieã de Mandeuille Cheualier Anglois, en ses voyages escrits en langue Romanesque, chap. du Preste-Ian & de son estat fait mention de tels Arbres, disant: En la dita plaça tots iors al Sol leuant començen a » crexer arbres petits, é crexen fins al mig ior, é por- » ten fruyt, & apres migiore ells s'en tornen ius ter- » ra, axi que al Sol colguat nom parpunt é axies tots » los iors e aço es vna grand marauella. André The- » uet liu. 6. chap. 21. de sa Cosmogra. asseure que les feuilles du Mose se tournent & virent selon le Soleil, tantost deuers Orient, tantost deuers Occidẽt. Voyez Aulegelle, liur. 9. chap. 7. de ses nuicts attiques, disant que les feuilles des Oliuiers s'ouurent & se tournẽt au Soleil, & à la brune, & au solstice. Ce que confirme l'Autheur du grand Proprietaire des choses, liu. 17. chap. 54. & P. Crinit. liu. 4. chap. 6. de honest. disciplin. Les Naturalistes escriuent que les fleurs du Tripolium, Camomille bleuë, ou Marguerite bleuë, changent de couleur trois fois le iour, le matin estans blanches, à midy rouges, & au vespre moins rouges. Qui voudra auoir du cõtentemẽt en ceste matiere, lise Pli. li. 2. ch. 41. P. Crinit li. 4. ch. 6. & li. 24. ch. 6. de honest. discipli. & Apulée liu. *de virtutibus herbarum*, auec les Autheurs recents, qui ont escrit de l'hist. des Plantes & herbes: & Iean Baptiste Porte Neapolitain, liures intitulez, Phytognomonica. D'abondant, Nicolas Monardes Espagnol de nation liu. 3. des medicamens simples, chap. de l'herbe du Soleil, fait mention d'vne herbe nommée Chrysanthemum Perunianum, autrement appellée Planta maxima, autrement, herbe du Soleil, à cause de la tres-grãde sympathie, ou amitié secrette, qu'elle a auec le Soleil, & ses rayons, laquelle il descrit en ces mots.

» L'Herbe du Soleil, est vne belle & excellente » Herbe, estant tres-grande & tres-haute, ainsi que » deux lances, la fleur de laquelle est digne de tres-» grande admiration, à cause qu'elle excede en gran-» deur & beauté, toutes les autres fleurs des autres » herbes, & qu'elle est haute comme vne lance, & » tachetée ou mouchetée par le milieu, de diuerses » & dissemblables couleurs. Ceste Herbe veut en » croissant estre soustenuë à tout des Perches & pais-» seaux de bois, autrement elle croist fort mal sans » ayde & support; sa semence est ainsi que celle des » Melopoupons, mais vn peu plus grande, sa fleur se » tourne & vire perpetuellement vers le Soleil & ses » rayons, à cause dequoy icelle a ainsi esté nommée » Herbe du Soleil. Charles Clusius en ses annota-» tions sur ce chap. rapporte qu'il y a deux sortes de » ces Herbes, l'vne qui produit plusieurs rameaux, » au bout de chacun desquels il croist vne fleur; & » l'autre qui n'a qu'vne tige, & ne porte qu'vne fleur, » telle qu'est celle descrite par Monardes cy dessus. » Et encor que Dodoneus & quelques autres de ce » tẽps ayent descrit au long ceste Herbe, ainsi qu'on » peut voir, li. 7. ch. 45. de l'hist. de toutes les plan. de » G. Rouille: neantmoins il n'y a aucun d'eux, qui » l'aye mieux deduite & representée au naturel que » Fragose, en ses rapsodies: lequel ayãt rapporté plus » particulierement ses diuers noms & appellations, » en a dit ce que s'ensuit.

» La semence de ceste Herbe plantée durant les

grandes chaleurs, sort de terre en peu d'heures, & croist si vistement, que dans six mois apres qu'elle est semée, elle surpasse la hauteur d'vne lance, voire quelquesfois deux, si elle est mise dans de la terre bien grasse, fumée, & ombragée, elle ne vit pas plus d'vn an, & a vne seule tige, sans rameaux; ses feuilles semblables à celles des citrouilles, mais plus pointues, en forme & figure d'vn cœur: au bout de sa tige, elle porte vn certain fruict, plein de resine liquide, mais de plus soüefue odeur: icelle tige estant incisée, iette vne certaine liqueur, qui se cõgele par la chaleur du Soleil & de l'aër, ainsi que les Gommes: & laquelle estant meslée auec la resine liquide, cy dessus descrite, mise au feu, rend vne odeur aussi gracieuse, que font les Animes. La nature de laquelle Plante, ou Herbe, est admirable: car elle tourne & vire la sommité de sadite tige, vers le Soleil leuant, comme si elle le vouloit saluer: & le Soleil montant au Meridien, elle esleue aussi sadite tige, & demeure droite tant que le Soleil demeure audit Meridiẽ: puis à mesure qu'il s'en va vers l'Occident, elle se tourne & abaisse aussi vers luy; & fait tous les iours le mesme que dessus est dit. Ceste Herbe est cõprinse au genre des ortailles: car estãt mise dans la bouche, elle sent fort bon, ses feuilles nettoyées des nerfs & poils desquels elles sont garnies de nature, sont bonnes à manger, mais mieux quant elles sont coupees, & mises en huyle & vinaigre, auec des espices, puis cuittes à feu lent, dans vn pot de terre: son fruict est plus excellẽt en goust que les cardons, mais iceluy prouocque grandement à luxure. Ceste Herbe porte sa semence en

» grande quantité, presque en la mesme forme & or-
» dre que font les rayons des mousches à miel: donc
» ceste Plante, ou Herbe doit estre tenue en grande
» estime, parce qu'elle porte (comme dit est) vne re-
» sine liquide, & gomme delicate, & qu'elle sert de
» viãde & de breuuage: car elle est tant humide, que
» les tẽdons, qui soustiennent les feuilles, estans mã-
» gez, rendẽt vne grande quantité de suc, ou liqueur,
» qui desaltere infinimẽt. Sadite tige est crasse, nou-
» euse, & tresbonne à brusler: car la resine liquide, &
» concauité ferulacée qui y est, font que ceste tige
» brusle, ne plus ne moins que fait vne bonne torche
» bien garnie de cire.

Portraict de l'Herbe du Soleil de Monardes.

 Portraict de la fleur du Soleil petite, selon Lobelius.

IEan Baptiste Porte liu. 8. ch. 10. de ses liures, intitulez Phytognomonica, descrit plusieurs Plantes, lesquelles ont vne tres-grande sympathie, ou secrette amitié auec la Lune & ses rayons.

De l'Arbre qui porte en lieu de moüelle, du fer, & du fruict qui mange le fer.

CHAP. XX.

NICOLAS de Conti Venitian, viuant en l'an 1444. en ses voyages composez en langue Italienne, escrit ces mots de cet estrange & esmerueillable Arbre. Nella isola maggior di Giaua dice hauere, inteso che ui nasce vn Arbore, ma di rado, in meso del quale si truoua vna verga di ferro molto sottile, & di lungozza quanto é il tronco dell'Arbore, vn pezzo del qual ferro é di tanta virtu, che chi'l porta adosso che gli tocchi la carne non può esser ferito d'altro ferro, & per questo molti di loro s'aprino la carne, & se lo cusciono tra pelle & pelle, & ne fanno grãde stima. C'est à dire en François: I'ay ouy & entendu dire, qu'en la grande Isle de Iaua, il y croist vn Arbre, mais rarement: au milieu duquel il s'y trouue vne verge de fer, moult subtile, & aussi longue qu'est long le tronc de l'Arbre: vne petite piece de laquelle verge de fer, est de si grande vertu, que celuy qui la porte derriere soy, en telle façon qu'elle touche la chair, ne peut estre feru, ni blessé d'aucun fer, quel qu'il soit: à ceste cause plusieurs de ceux qui veulent vser de ce fer, s'ouurent leur chair, & y en mettent vne petite piece, & par le dessus cousent leur peau, & en font vn grand cas & estime. Le grand Iules Cesar Scaliger exercitation 181. distinct. 27. à H. Cardan, de la subtilité des choses, fait mention de cet arbre, lequel il nomme en langue Grecque Μηξοσίδηρος, disant : *Græcum fortasse nomen à nobis inditum plus historiæ conueniet, quàm ingenio nostro. Tam enim est prope mendacium, quàm nos à voluntario mendacio alieni. Animi tamen gratia reponetur hîc. In Iaua maiore, aiunt, raram esse Arborem, cuius medulla ferrea sit, exilis illa quidem, cæterùm porrecta ab imo ad summum plantæ fastigium. Ex ea frustum qui gerat, ferro esse impenetrabilem.*

Ceux qui ont esté en la Prouince de S. Croix au Bresil, sçauent assez qu'il y croist vn certain fruict, nommé, Ananas, lequel a esté apporté premierement de là, és Indes Occidentales, puis és Indes Orientales, esquelles à present il croist en fort grande abondance: le fruict est de la grosseur d'vn moyen citron, fort iaune, & fort odoriferant, quand il est du tout meur; en telle façon, que quand il est dans vn lieu, on le sent d'assez loing de là. Il est fort charnu, & de tresbonne saueur: estant veu de loin, on le prend pour vn artichaut, mais il n'a aucunes poinctes aigues cõme luy. La Plante qui produit ce fruict, est de la grãdeur d'vn Cardon, chacune tige de ceste plãte porte au milieu vn de ces fruits, Ananas, & aupres de luy d'autres, qui croissent à mesure que le premier est cueilly, & sont communémẽt appellez ces fruicts, Ananas. Les Canariniens les nom-

nomment autrement, Ananaſa. La premiere fois que ces fruicts furent apportez auſdites Indes, vn ſeul eſtoit vēdu dix ducats; de preſent pour la multitude qui s'y treuue, ils ne couſtent gueres: il eſt chaud & froid, & eſt communément mangé, trempé dans du vin, & eſt de facile digeſtion, & outre à vne eſtrange & eſmerueillable proprieté. C'eſt que s'il eſt tranché par le milieu, & que ſes parties disiointes ſoient miſes l'vne aupres de l'autre, elles ſe revniſſent & conioingnent enſemblement: & eſtāt iceluy fruict coupé d'vn couſteau, ſi on laiſſe ledit couſteau dedās l'entamé, l'eſpace d'vn iour & vne nuict, toute la partie dudit couſteau, qui aura eſté dedans ladite entame, ſera mangée & conſommee par ce fruict. Ce que confirme Chriſtofle Acoſta, liu. 1. des Eſpiceries, chap. de Ananas.

Portraict du fruict Ananas, qui mange le fer.

Des Arbres appellez Tristes, à cause qu'ils ne portent leurs fleurs, sinon depuis le Soleil couchant iusqu'au Soleil leuant.

CHAP. XXI.

LEs Portugais & Espagnols nauigateurs en plusieurs & diuers lieux de leurs nauigatiõs, font mẽtion de ces Arbres, qu'ils appellent Arbres tristes, lesquels ils descriuent en ceste façon : Les Arbres tristes ne portent leurs fleurs, sinon depuis le Soleil couchant iusqu'au Soleil leuant : c'est à dire durant la nuict entiere, demeurans au reste durant le iour entier, comme languides & tristes. Ces Arbres sont de la grãdeur des Oliuiers, ont leurs feuilles semblables à celles des pruniers, leurs fleurs, qui se voyent seulement la nuict, sont tres-souëfues & odorantes, sans aucun vsage, ou commodité, à cause de leur delicatesse & tendreté. Les habitans des Prouinces où croissent cesdits Arbres, se seruent seulement des queuës des fleurs d'iceux, qui tirent vn peu sur le rouge, à donner couleur à leurs viandes, comme nous faisons de nostre saffran en l'Europe. On voit cõmunement de ces arbres en Goa, estant apportées de Malaca, & ne s'en trouue gueres aux autres Prouinces & Regions des Indes Orientales. Les habitans de Goa les nomment Parizacato, ceux de Malaye, Singadi, les Portugais & Espagnols, Arbres tristes, à cause qu'ils portent leurs fleurs seulement de nuict. Les Indiens rapportent en leurs histoires fabuleuses, qu'vn certain ancien

Satrape ou grand Seigneur de leur pays, appellé Parizataco, auoit autrefois eu vne fille, tres-belle & tres-agreable; laquelle aymant grandement le Soleil, vint en fin à auoir accointance charnelle auec luy, par quelque espace de temps: apres lequel fait, le Soleil l'ayant delaissée & abandonnée, pour auoir esté rauy & surmonté de la beauté & bonne grace d'vne autre fille de leurdit pays, cestedite fille de Parizataco, tant d'impatiẽce que de rage d'amour, veint à se tuer: des cendres du corps bruslé de laquelle (pour estre communément les corps morts de cesdits pays bruslez & consommez par la flamme) ces Arbres vindrẽt à naistre & croistre: Les fleurs desquels ont (ainsi que disent ceux qui ont veu & visité les Indes Orientales) en telle horreur & abomination le Soleil & ses rayons, qu'ils ne les peuuent sentir & endurer: & par ce moyen se cõtraignent à ne pousser dehors leurs fleurs, que durant l'absence du Soleil, & de ses rayons en la nuict. Garcie ab Orte, apres plusieurs Portugais & Espagnols, qui ont veu & manié souuentesfois de ces Arbres, confirme ce que dessus, liu. 2. chap. 1. de son hist. des Espiceries. Christofle Acosta Medecin Africain, en son liure des Espiceries & medicaments, naissans és Indes Orientales, descrit ainsi la nature & qualité de ces Arbres, disant: En aucunes Regions d'Asie, où sont les Indes, & principalement en Malabar, il se trouue grande multitude d'Arbres, semblables en grandeur & forme aux pruniers que nous auons en Europe: iceux Arbres garnis de rameaux fort minces & subtils, distincts, & separez par espaces, auec certains neuds; de chasque costé desquels il vient à naistre des feuilles grãdes, comme celles des pruniers, molles & douces : au reuers garnies de petits poils follets, à la façon des poils de sauges, non tant serrées en leur rondeur, que les feuilles des pruniers, ny tant pleines de veines ou rameures: du dedans de l'endroit, auquel sont les feuilles, il sort vne queuë, soustenant au haut cinq testes, cõsistans en quatre feuilles rondes, du milieu desquelles il naist cinq fleurs blanches, fort belles, presque pareilles & semblables aux fleurs des Citronniers, mais plus deliées, plus belles, excellentes & odoriferantes: de laquelle queuë, qui porte ces fueilles, tirãt sur la couleur rouge, les Indiens se seruent, pour donner couleur à leurs viandes, comme nous faisons de pardeça du saffran. Le fruict d'iceux Arbres est grand comme le fruict des Lupins, verdissant & semblable à la figure d'vn cœur coupé ou fendu, selon la longueur, contenant en chacun costé vn certain receptacle, dans lequel la semence d'iceux Arbres est enfermée & enclose, grande comme la semence des carrouges, ayant toutesfois la forme aussi d'vn cœur: icelle semence blanche, tendre & couuerte d'vne petite pellicule, assez verte & amere. Ces Arbres sont appellez en Canarin, Parizataco : en Malayé, Singadi: en Decan, Pul: des Arabes, Guart: & des Perses & Turcs, Gul: Et est certainement vne chose digne de grande admiration, de veoir & cõtempler ces Arbres si beaux & excellens, ornez & embellis seulement durant les nuicts, de tresbelles & tres-odorãtes fleurs, comme estans ioyeux: & aussi tost que les iours viennent, & que le Soleil lance ses rayons sur eux, non seulement ietter & respandre toutes leurs fleurs sur la terre: mais aussi iceux auec leurs brãches & feuilles, deuenir du tout flaccides, languides & tristes, comme s'ils estoient secs ou morts: & tient-on qu'entre toutes les fleurs des Arbres de cet Vniuers, il n'y en a aucune qui se puisse esgaler en odeur à celles là, quãd on les sent de premiere abordee: mais si on les touche tant soit peu, de la main, ceste grãde odeur s'esuanoüit. Les Indiens disent que ces fleurs resiouyssent le cœur: mesmes les Medecins du pays, comprennẽt la semence de ces Arbres, entre les medicaments qui seruent à la conseruation du cœur. Plusieurs Vice-Roys, grands Seigneurs & autres, curieux des choses rares, ont tasché, par tous moyens, de faire transporter de ces Arbres en Portugal: mais il ne leur a esté possible de les y faire venir, parce que ils y meurent incontinent: mesmes i'en ay cogneu qui ont cueilly de la graine meure d'iceux arbres, en temps cõmode, & icelle enfermée dans des pots de terre plombez, & des vases d'argent, & boites de boys bien bouchées & estoupées; en ont porté en Portugal, laquelle ils y ont semée, mais riẽ n'en est peu prouenir. En laquelle Prouince de Malabar, Goa & lieux circonuoisins ces arbres naissent auec telle facilité, que chacun rameau d'iceux plãtez en terre, prennent vie, grandeur & accroissement. Que si quelque curieux me demandoit comment & pour quelle raison naturelle, les fleurs de ces arbres viennent à tomber en terre, à la venuë du Soleil, & eslancemẽt de ces rayons sur eux; ie luy respondray que cela se fait par vne certaine antypathie & secrette inimitié, qui est entre le Soleil & ses rayons, auec ces arbres, ou bien plustost, à cause d'vne tres-grande tenuité de suc & humeur d'icelles fleurs, laquelle le Soleil consume incontinent, par sa presence & eslancement de ses rayons sur icelles. Que cela soit ainsi, il est tres-certain que ces arbres plantez en lieu, où le Soleil n'estend aucunement ses rayons, ne iettent en terre toutes leurs fleurs, lors que le Soleil s'esleue sur l'horison où ils sont plantez, ains seulement, vne bien petite partie d'icelles. Frãçois Martin de Vitré, en son hist. des voyages faits par les François en l'Inde Orientale, en l'an 1603. chap. 13. des Arbres tristes, confirme la description cy dessus, de ces Arbres tristes.

Portraict de l'Arbre Triste, de Christofle Acosta.

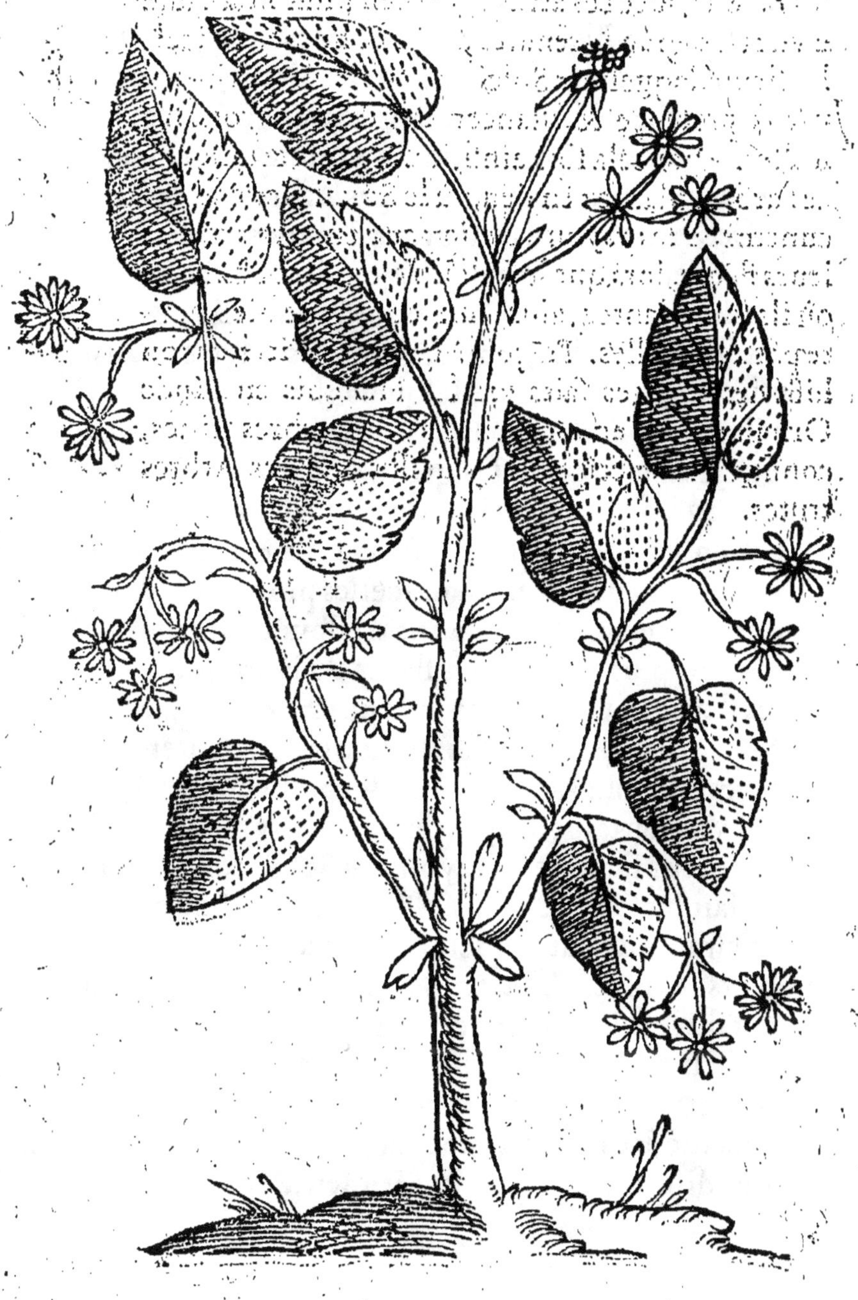

Charles Clusius en ses obseruations sur l'histoire des espiceries, a laissé par escrit, qu'il auoit apris, en deuis familiers, d'vn certain personnage nommé M. Fabricio Mordente Salernitain, homme d'authorité, lequel auoit longuement demeuré en la Prouince de Goa, & autres voisines, en l'Inde Orientale, ce que s'ensuit de ces Arbres.

Cet Arbre est de la hauteur d'enuiron trois hõmes, & est assez gros pour sa grandeur : il a ses rameaux concauez en beaucoup d'endroicts, & ses feuilles semblables aux feuilles des Myrtes, aux plus tendres rameaux desquels il naist des fleurs adherantes à des queuës, sortans du milieu des feuilles d'iceux, en assez grande quantité, assauoir, quelquefois trois, quatre, ou plusieurs accumulées par ensemble, semblables en forme & grandeur aux fleurs du iasmin : mais icelles poinctues, & en plus grãde quantité, sentans tressouëfuement, autant ou plus que font les fleurs du iasmin : lesquelles fleurs ont de coustume la nuict de s'espanoüir : & au Soleil leuant, à l'instant qu'elles sentent ses rayons sur elles, de se flestrir & tomber en terre, ou par vne certaine antypathie, ou tres-grande tenuité de leur suc, que les rayons du Soleil consument : de fait les feuilles que le Soleil ne touche, ont de coustume de durer quelque espace de temps, sur leurs Arbres. Et a-on de coustume en Goa, de cueillir curieusement ces fleurs, à cause de la force de leur tres-grãde odeur, & en tire-on par le moyẽ de certains vases de verre, vne certaine eau tres-souëfue, laquelle est appellée, Eau de Mogli ; (selon que disoit ledit Fabricio Mordente) à cause qu'en

» la Langue Maluarique, on appelle ces Arbres,
» Mogli, d'où les fleurs ont prins leur nom, & ne
» sçait-on encor si ces Arbres portẽt quelque fruict.
» Et le portrait au naturel d'vn de ces Arbres, qui est
» cy apres, fut enuoyé pour present, en l'an 1579. à vn
» certain marchand de Vienne, comme d'vn Arbre
» portant des feuilles, lesquelles durant la nuict sont
» ouuertes, & durant le iour viennent à tomber en
terre.

Portraict des rameaux de l'arbre triste de Clusius.

HierosmeBenzo li.2.de son hist.du nouueau monde,cha.16.descriuant le pays & contree de Nicaragua, escrit qu'en ceste contrée il y naist vn certain Arbre,lequel approche fort de sa forme au Poirier nostre, ayant son bois assez beau, portant vn certain fruict appellé Cacauaté : lequel sert de monnoye entre les Nicaraguiens. Cet Arbre ne peut viure, si ce n'est en vn lieu chaud, & couuert des rayons du Soleil : car aussi tost qu'il est touché des rayõs d'iceluy Soleil,il se flaistrit & meurt : à cause dequoy on le plante presque tousiours dans les forests,en lieux ombreux & humide:& n'est pas assez de cela,mais on plãte aussi tout aupres de luy certains autres Arbres assez grands: lesquels à mesure qu'ils croissent, on accommode tellement, qu'on les fait au haut, les plus durs & toffus qu'on peut, afin qu'ils couurent du tout cet Arbre si delicat, nommé des Indiens Cacao,ou Cacauate: & par ce moyen on le defend de la chaleur de l'aër : & fait-on qu'il ne peut estre aucunement alteré par les rayons du Soleil. Qui plus est le mesme Christofle Acosta, en ses escrits, faisant mẽtion des Tamarins qui croissent aux Indes Occidentales, asseure que les feuilles de ces Arbres se compriment & resserrent sur le soir,& durant la nuict, & qu'elles enuironnent & embrassent leurs fruicts:& à defaut d'iceux fruicts,elles enuironnẽt & embrassent leurs verges & rameaux. Prosper Alpinus li.des Plantes d'Egypte,chap.du Phasiole rouge,nommé Abrus, escrit que les feuilles de cet Arbre font le mesme que les feuilles des Tamarins cy dessus.

D'vne Herbe qui annonce la mort, ou la vie aux malades.

Chap. XXII.

AVCVNS nauigateurs & voyageurs modernes, asseurent en leurs nauigations & voyages, qu'aux Indes Occidentales, il y croist vne certaine sorte d'Herbe, grandement estrange, & esmerueillable, laquelle est de telle admirable force & vertu, que par le moyen seul d'icelle, on peut asseurément cognoistre si vne personne extremement malade, de quelque maladie, ou infirmité que ce soit, doit mourir, ou rester en vie de ceste maladie, ou infirmité: & se seruent les Indiens & autres de ceste herbe, pour l'effect cy dessus, en ceste forme & façon: On la met dans la main gauche du malade, & la luy fait-on fort presser, & resserrer, le plus qu'il peut: apres cela, s'il doit guerir de sa maladie, tant & si longuement qu'il tiendra & pressera, ou resserrera cestedite herbe, dans ladite main gauche, il sera apperceu fort deliberé & fort ioyeux: & au contraire, s'il doit mourir de sadite maladie, ou infirmité, il sera veu triste & dolent: & se vantent les Indiens de faire souuent telles experiences au vray, auec cestedite herbe: laquelle lesdits nauigateurs & voyageurs modernes, n'ont autrement plus particulierement descrite, ainsi qu'on pourra veoir dans Nicolas Monardes Espagnol, li.3. des medicamẽts simples, apportez du nouueau mõde, cha. de l'herbe annonçant la mort, ou la vie aux malades, & G. Rouille li. 18. ch. 154. de son hist. generale des Plantes, lesquels en ont dit cecy: En l'année 1562. comme le Conte de Nieua faisoit sejour au Peru, il se trouua vne femme entre ses domestiques, le mary de laquelle estoit gisant au lict, affligé d'vne grande maladie: à raisõ dequoy vn certain des principaux des Indes, la voyant triste, luy demanda si elle desiroit sçauoir si son mary reschapperoit de ceste maladie, qu'il luy enuoyeroit la branche d'vne herbe, laquelle elle mettroit en la main gauche de son mary, qui par apres la tiendroit longuement serrée en la main; que s'il en deuoit reschapper, tant qu'il tiendroit ceste herbe en la main, il seroit allegre & ioyeux: au contraire, s'il deuoit mourir, il seroit triste & fasché. L'Indien luy ayant enuoyé ce rameau, elle le mist en la main de son mary, le luy faisant bien serrer: mais dés aussi tost il entra en vne telle tristesse & fascherie, qu'elle craignãt qu'il ne mourust tout à l'heure, le luy osta d'entre les mains, & le jetta là; quelques iours apres, ce personnage deceda. Comme ie desirois sçauoir la verité de cest affaire, vn Gentil-homme, qui auoit demeuré plusieurs années au Peru, m'asseura que c'estoit chose veritable: & que ceste façon de faire estoit vsitée entre les Indiens, quand il leur suruenoit quelque maladie: ce qu'à la verité m'a apporté vn grand estonnement, & merueille.

Des Plantes, ou Herbes pudiques : C'est à dire, Plantes, ou Herbes viues, lesquelles ne veulent estre aucunement touchées, & maniées.

Chap. XXIII.

GARCIE ab Orta Portugay de natiõ, Medecin de profession, enuoyé par le Roy de Portugal és Indes Orientales, pour y recognoistre à la verité les simples, drogues & espiceries qui y croissent, & en faire vne asseurée description, a laissé par memoire, li. 2. de son hist. des espic. ch. 22. & 27. qu'il se trouue communément en la Prouince de Malabar en l'Asie, certaines Plantes, qu'il nomme Anonimes ; lesquelles croissans en ladite Prouince de Malabar, sont de si estrange & esmerueillable nature, que si quelqu'vn les veut toucher ou manier de la main, incontinent elles se resserent, & restreignent leurs branches & rameaux. Et dit plus ce personnage, que ces Plantes ont leurs feuilles semblables à celles du Polypode, & leurs fleurs iaunes, & qu'aucun des anciens Autheurs n'a fait (ce luy semble) aucune mention de cesdites Plantes. Mais ie m'esmerueille grandement de ce que dit ce personnage, qu'aucuns des anciens Autheurs n'a fait aucune mention de cesdites Plãtes, veu qu'il semble que le Philosophe Theophraste les a cogneuës & descrites en ceste façon, liu. 4.

chap.3. de son hist. des Plantes. Οἴδημα δὲ ἴδιόν τι φύεται περὶ μέμφιν (*lege* ὕλημα, *vt & Gaza*) ὃ καὶ φύλλα καὶ βλαστοῖς καὶ τὴν ὅλην μορφὴν ἔχει οὐκ ἴδιον, ἀλλ' εἰς τὸ συμβαῖνον περὶ αὐτὸ πάθος· ἡ μὲν γὰρ πρόσοψις ἀκανθώδης ἐστὶν αὐτοῦ, καὶ τὸ φύλλον παρόμοιον ταῖς πτερύσι (*Gaza legit* πτέρισι) *idest filicibus* (*Plinius* πτέροις *idest Pennis*) ὅταν δέ τις ἅψηται τῶν κλωνίων ὥσπερ ἀφαυλιζόμενα τὰ φύλλα συμπίπτειν φασὶ (*Gaza legit* ἐπαμβλυνόμενα, *sed legendum* ἀφαναινόμενα, *vel* φαυλιζόμενα) εἶτα μετά τινα χρόνον ἀναβιώσκεσθαι πάλιν, καὶ θάλλειν: *Idest, nascitur peculiaris quædam Arbor circa Memphim, non folijs, vel ramis, vel tota forma, peculiare quid sortita, sed euentu: facies enim eius spinosa, folium filici simile, vt vertit Gaza, vel pennis vt Plinius: sed cum ramulos quispiam contigerit, folia veluti arescentia & languescentia contrahi aiunt, deinde paulo post ad vitam redire, & viuere:* C'est à dire, il naist vn certain arbre fort peculier & particulier pres Memphis, iceluy n'ayãt en soy aucune chose à luy propre, à cause de ses feuilles ou rameaux, ou de sa forme, mais bien à cause de son euenement: Sa forme est toute espineuse, sa feuille semblable à la fougere, ainsi que l'a tourné en sa version Gaza, ou semblable à des plumes, comme le rapporte Pline, lequel arbre est de telle nature, que incontinent que quelqu'vn touche ses feuilles ou rameaux, icelles feuilles demeurans comme arides & languissantes, se resserrent & compriment, & puis quelques espaces de temps apres reuiennent & reuerdissent en leur propre existence, verdure & vie. Pline cy dessus allegué a tourné ce passage de Theophraste, cy dessus recité en ceste façon, liure 13. chapitre 10. *Siluestris fuit circa Memphim regio, tam vastis arbori-*

bus vt terni nequirent, vel circumplecti, vnius peculiari miraculo, nec pomum propter, vsumve aliquem, sed euentum. Facies enim spinæ, folia habet seu pennas, quæ tactis ab homine ramis cadunt protinus, ac postea renascuntur; Huic arbori affinem herbam prodidit Apollodorus Democriti discipulus, quam iccirco Aeschynomenen appellabat, quia admotam manũ refugeret foliorum cõtractione: C'est à dire, au reste il y a vne Regiõ pres Memphis (que aucuns prennent pour Messer, autres, pour le grand Caire) du tout siluestre, en laquelle les arbres sont si gros, que trois hommes auroient assez affaire d'en embrasser tels y a, miraculeux non à cause de leurs fruicts, ny de leur vsage ou euenement, ains seulement pource qu'on y voit aduenir: car cest arbre est espineux, & a les feuilles faictes à mode de plumes, lesquelles tombent incontinent qu'on secoüe tant soit peu ses branches, & neantmoins elles ne demeurent gueres à reuenir. Apollodore disciple de Democrite faict mention d'vne herbe pareille à l'arbre cy dessus descrit, laquelle à ceste cause il appeloit Aeschynomenen, à cause qu'elle fuyoit la main de celuy qui la vouloit manier, par la contraction de ses feuilles. Le mesme Pline faict encor mention de ceste herbe, par luy appelée Aeschinomenen en son 24. liure chapitre 17. de son histoire naturelle, disant en ces mots Latins ce que s'ensuit; *Adiecit his Apollodorus assectator Democriti, herbam Aeschinomenen, quoniam appropinquante manu folia contraheret.* Melchior Guillandinus en ses Commentaires sur Pline asseure fermement, que Theophraste cy dessus allegué liur. 4. chapitre 3. de son histoire des Plantes & herbes, & Pline aussi cy deuant allegué liu.13.chap.10.& liu.24.chap.17. ont cōgneu ces Plantes, desquelles ledit Garcie ab Orte faict mention cy deuant: & à ceste opinion se cōforme Iaques Daleschamp en ses Comment.sur le 24.liure chap.17.dudit Pline cy dessus trāscrit,& Guillaume Rouille liu.18.de son hist.de toutes les Plantes peregrines ch.122. Quelques autheurs modernes, entre autres I.Daleschampt allegué cy deuant en ses Commentaires sur le lieu cy dessus recité, & le mesme G.Rouille aussi au lieu cy deuant, remarquent & asseurent, que François Lopez de Gomara chap.194.& 205.de son histoire generale des Indes,& Gonçal Fernand Ouiede en son histoire de l'Amerique ont descrit ces mesmes Plantes ou herbes. Le mesme Pline en son liure 13. chapitre dernier, rapporte apres Iuba,qu'és enuiron de certaines Isles des Troglotides se treuue certain arbrisseau semblable à l'arbre du Corail, nommé Charitoblepharon, lequel semble sentir & congnoistre ceux qui le veulent cueillir, parce que lors il s'endurcit à mode de cornes, & par ce moyen fait reboucher le fer,duquel on le veut couper: que si on ne le coupe incontinent, il se transforme à vn instant en pierre tres-forte & tres-dure. Les modernes Nauigateurs, Portugais & Espagnols appellent ces Plantes, *Herbes viues*, les ciarlatans & basteleurs d'Asie, *Iogues*, ou herbes d'Amour; les Arabes & Turcs, *Suluc*, les Perses *Syluque*. Icelles Plantes ou herbes ont des petites racines, desquelles sortent hors de terre huict petits rameaux, longs de deux doigts, garnis par ordre, de feuilles des deux costez, correspondantes les vnes aux autres, lesquelles approchent quelque peu de la forme des feuilles tendres de l'Ers, & ne sont trop dissemblables aux premieres feuilles de la *filicula* des Latins, qui n'est autre que le Polypode, ainsi que confirme Lacuna liure 4. chapitre 187. mais sont vn peu plus menuettes & plus delicates & tendre, contentans merueilleusement par leur verdeur, qui est tres-agreable, les yeux de ceux qui les regardent, pour estre icelles cõme les fueilles des Tamarins: Du milieu des racines de cesdictes Plantes ou herbes procedent quatre petites queuës ou pieds, parce que icelles Plantes ou herbes n'ont tiges, vne chacune desquelles queuës ou pieds ont au bout & extremité vne fleur iaune tresbelle à veoir, & semblable à la petite fleur des giroflées, mais sans aucune odeur: Cesdites Plantes & herbes croissent aux lieux chauts & humides, & est leur nature tant estrange & esmerueillable, que la raison humaine ne la peut parfaictement comprendre: Parce que lors que icelles Plantes ou herbes sont garnies de verdure, & sont par ce moyẽ tresbelles & tres-plaisantes à veoir, si quelqu'vn s'approche d'elles pour les toucher & manier; incõtinent on les voit languir & flestrir, comme si elles estoient seiches & arides: Et qui est chose plus digne d'admiration, si celuy qui les touche & manie vient à retirer sa main de dessus elles, incontinent on les apperçoit recouurer & reprendre leur verdure & vigueur premiere, & autant de fois on les voit languir & flestrir que elles sont touchées & maniées, & autant de fois recouurer & reprendre leur verdure & vigueur, que elles ne sont plus touchées & maniées. Et dit-on qu'vn certain Philosophe de Malabar contemplant trop diligemment la nature & les effets si estranges & esmerueillables de cesdites Plantes & herbes, en deuint du tout fol, & hors de son sens: Quelques Portugais & Espagnols qui ont veu de ces Plantes ou herbes, asseurent en auoir transplanté quelques vnes, sans toutesfois les toucher & manier, à cause des motthes de terre qu'ils laissoient à l'entour de leurs racines, en des iardins particuliers, au mesme pays où elles croissent, & qu'elles y ont prins racine, & y ont profité, sans toutesfois rendre aucunement fols & hors de leurs sens ceux qui les contemploient, & qu'ils ont demandé à quelques medecins dudit pays, quelles facultez auoient cesdites Plantes ou herbes, lesquels leur firent responce qu'elles estoient de tres-grande vertu pour restablir les filles corrompuës en leur premiere virginité, & aussi pour recôcilier l'amour. Mesme vn certain medecin des lieux, assez docte pour la Prouince, leur asseura, pour en auoir faict plusieurs fois l'experience, qu'il vouloit perdre la vie (quelqu'vn luy ayant nommé quelque femme de laquelle il fut amoureux) si par le moyē d'vne de cesdictes Plantes ou herbes, il ne faisoit obtemperer du tout icelle femme à la volonté de cest Amoureux, pourueu qu'on voulut vser de ceste Plante ou herbe selon qu'il l'enseigneroit. Ce que aucun desdicts Portugais & Espagnols ne voulut experimenter, à cause que tels actes sont prohibez par les loix de Dieu & des hommes: &

passent outre ces mesmes Portugais & Espagnols, disans que les Indiens, Brachmanes, Canarmes & Iogues des Indes, tiennent cesdites Plantes & herbes en tres-grande estime ; & que les Enchanteurs de cedit pays font de certaines coniurations de tres-grande efficace sur icelles, ayant repurgé la terre qui est és enuirons d'icelles, de la longueur d'vn homme, & ayant prins le sang du premier animal qui passe aupres d'icelles, ou du sang qu'ils y portent pour cest effect : ils les en arrosent auec certaines coniurations horribles, indignes d'estre redigées par escrit, ainsi que confirme Chr. Acosta en son liure des espiceries, pour auoir veu ces merueilles de ses propres yeux.

NIcolas Monardes medecin de Seuille en Espagne en sa premiere partie des choses qui s'apportent des Indes Occidentales chapitre 7. apres auoir descrit vne espece d'orge, nommée en la nouuelle Espagne Gaiatené, autrement Ceuadilla, laquelle estant en sa plus grande force & verdure, si quelqu'vn la veut cueillir ou toucher, tout aussi tost qu'on l'a tant soit peu touchée, elle se flétrit incontinent, & se couche contre bas : Il poursuit par-apres qu'il a veu vne autre espece de ceste herbe, laquelle ; *Essendo sparsa per terra, nel toccarla per coglierla, si increspa, & si recoglié in se stessa, & serra come vn Caule Murciano, cosa marauigliosa, & di grande consideratione* : C'est à dire, estant esparse par terre, si toutefois quelqu'vn la touche pour la recueillir, tout soudain elle se retire, & se replie dans soymesme comme vn Chou Murcian ou crespé, chose grandement merueilleuse & de grande conside-ration. Hierosme Cardan liure 6. chapitre 22. de la varieté des choses, semble comme en passant monstrer auoir ouy vn peu discourir des herbes cy dessus par nous descrites.

De l'Herbe ciarlatane ou basteleuse.

Chap. XXIIII.

IL se treuue en quelques iardins des Indes Orientales en l'Asie vne certaine herbe haute de cinq paulmes, laquelle rampe & adhere contre les murailles, ou arbres qui luy sont plus prochains, ayant icelle sa tige fort tendre, delicate, & d'vne belle & excellente verdeur, non trop ronde, mais garnie par certains espaces, de certaines espines, petites & poinctues, ses feuilles presque semblables aux feuilles des plantes ou herbes viues cy dessus descrites, toutesfois vn peu plus petites que les feuilles de la feugiere femelle. Ceste herbe vient naturellement aux lieux humides & pierreux, & est appellée en Latin *Herba mimosa*, en François herbe mimeuse, ciarlatane ou basteleuse, à cause qu'estant touchée de la main de quelqu'vn, elle se seiche & flestrit incontinent : & apres qu'on en a retiré la main de dessus icelle, elle reprend quelque espace de temps apres sa premiere verdeur: Ceste herbe a sa nature grandement differente de celle des arbres tristes cy deuant descrits, car toutes les nuicts au Soleil couchant, elle deuiẽt comme ſeiche & fleſtrie, ainſi que ſi elle eſtoit ennuyée de l'abſence du Soleil; & au contraire au Soleil leuant, elle reprend ſa premiere vigueur & verdeur: & tant plus que le Soleil eſt chaut, d'autant plus elle eſt verde durant le iour entier; elle tourne & vire ſes feuilles vers ledit Soleil, a vne odeur & ſaueur, ainſi que celle du regliſſe: communément les Indiens mangent de ſes feuilles pour remedier à leurs toux, & purger leurs poictrines, & par conſequent rendre leurs voix plus claires. Chriſtofle Acoſta faict mention en ſon liure des eſpiceries de ceſte herbe, chapitre *de herba mimoſa*. Charles Cluſius eſcrit que ceſte herbe approche fort à l'herbe appellée en Latin *Glycyrrhiſa ſilueſtris Tragus*, ou *Polygalus Cordi*, regliſſe ſilueſtre de Geſner, les feuilles de laquelle ont le gouſt ſemblable à celuy du vray regliſſe, & qui eſt choſe grandement eſmerueillable: ces feuilles ſe retirent & reſſerrent durant la nuict (ce qui aduient ordinairement aux feuilles de pluſieurs plantes qui portent des legumes) mais icelle herbe n'a ſa tige eſpineuſe, ſi on ne prend pour eſpines ces tendres & poinctuës eminences, adherantes au ſiege de ſes feuilles aiſlées.

Portraict de l'herbe ciarlatane ou basteleuse.

De l'Arbre Vergongneux croissant en la Prouince de Pudefetan en l'Asie, lequel sentant approcher de luy quelque homme, ou animal, resserre ses branches & rameaux, & sentant qu'ils se retirent, estend sesdites branches & rameaux.

Chap. XXV.

Vn assez ancien voyageur Italien, viuant en l'an 1444. lequel demeura plus de trente ans à courir par toute l'Asie, nommé Nicolao de Conti, en vn discours de ses voyages composé en langage Italien, redigé par escrit par Poge Florentin au chapitre *dello strano effetto d'vn Arbore, che nasce nella Prouincia di Pudefetania*, de l'estrange effect d'vn arbre qui naist en la Prouince de Pudefetan, rapporte que és Indes Orientales, situées en l'Asie, entre la Cité de Bisnagard, & la Cité de Malepur, est vne Prouince proche de la mer nommée Pudefetan, à cause du nom de sa capitale ville, appellée Pudefetan, en laquelle Prouince il croist *Vn Arbore senza frutto, alto sopra la terra tre braccia chiamato l'Arbore della Vergogna, il quale disse, esser gli stato affermato, che quando l'huomo vi si accosta, ristrigne in se i rami, & discostandosi, gli allarga, il quale effetto non e tanto fuor di credenza, che le Spugne, & Vrtiche marine che nascono sotto acqua comme Herbæ non faccino il simile*: C'est à dire en Frãçois, vn arbre estant sans fruict, haut de terre de trois brasses, appellé l'arbre de la vergongne ou vergõgneux, lequel on dit, ainsi que ie l'ay ouy affermer, restreindre en soy ses branches & rameaux, quand l'homme s'en approche, & quand l'homme s'en recule, il les estend & eslargit: Lequel effect n'est pas tant hors de croyance, parce que les esponges & orties de mer qui naissent sous l'eau comme les herbes, ne font-elles pas le semblable? Le grand Iules Cesar Scaliger en son exercitation 181. distinction 28. de la subtilité à H. Cardan: *Octonum circiter pedum est arboris proceritas quæ oritur in Prouincia Pudefetan. Ea rerum accessum videtur sensu percipere. Appropinquante homine, aut animali, ramos constringit: recedentibus, pandit. Hoc verò simile est, Idem quoque spongiam facere, confessum ac receptum est. Quare nemo nescit genus hoc à Philosopho Zoophyton appellari. At hæc etiam tactum præuenit, tum sensu, vt putant, tum sui, vt palam videtur, quoad potest, subtractione? Quapropter aut afflatum percipere dicendum est, aut radicis, propter soli motum, compreßionem, agitationemve. Hac de causa nominant, Incolæ arborem pudicam. Quid? subtilitatis nihil addetur simplici narrationi? spongia quare non acceßionem vrinatoris: ita vt illam Indicam prædicant, præsentire? An spongia cùm sit in perpetuo salo, hebetatur à continuo motu, quo minus superuenientis sensione afficiatur. Tempestatibus assueta sine periculo, nihil noui patitur à spongisecæ nouo motu. Huic Arboris affinem herbam prodidit Apollodorus Democriti discipulus, Quam idcirco Aeschynomenen appellabat, quia admotam manum refugeret foliorum contractione.* Ce qui signifie en nostre langue: Il y a vn certain arbre haut d'enuiron huict pieds, qui croist en la Prouince de Pudefetan, lequel ſemble cognoiſtre par ſentiment les approches des hommes & des animaux, retirant & reſſerrant ſes branches & rameaux, quand il ſent quelque homme ou animal viuant le vouloir aborder ou manier, & au contraire eſtendant & eſlargiſſant ceſdites branches & rameaux quãd il ſent l'homme ou animal ſe reculler & retirer riere luy : Ce qui eſt confeſſé & tenu pour certain eſtre faict par l'eſponge de mer qu'vn chacun ſçait auoir eſté nommée par le Philoſophe, Zoophyte ou Plant'animal : Meſme ceſt arbre preuient le maniement ou attouchement, ſoit par ſon ſentiment, comme l'on penſe, ſoit ainſi qu'on voit appertement, par la ſubſtraction ou retirement ſiens, tant qu'il le peut : Parquoy on doit dire que iceluy arbre ſent l'aleine de ce qui s'en approche, ou par le mouuement de la terre, en laquelle il eſt planté, ou par la compreſſion ou agitation de ſa racine, qui a communication & ſimpathie auec ſes branches & rameaux : il retire ſeſdictes branches & rameaux, & les reſſerre & reſtreind. A ceſte cauſe les habitans du pays où il croiſt le nomment Pudique ou Vergongneux. Quoy? n'adiouſterons-nous rien de ſubtil à ceſte narration? Pourquoy l'eſponge ne ſent-elle l'approchement du peſcheur, comme on dit que fait ceſt arbre Indique? eſt-ce parce que l'eſpõge eſtant en vne continuelle abondance d'eaux, & hebeſtée par l'ordinaire mouuement des eaux, tellement que elle ne peut, eſmeuë par l'approchement du peſcheur? car icelle eſtant accouſtumée aux tempeſtes de la mer, ſans crainte d'aucun peril, ne ſent rien de nouueau quand le pescheur le veut arracher ou coupper: Apollodorus disciple de Democrite faict mention d'vne herbe semblable à l'arbre cy dessus, laquelle à ceste cause il appelloit Aeschinomenen, parce qu'elle fuyoit par la contraction & retirement de ses feuilles, la main de celuy qui la vouloit toucher & manier. Quelques vns des modernes tiennent, que Theophraste liure 4. chapitre 3. de son histoire des Plantes, Pline liu. 13. chap. 10. en ont eu vne parfaicte cognoissance, ainsi que i'ay deduit au chapitre precedent. Et parce que nous auons parlé en ce chapitre, & en quelques autres chapitres de ce present discours des esponges & orties de mer; nous auons pensé estre fort à propos pour l'intelligence des chapitres, de reciter selon l'opinion d'Aristote liure 4. chapitre 6. & liure 5. chapitre 16. de son histoire des animaux, & liure 4. chapitre 5. des parties des animaux, de Plutarque au traicté de l'industrie des animaux, & au traicté que les animaux sont plus aduisez, Pline liure 9. chap. 45. & liure 31. chappitre 11. de son histoire naturelle, & G. Rondelet liure 4. chapitre 10. & liure 17. chapitre 12. 13. 14. 15. 16. & 17. de son histoire des poissons, & en sa seconde partie de la mesme histoire chapit. 28. des Insectes & Zoophytes: que lesdites esponges & orties sont especes de Zoophites & Plant'animaux marins, c'est à dire qu'ils ont vne tierce nature, n'estãt ny animaux ny plantes, mais ayant quelque sentiment: car incõtinent qu'elles se sentent touchées de la main, elles changent de couleur & se retirent en vn monceau; elles ont la bouche en leur racine, & rendent leurs excrements par vn petit tuyau qu'elles ont au dessus de leur feuillage charnu: Icelles viennent parmy les rochers; & qu'elles ayent sentiment, il appert assez, en ce que quand elles sentent qu'on les veut prendre, elles se resserrent & se retirent si fort qu'elles en sõt plus mal-aisées à arracher desdits rochers: voire aucuns disent, que quand elles sont arrachées desdits rochers, si on laisse tant soit peu de leurs racines, elles recroissent: Et ne sont entierement attachées aux rochers, ny aussi d'vn costé seulement: car elles ont quatre ou cinq tuyaux creux & vuides, qui sont par interualles, afin de se paistre par iceux de poissons, herissons de mer, & grandes coquilles de sainct Iacques. Voyez Hierosme Cardan liure 7. chapitre 37. de la varieté des choses. Pour retourner à la deduction de nostre arbre Vergongneux croissant en ladite Prouince de Pudefetan en Asie, nous ne laisserons en arriere de rapporter en cest endroict qu'il a esté ainsi descrit par vn grand Poëte de ce siecle en ses œuures:

Dedans vn sombre coin frissonne recelé
L'Arbre en Pudefetan, Vergongneux appellé,
Qui semble auoir des yeux, vn sens, vne ame atteinte
De despit, de douleur, de vergongne, & de creinte,
Car soudain que vers luy l'homme adresse ses pas
Fuyant les doigts meurtriers, il retire ses bras.

Portraict de l'Arbre Vergongneux, croissant en la Prouince de Pudefetan.

Des Arbres des Isles Hebrides, les troncs ou bois desquels cheuz dans la mer, & pourris par l'eau marine, se muent & changent dans quelque temps en vers, puis en oyes, ou canes viuantes.

CHAP. XXVI.

EN ce chapitre sont deduites au long les grãdes & esmerueillables forces & puissances de la nature & de Dieu. Aristote, le Prince des Philosophes, au liu. 3. chap. dernier de la generation des Animaux, a asseuré que de l'escume & mouce marines, croissantes & adherantes à l'entour des nauires & vaisseaux de mer, il en naissoit & procedoit ordinairement des huistres & autres coquilles marines. Pline liur. 9. ch. 51. ayant premierement discouru, comme d'vne humeur pourrie naissent & sortẽt à toutes heures, comme de l'eau marine eschauffée par la pluye les mouschetons & autres petits bestions & insectes, escrit ce que s'ensuit: *Quæ vero siliceo tegmine operiuntur vt ostrea, putrescente limo, aut spuma circa nauigia diutius stante, defixosque palos & lignum, maximè prouenitunt:* C'est à dire: Les poissons qui sont couuerts de tests & coquilles dures & pierreuses, comme les huistres, prouiennent & procedent du limon pourry & putrefié, ou de l'escume marine, adherante long temps aux nauires, ou aux paux fichez en terre, & les bois principalement.

Guillaume Rondelet verifie bien amplement ces choses, en son liu.4.chap.4. de la premiere partie de son histoire entiere des Plantes: & en son dernier liure de l'histoire des poissons, par plusieurs grandes & subtiles raisons de Philosophie, lesquelles ie ne repeteray pour euiter prolixité.

Hector Boëtius en sa description d'Ecosse, escrit qu'aux Isles Hebrides, situées à l'Occidēt d'Ecosse, il s'y trouue certain genre d'oyes ou canes nōmées Klakis, lesquelles vulgairement on croit en cesdites Isles, naistre de certains Arbres, portans rameaux, fueilles & fruicts, disant:

» *De Klaki aue vim procreandi potius mari quàm arboribus inesse crediderim: Variis enim modis, verum semper in mari eam prouenire conspeximus. Etenim si lignum id in mare proiicias temporis tractu primum vermes excauato ligno nascuntur: qui sensim enatis, capite, pedibus, atque alis, plumas postremo edunt, demum anseribus magnitudine æquales: cum ad iustam peruenerint quantitatem, cælum petunt, auium reliquarum more delati per aëra, alarum auxilio, non secus ac remigibus. Id quod luce clarius anno à partu virgineo millesimo quadringentesimo nonagesimo, plurimis spectatibus in Buthquhania visum est: Nam cum in eam ad Pethslege castellum fluctibus huiuscemodi lignum quoddam ingens delatum esset, rei nouitatem qui primi conspexerant, admiratibus, ad loci illius dominum accurrentes, rem ipsam nunciant: Is adueniens, trabem serra diuidi iubet: quo facto ingens confestim apparet multitudo partim vermium aliis adhuc rudibus, aliis membra quædam formata habentibus, partim etiam iam formatarum perfectè auium: inter quas quædam plumas habebāt aliæ erant adhuc implumes. Itaque rei miraculo ſtupentes, iubente domino in templum diui Andreæ, Tere (pagi cuiuſdam nomen eſt) lignum comportant, vbi & hodie manet, vndique ſicut erat à vermibus perforatum: Huius ſimile duobus ſubinde annis in Taum æſtum appulſum, ad Bruthe Caſtellum viſum eſt, cùm multi accurriſſent. Nec diuerſum quod duobus pòſt annis rurſum in Lethi portu Edimburgenſi ſpectante toto populo apparuit: ingens enim nauis cui nomen atque inſigne Chriſtophori erat, vbi apud Hebrides toto triennio in anchoris conſtitiſſet huc reducta & in terram ſubducta, plena omnia qua mari ſubmerſa fuerat exeſis trabibus vermium partim quidem rudium, partim auis nondum perfectam formam habentium, partim etiam abſolutorum oſtendit. Cæterum obiicere quiſpiam poſſit non mari ſed ligno hanc vim ineſſe, nauimque eam ex Hebridianis trabibus eſſe contextam propterea eas aues generare. Itaque quod ipſe quoque ab hinc annis ſeptem vidi, non grauabor adiicere: Alexander Gallouidanus Kilkendenſis Eccleſiæ paſtor, vir præter inſignem probitatem rerum admirabilium ſtudio incomparabili flagrans cum extracta alga marina, inter caulem & ramos à radice ſtatim & pariter vſque ad cacumen enatas conchas videret, rei nouitate ductus, illas aperit maiuſque in his miraculum conſpicit: non enim iam piſces, ſed aues in his inuenit, atque eas pro concharum magnitudine, nam paruæ in paruis, magna in maioribus erant. Quare ſtupens ad me huiuſmodi nouarum rerum cupidiſſimum accurrit, rem oſtendit, qui non minus lætus fui cognito modo, reque diligentius intellecta, quàm miraculo obſtupuerim. Hoc enim exemplo ſatis conſtare arbitror non ex foliis aut truncis ar-*

» *borum hanc vim prodire, sed inesse semina ab oceano,*
» *quem Maro vt Homerus patrem rerum appellauit. Verùm quia id fieri videbant, cadentibus tum foliis, tum*
» *pomis arborum, quæ in littore maris erant, in aquam,*
» *in eam sententiam deuenêre, vt poma ipsa aut folia in eas alites verterentur. Videbantur enim satis tem-*
» *pora concurrere, & quibus volucres è vermibus ori-*
» *rentur, & poma corrupta putredine videri iam desi-*
» *nerent. Hactenus Hector Boëtius, vt nimis magno*
» *supercilio Polydorus Virgilius pronuntiarit hanc videri*
» *sibi fabulam, cùm huius scripta videre potuerit. Et si*
» *vidit, aut refellere huius muneris fuerat, aut non tam*
» *securè de his pronunciare.*

Lesquels propos sont tirez de H. Cardan, liure 7. ch. 36. de la varieté des choses, & qui sont ainsi tournez en François.

Ie croirois plustost y auoir vne certaine vertu & energie de procreer & engendrer en la mer qu'aux Arbres: de fait i'ay veu par plusieurs modes & façons, croistre & naistre de ces Klakis, mais ç'a tousiours esté dans la mer: car si vous venez à ietter dãs les eaux de la mer, proche de cesdites Isles Hebrides, du bois de ces Arbres, quelque temps apres il naist & prouient dans iceluy bois, premierement des vers, le bois estant rongé & percé: lesquels vers petit à petit leur estant prouenus la teste, les pieds, les aisles, viennent par apres à estre garnis de plumes, & à estre gros & grands, comme les oyes & canes communes. Quand ces Klakis sont paruenus à leur naturel croist & grãdeur, ils võt en l'aër, auquel ils volẽt, portez & enleuez cõme les autres oyseaux, auec l'ayde & secours de leurs plumes: &

qu'estant tres-certain & tres-veritable, fut veu à la presence de plusieurs personnages en Butquhaine, l'an de grace 1490. Car comme en ce lieu vers le chasteau Petphflege, par le moyen des flots de la mer il fut porté vne grande & grosse piece de ce bois des Arbres porte-Klakis. Ceux qui premieremẽt veirent la nouueauté de ceste chose, l'admirant, accoururent vers le maistre de ce chasteau, & luy denoncent ce fait; iceluy descendant vers la mer, commanda qu'on vint à fendre & scier ceste piece de bois. Ce qu'estant executé, il se trouua au mesme instant en icelle vne tres-grande quantité de vers, aucuns non encores vers parfaits, aucuns ayans quelques membres d'oyseaux formez, aucũs qui estoient presques oyseaux parfaits & paracheuez: entre lesquels, il y en auoit qui estoient ja garnis de plumes, & autres qui n'auoient encores aucunes plumes. Ceux qui veirent ce cas inopiné, rauis d'vn tel miracle, par le commãdement de leur seigneur, porterent cestedite piece de bois au temple S. André, au village de Tere, où il est encor' de present tout troüé & pertuisé de vers, comme il estoit paruenu en deux ans consecutifs, deux autres pieces de bois, comme la precedente, furent veuës de plusieurs poussées des flots marins, vers le chasteau de Bruthe, & n'est diuers & dissemblable à ce que dessus. Ce que deux ans apres fut veu derechef, en la presence de tout le peuple d'Escosse au port d'Edinibourg, nommé Lethi, à present Pitili, apres qu'vn grand nauire, appellé S. Christophle, eust demeuré à l'ancre, durant trois ans entiers, aux Isles Hebrides, & fust venu au port cy dessus de Lethi, & mené & conduit sur terre. Les pieces de bois de cedit nauire, qui auoient esté trẽpees & mouïllees de l'eau marine, rongees & vermolues, demonstrent en elles vne grande quantité de vers, non encores parfaits & paracheuez: entre lesquels auoient commencement de formes d'oyseaux, & autres estoient ja entiers & parfaits oyseaux. Par ces descriptions on peut à bonne & iuste occasion soustenir & asseurer, que ceste vertu & puissance de trãsmuer & metamorphoser ainsi des vers en oyseaux, n'est toute propre & peculiere à la mer, ains plustost au bois de ces Arbres; & faut croire que ce nauire estoit fait & composé du bois de ces Arbres qui croissent aux Isles Hebrides, à cause dequoy iceluy bois conceuoit & engendroit en soy de ces oyseaux.

Donc ie ne craindray de dire encor ce que i'ay veu depuis sept ans: Alexandre Gallouidan Pasteur de l'Eglise Kilkendense, homme (outre vne insigne probité & integrité) desireux & curieux de choses incredibles & admirables, contemplant vn certain iour de la mousse, ou alge marine, coniointe & adherante à certains rameaux d'Arbres, iceux bordez & garnis d'huistres & coquilles marines, poussé & induit de la nouueauté de telle rencontre s'approcha de cesdits rameaux, & vint à ouurir cesdites huistres & coquilles, dans lesquelles (miracle estrange) il ne trouua aucune chair, ou substãce, accoustumée d'estre de nature aux huistres & coquilles; mais de vrays oyseaux, non plus grands & gros que pouuoiẽt porter les coquilles, dans lesquelles ils estoient: à cause duquel miracle, ce Paſteur, rauy en admiration, vint vers moy (dit Boëtius) cupide & deſireux de choſes belles & rares, auquel il mõſtra ceſdits oyſeaux, ainſi nayz & procreez dans ceſdites huiſtres & coquilles : ce qui occaſionna que ie fus moins eſtonné & eſbahi, voyãt inopinément vne telle choſe ſi miraculeuſe. Et par ceſt exemple, ie croy qu'il apparoiſt que ceſte façon de procreer ces oyſeaux, ne procede pas des feuilles ou troncs de ces Arbres, mais de la ſemence d'iceux, produite par l'Ocean, lequel Virgile, ainſi que Homere, appelle pere des choſes : mais à cauſe qu'on voyoit cela ſe faire quand les feuilles & fruicts de ces Arbres, qui ſont ſur le bord de la mer tombent dans les eaux d'icelle, on a tenu pour reſolu, que les feuilles & pommes d'iceux Arbres eſtoient tranſmuez en ces oyſeaux, car on voyoit qu'il y auoit aſſez d'eſpace de temps, dans lequel ces oyſeaux pouuoient eſtre procreez de ces vers: & les fruicts corrompus par la pourriture, pouuoient n'eſtre veuz eſtre ce qu'ils eſtoient auparauant. Et iuſqu'aux mots cy deſſus, s'eſt eſtendu ledit Hector Boëtius ; & a eſté ſi hardy (toutesfois mal à propos) Polidore de Virgile, d'aſſeurer trop temerairement, que cela luy ſembloit eſtre vne fable, eu eſgard qu'il pouuoit veoir les eſcrits dudit Hector Boëtius : leſquels, s'il auoit leu, il deuoit, pour ſon deuoir, refuter ledit Boëtius, ou non tãt cruëment parler en l'aër de ces choſes.

Le meſme Hieroſme Cardan, au lieu ſus-allegué, pourſuit encor ces mots: *Nos igitur videamus, an hoc eſſe poßit primùm, deinde vbi eſſe poßit: an forſan nimis Cupido nouitatis, & ornandæ hiſtoriæ* » *desiderio flagranti, impositum in his fuerit, cùm plura fabulosa miscuisse ex auditu videatur : atque hoc exemplum vltimum, etiam si res vera prorsus esset, absurdum, credituque indignum. Nam quod Klakis auis sit, quódque Boëtius sciens non fallat, nemini dubium esse debet. Quòd vero poßit tanta auis è putredine gigni, quódque gignatur, quod etiam in conchis aues vi maris inter Hebrides interiecti nascantur, hæc dubitatione prorsus digna sunt. Neque obiter tractanda hæc dubitatio, cùm magnarum quæstionũ sit & origo. Si enim aues hæ ex putredine generãtur quid prohibet quin cuncta similiter gigni non potuerint. Audiui autem de hoc, & recens adhuc fama est : cum essent Edimburgi (nam Lethi portus ab indigenis vocatur Pitili) : abest paulò plus ab Edimburgo mille paßibus, portus quidem pulcherrimus, oppidum verò Anglorum incendiis fœdatum in quo ego bis fui. Itaque videtur res hæc quæ ibi pro constanti habetur à veritate non abhorrere. Neque mirum videri debet, si mures (teste Aristotele) è terra generãtur, qui tamen inter animalia perfecta numerantur, posse glebam Aegyptiam lepores, capreolos, hebridicumque oceanum aues gignere: natura verò gignit ea quæ loco conueniunt, vt ali poßint, veluti in mari anserum hoc genus indicium est hoc viuacißimi cœli, nam & omnia plena esse animalibus, satis constat. Illud obiici potest, naturam transire à minimis ad maiora, neque hic videri minores aues, quæ sic generentur, nam de muribus constat quod sit genere minimum animalium perfectorum in terra degentium, quodque carnes habeat. In Aegypto non solùm hæc maiora sed & minora frequentius gignuntur. Sed auiũ alia videtur ratio, cùm opporteat illas piſcium venatione viuere. Neque certum eſt, omnes quæ gignuntur aues, eſſe eiuſdem generis: neque omnia animalia quæ gignuntur, eſſe aues; ſed hoc animaduerſum eſt in his, tanquam magis conſpicuis. Rurſus animalia quæ mutant formam, non viuunt, vt de aurelia è bombyce, & his quæ ex erucis fiunt. Quomodo igitur è verme mutato in auem, animal illud viuax eſſe poterit? Bene feciſſet hercle Boëtius, ſi quid de hac aue compertum habuerat, ſcribendo veluti an nidos fabricaret, an filios pareret, quomodo degeret, quibus veſceretur, in quibus ab anſere & ſolandi differret. Verùm Georgius Pictorius renes ac veſicam habere refert. Eſt autem miraculum miraculo augêre.*

Portraict de l'Arbre, lequel estant pourry, produit des Vers, puis des canards viuans & volans.

VN certain tres-ancien Autheur, que i'ay par-deuers moy escrit à la main, en vn sien liure intitulé: Des merueilles du monde, cha. 42. escrit cecy: Pres la Region d'Escosse, & Isle de Pomonie, sur le riuage de la mer, se congreent & s'engẽdrent certains oyseaux, que les habitans du pays appellent Crabrans, ou Crauens: lesquels oyseaux ne sont engẽdrez, ne ponds, ne couuez, ne de pere, ne de mere; mais naissent, & se congreent, & s'engendrent en la corruption & pourriture du vieil bois & merrain des vieilles nefs, des vieux mas, & des vieux auirons qui se pourrissent dans la mer, & s'engendrent en ceste maniere: Quand ce vieil merrain de vaisseaux, qui est sur le bord du riuage de la mer, tombe en mer, il est pourry & corrompu du lymon d'icelle: & de celle pourriture, il s'engẽdre en ce bois, vne maniere de limon, qui est aussi gluant, & tenant comme glaire: duquel limon se forment & engendrent oyseaux, qui pendent par le bec, cõtre ce vieil bois, bien par l'espace de deux mois, & plus: & quand ce vient qu'ils sont tous couuerts de leurs plumes, & qu'ils sont grands & gros, lors ils cheent dans la mer; & adonc Dieu de grace leur donne vie naturelle, & deuiennẽt beaux & plaisans oyseaux, & ont la plume noire, & volẽt parmy la mer, par tout où ils veulent, comme font autres oyseaux: & ont la chair aussi blãche, & aussi tẽdre, & aussi sauoureuse, comme est la chair d'vne cane sauuage. Et à ce propos fait, ce qui est escrit au premier liure du Genese, où il est porté qu'au 4. iour de la creation des choses du monde, Dieu crea les choses dessouz le firmament, & si crea les pois-

„ sons, & les oyseaux: parquoy il appert que ces oyseaux ont aucunement naturelle proprieté & con-
„ dition, & auec la creation du limon des eaux de la mer. Olaus Magnus en ses histoires Septentrionales, a asseuré qu'en certaines Isles, situées en la mer plus Septentrionale, il s'y void ordinairement certains flus & reflus donner contre les bords & riuages de cesdites Isles: pres lesquelles on trouue assez souuent des pieces de bois vieux, nauires toutes corrompues, & pourries, à cause de la continuelle humidité qui les a mouillées, & baignées: sur la superfice desquelles pieces de bois, vient à naistre, rasibu & à fleur d'eau, certains potirons, ou petits champignons, lesquels peu à peu prennent & reçoiuent dans la mesme eau, certain mouuement & vigueur, puis vie, estant toutesfois iceux adherans & conioincts à leurs pieces de bois: & à la fin apres quelque espace de temps, iceux paruenus à leur iuste grandeur & grosseur, se separent & distrayent de leursdites pieces de bois: & garnis de plumes & aisles, viennent à eux guinder en l'aër, & estre vrays oyseaux volans marins: & viuent iceux de poissons de mer, & nagent sur les eaux: ce qui n'est estimé tant estrange & esmerueillable, par les peuples Septentrionaux, à cause qu'en cesdites Isles cela aduient coustumierement. Vn certain personnage Alleman, nômé A. Cornelius Scribonius Graphæus, a confirmé cecy en son Epitome de l'histoire, De gentibus Septentrionalibus. Alexãdre d'Alexandrie, liu. 4. cha. 9. de ses iours geniaux, confirme le mesme, pour en auoir esté asseuré, par vn tres-docte personnage son amy, appellé Iunius,

Dentatus Parthenopeus. Aussi fait vn certain Autheur Espagnol, Ant. de Torquemados, en vn sien liure, intitulé en langue Espagnole, Hexameros: & I. Baptiste Porte, liu. 2. chap. 2. de son liure Phytognom. Vn quidan escriuain de ce temps, en vn sié liure des Arbres arbustes, plantes & herbes peregrines & estrangeres, deduit que plusieurs choses ont esté traitées, par les anciens historiens, en leurs escrits: lesquelles choses ont esté estimées faulses, ou plustost fabuleuses, & dignes de risée: & que toutesfois nous sommes contraincts de croire n'estre trop eslongnées de la verité, quand nous-nous mettons deuant les yeux, la nature nous presenter d'ordinaire des estranges & admirables miracles siens: car qui a-il de plus grand & incredible que de certaines pieces de bois vieux, & anciens nauires pourris, ou de certaines branches, rameaux & reiettons de certains Arbres iettez & lancez au bord & riuage de la mer, arrousez continuellemét des flots marins, s'engendrer des huistres, & d'icelles des oyseaux, vrays & naturels. Ce que les Historiens des choses Septentrionales asseurent estre tres-vray; mais aussi les curieux de ces choses, lesquelles ils ont veu & contemplé, non seulement en Escosse (ainsi qu'on dit) & aux Isles Orcades, mais aussi en Angleterre, & basse Bretagne. De fait Pena & Lobelius escriuent, qu'ils ont en leurs mains certaines coquilles de mer, toutes ridées, fort aspres, & inesgales, arrachées de certains bois de vieux & anciens nauires, ausquels elles adheroient, & que ces coquilles sont assez petites, de forme rõde, & aussi aisées à casser que les coquilles d'œufs, estant comme les coquilles des Mytules, certains petits poissons marins; icelles assez semblables à vne amende entr'ouuerte: Lesquelles coquilles furent trouuées pẽdantes par le dehors du fond d'vn grand nauire, dans de la mousse & du limon, duquel à demy pourry elles estoient nées, ainsi que des potirons,& champignons, qu'on eust dit ressembler la partie du petit vmbilic, nommée des Medecins, Vrachus: au bout desquels ainsi que des fruicts, il adheroit à la plus large base d'iceux, certaines coquilles, comme si les oyseaux, qui deuoient croistre en icelles, succçoient & attiroient de là leurs vies & alimens: desquels oyseaux les principes & commencemens estoient veuz & apperceuz à l'entrée & ouuerture de ces coquilles beantes. Les Historiens maintiennent que ces potirõs ou champignons sont premierement engendrez de certains vers, ce qu'iceux ne peuuent sçauoir si veritablement. Dauantage, iceux asseurent que cesdites coquilles, si belles & si plaisantes, procedent des rameaux & reiettons de certains Arbres, lesquels viennent à tomber & cheoir aux lieux où les flus & reflus de la mer sont ordinaires. Outre plus iceux mesmes disent que les coquilles de ceste nature cy dessus, qui demeurent sur la terre seiche & aride, destituée de toute humidité, viennent à perdre leur force & vigueur, & deuenir du tout nulles, & que celles qui sont mouillées & emportées par les eaux marines, se changent en vrays oysons ou canes, lesquelles les Anglois & Bretons nomment Bernacles, Bernaches, ou Bernaques: les Escossois, Klakis: Lesquels Escossois en ont fort communément en leur pays, qu'on chasse en temps d'hyuer, quand les Paluz, fleuues & riuieres sont roydis, & caillez de glaces & froidures. Abraham Ortelius tres-docte personnage de ce siecle, descriuãt en son Theatre du mõde l'Isle d'Hybernie ou Hirlande, & faisant mention des singularitez d'icelle, repete le discours de Siluestre Girault Anglois, touchant certains oyseaux nommez, Bernaches, ou Bernaques, semblables à petits oysons, ou canards de riuiere, naissans du bois de certains Arbres ressemblans au Sapin.

Ce Syluestre Gyraldus au 8. chap. de son recueil adiousté à l'Histoire d'Hybernie, de Richard Stanihurst, dit ces mots: *Sunt & aues hîc multæ, quæ Bernacæ vocatur, quas mirum in modum contra naturam, natura producit anatibus quidem palustribus similes, sed minores. Ex lignis namque abiectiuis per æquora deuolutis, primùm quasi gummi nascuntur. De hinc tanquam ab alga ligno cohærente conchilibus testis ad liberiorem formatorem inclusæ, per rostra dependent. Et sic quousque processu temporis, firmam plumarum vestituram indutæ, vel in aquas decidunt, vel in aëris libertatem volatu se transferunt.*

Et de tels oyseaux a entendu parler vn tres-grãd Poëte de ce temps, quand il dit:

Ainsi souz soy Boote és glaceuses campagnes,
Tardif void des oysons, qu'on appelle Grauaignes,
Qui sont fils (comme on dit) de certains Arbrisseaux,

Qui leur feuille feconde anime dans les eaux.
Ainsi le vieil fragment d'vne barque se chãge,
En des Canards volans: ô changement estrange!
Mesme Corps fut iadis arbre verd, puis vaisseau,
Naguieres Champignon, & maintenant oyseau.

Guillaume Rouille, liu. 12. chap. 38. de son hist. generale des Plantes, a fait mention de ces Arbres portans ces coquilles, qui produisent les oyseaux cy dessus descrits.

Portraict des Conches, qui produisent des oyseaux.

De certains autres Arbres, les fruicts & feuilles desquels se muent & changent en oyseaux viuans & volans: & aussi de certains autres Arbres, les feuilles desquels tombées dans les eaux, se muent & changent en poissons, viuans dans lesdites eaux; & les feuilles cheutes sur terre, se transforment en oyseaux volans.

Chap. XXVII.

Le grand Æneas Syluius en sa descriptiõ de l'Europe, chap. 46. *Audiueramus nos olim arborem esse in Scotia quæ supra ripam fluminis enata, fructus produceret, anatarum formam habentes, & eos quidem cum maturitati proximi essent, sponte sua decidere, alios in terram, alios in aquam, & in terram deiectos putrescere, in aquam verò demersos mox animatos enare sub aquis, & in aëre plumis pennisque euolare, de qua re cum auidius inuestigaremus, didicimus miracula semper remotius fugere, famosamque arborem non in Scotia, sed apud orcades insulas inueniri, &c.*

Nous auons autrefois entendu qu'en Escosse, il y auoit vn Arbre, lequel estant creu sur le riuage d'vne riuiere produisoit des fruicts, qui auoient la forme de canes, & qu'estans prests de meurir, ils tomboient d'eux-mesmes, les vns en terre, les autres en l'eau, & que ceux qui tomboient en terre pourrissoient: ceux qui estoient tombés en l'eau,

prenans

prenans vie, nageoient sur les eaux, & s'enuoloient auec plumes & aisles en l'aër, de laquelle chose, cõme estans en Escosse, nous enquetions de Iacques Roy d'icelle, hõme biẽ quarré & chargé de graisse, nous apprinsmes que les merueilles s'enfuyent tousiours plus loing, & que cet arbre tant renõmé ne se trouue pas en Escosse, mais aux Isles Orcades. Sebastian Munster, liu. 2. de sa Cosmog. chap. de la grande fertilité d'Angleterre & Escosse, rapporte qu'on trouue des Arbres en Escosse, lesquels produisent le fruict enueloppé dedans les fueilles, & quand il tombe dans l'eau, en temps conuenable, il prend vie, & se change en vn oyseau viuãt, qu'ils appellent vn Oyson d'Arbre. Cet Arbre croist en l'Isle de Pomonie, qui n'est pas loing d'Ecosse, vers Aquilon. Aussi les anciens Cosmographes, & principalement Saxon le grammarien, font mẽtion de cet Arbre, afin qu'on ne pense que ce soit vne chose inuentée par les nouueaux escriuains. Ces discours nous donneront à entendre clairement ces paroles d'vn tres-ancien Autheur voyageur, florissant en l'an de salut 1322. lequel en ses voyages composez en langue Romanesque, au chap. de la *Pianta que vna bestia en carn, é en bos & en sanch*, c'est à dire, de la Plante qui est vne beste en chair, en os, & en sang, dit ce que s'ensuit de ces Arbres: *Hia Arbres en nostro pays cõ es en Anglaterra, quey ha Arbre, que les flors qui donent en terra se tornan ocells bolãs que son bons per mengar ê no viuen, & aquele qui caen en l'aygua viuent, & daco ells se marauellen fortimen.* Vn certain Iean Botere, en ses relations vniuerselles, li. 6. ch. des Isles Hebrides, escrit ce que s'ensuit en langage Italien de ces oyseaux. *In queste Isole nascono certe oche che alcuni chiamano Bernache in vn modo marauiglioso, la piu parte de gli Scrittori dice che si generauano da certi alberi nati su la riua del mare, Perche cadendo i frutti loro (che hanno somiglianza con le Pigne) in mare diuengono tra poco tempo Vcelli, & si mangiano indifferentemente e di Quaresima & di Carneuale: ma Boëtio stima che habbino genere ô origene dal mare, e da legni putridi, perche dice che gettando legna in quell' acque marine, in processo di tempo nescono certi Vermi, che a poco a poco distinguendosi in loro la testa, i piedi, le alé & finalmente le penne, volano via.* C'est à dire: En ces Isles, il naist certaines oyes, qu'aucuns appellent Bernaches, en vne façon esmerueillable: la plus grande partie des Escriuains dit, que ces oyes s'engendrent de certains arbres, qui naissent sur le riuage de la mer, parce que tombant leur fruict (qui est semblable aux pommes de pin) dans la mer, dans peu de temps ils deuiennent oyseaux, & en mange-on indifferemment, tant en Caresme qu'aux autres iours à manger chair: mais Boëtius estime qu'ils ont origine de la mer, & des bois pourris, à cause qu'on dit que iettant du bois en ces eaux marines, dãs certain espace de temps, certains vers en naissent; lesquels peu à peu, estant distinguez en leurs testes, leurs pieds & aisles, & finablement leurs plumes, s'enuolent en l'aër librement. L'Autheur tres-ancien que i'ay par-deuers moi, escrit à la main, en son liure des merueilles du monde, duquel i'ay cy deuant fait mention, continuant son discours des oyseaux, qui s'engendrent de la pourriture du bois des vieilles nefs, poursuit à deduire ce que s'ensuit : Item plusieurs grands Clercs d'Angleterre disent qu'en Hybernie, Isle de la mer, prés Angleterre, sur le riuage de la mer, sont certains Arbres, formez à la façon de feuilles ; esquels quand ce vient sur le temps nouueau, il s'engendre & se germe petits bouttons, qui apres tant croissent, qu'ils deuiennent oyseaux volans, & dict les hommes d'Angleterre & Escosse, qui les ont veuz & visitez, que les germes qui cheent de ces Arbres dans la mer, deuiennent poissons ; & aussi les germes qui cheent sur la terre, deuiennent oyseaux, qui ressemblent à petites oyes, & sont couuerts de diuerses plumes. Ieã André Vauasseur, dit Guadaguigne Autheur Italien, en vne sienne Carte de Geographie, cõposée y a fort long temps, en langage Italien, escrit ces mots, au second proëme d'icelle: *Chi crederebbe che le frondi de alcuni arbore lequali cadeno nelle acque, laquelle putrefundosi, diuengono vcelli pennuti, & volino per l'aria come li altri vcelli? & questi punsi ponno in Vineggia vedere apo Messer Andrea Rossi che de Scotia gli fece portare liquali sono minore d'elle oche, & sono di Hispagnoli appellate Grauagne.* Lesquelles paroles Italiennes sont telles en François : Qui croiroit que les feuilles de quelques arbres, lesquelles cheent dans les eaux, se venans à pourrir & putrefier, deuiennẽt oyseaux emplumez, qui volent par l'air, comme les autres oyseaux ? & lesquels on peut veoir en la ville de Venise, chez Messer André Rossi, qui a fait apporter d'Escosse, deux de ces oyseaux, lesquels sont plus petits que des oyes, & sont appellez par les Espagnols, Grauaignes. Vn certain personnage appellé Georgius

V ij

Pictorius rapporte, voire asseure en ses escrits, que ces oyseaux nommez Klakis, ont dans leur corps des roignons & vne vessie : ce qui (s'il est vray) est plus esmerueillable, & digne de plus grande admiration. Pierius Valerianus, liu. 26. de ses Hieroglyphiques, chap. de l'Ephemere, asseure que ces oyseaux ne sont plus grands que des Poulets, & qu'ils ont le plumage blanc, & qu'ils volent en l'aër fort aysément. Barthelemy Chassanée, en son liu. intitulé, Gloria mundi, partie 12. citant B. Fulgose, Claude de Tesserant, chap. 12. de ses hist. prodigieuses, & André Theuet, liu. 16. chap. 11. de sa Cosmog. parlent de ses oyseaux.

Portraict de l'Arbre qui produit de ses fruicts Canards viuants & vollants.

LE grand Iules Cesar Scaliger, en ses exercitations de la subtilité, à H. Cardan, exercitat. 59. distinct. 2. discourant de plusieurs effects & miracles des eaux, rapporte ces mots subsequents.

» *De Iuuernæ fluuio non silebo, in eum, quæ arboris vnius*
» *imminentis collapsæ frondes fuerint, piscium formam in-*
» *duunt. Pisces viuunt deinceps, quamquam subtilius cō-*
» *sideranti non tam esse videtur hæc fluuij vis, quàm arbo-*
» *ris ipsius, nam quæ frondes in terram cadunt, animalia*
» *volucria effecta auolāt. Quid mirum? Nempe vt in terra*
» *mutantur Plantæ, aliæ in alias, ita supra terrám gignunt*
» *à seipsis animalia: idque non è putrefactione, sed quædam*
» *quasi semina fouentes ad generationem. Neque solùm in*
» *ipsis fructibus, quales in tritico sunt gurguliones, in nu-*
» *cibus vermiculi, in aliis aliæ bestiolæ, de quibus Theo-*
» *phrastus, sed vt è folliculis lentisci, quos fert, præter bac-*
» *cas, oblongiusculos facie siliquarum: vt non sine consilio*
» *naturæ apparati esse videantur, quasi futuræ matrices,*
» *primò mox etiam domicilia illorum volucellorum: sicut in*
» *vlmorum quoque vesicellis, non absimiles iis. Quapro-*
» *pter Arabes arborem cimicum vlmum appellarunt. Sic*
» *è medulla cardui fullonij cùm maturuerit, Vermiculus*
» *fit: de quo non falsò prodidit ad quartanas remedium*
» *Dioscorides. Tales fert etiam terebinthus, in quibus li-*
» *quor & culices in Oceano britannico magis mireris igno-*
» *tam vobis auem, Anatis facie, rostro pendere de reliquiis*
» *putridis naufragiorum quoad absoluatur, atque abeat*
» *quæsitum sibi pisces, vnde alatur. Hanc quoque vidimus*
» *nos Vascones Oceani accolæ Crabrans vocant illas: à Bri-*
» *tonibus Bernachiæ appellantur, recepto etiam in prouer-*
» *bium vocabulo cum ignauiam cuidam exprobrare volunt,*
» *quasi neque caro sit, neque piscis. Singularis nūc miraculi*

subtexẽda historia est; Allata est Frãcisco Regi. Optimo maximo concha non admodum magna cum auicula intus penè perfecta, alarum fastigiis rostro pedibus, hærente extremis oris ostraci. Viri docti, quorum ille pius parẽs fuit simul, & munificentißimus obseruator, atque etiam conseruator, mutatum in auiculam ostreum ipsum existimarunt: lesquelles paroles Latines signifiẽt en Frãçois: Ie ne passeray soubs silence ce qu'on dit d'vn certain fleuue de Iuuerne ou Hybernie, dãs lequel les feuilles d'vn certain arbre croissant sur le bord & riuage de ce fleuue, cheuttes & tombées dans iceluy, prennent & reçoiuent formes de vrays poissons, lesquels viennent à viure par apres, cõme les autres poissõs qui sont dãs cedit fleuue: ce que, à celui qui le voudra cõsiderer de pres, semblera ne prouenir & proceder, tant de la force & vertu de cedit fleuue, que de l'Arbre mesme cy dessus: car les feuilles d'iceluy, qui viennent à cheoir & tomber en terre, estant dans quelque espace de temps transmuées & metamorphosées en vrays oyseaux volants, s'enuolent en l'aër: qu'y a-il d'admirable en cela? Ainsi que les plantes & herbes sont muées & chãgées dans la terre, les vnes en autres, de mesmes & pareillement sur terre, elles engendrent en elles des insectes, ou bestions: Ceste chose aduenãt non seulement de la putrefaction & pourriture: mais comme icelles plantes & herbes conseruans & gardans en elles comme des semences de creation & generation. Et non seulement se voyent ces choses aux fruicts, ainsi que dans les grains de bleds, les calendres; dans les noix, les vers; & dans les autres fruicts, autres insectes & bestions: desquels traitte amplement Theophrastus en ses œuures, mais aussi aux excroissances & vescies des Lentisques, plus longues vn peu que les gousses des febues, en telle façon qu'icelles excroissances & vescies semblēt n'auoir esté & n'estre creées sans le conseil & preuoyance de nature, comme premierement futures matrices, & en fin domiciles de ces petits insectes & bestions volans: comme il aduient aux excroissances & vescies des ormes, non dissemblables à celles que dessus, à cause dequoy les Arabes ont appellé l'orme, l'Arbre des vers, appellez en Latin *Cimices*: de mesme de la mouëlle des chardons des foulons, paruenuë en sa maturité, il s'engendre vn certain ver, lequel nō faussement Dioscoride escrit seruir de remede à ceux qui sont tourmētez de la fieure quarte. L'arbre de la Therebentine porte de tels vers, qui ont en eux de la liqueur. Et ce que plus tu admireras, en l'Ocean Britannique, ou Anglique, vne certaine espece d'oyseau à toy incogneuë, semblable à vne cane, pendre par le bec aux fragments & reliques des vieilles pieces de bois, corrompues & pourries, des nauires qui ont autrefois fait naufrage, iusqu'à ce que cet oiseau soit entieremēt parfait & paracheué par la nature, & qu'il aille au pourchas & à la pesche des poissons marins, desquels il vit & se nourrit: nous auons veu de ces oyseaux. Les Gascons, habitans pres la mer, les appellent Crabrans; les Anglois, Bernaches; ayant ordinairement en bouche ce prouerbe, & sobriquet, quand ils veulent obiecter à qu'elqu'vn sa paresse, & faincantise (comme s'il n'estoit ni chair ni poisson) qu'il est vn vray Bernache. Et à present nous faut reciter vne histoire d'vn miracle singulier : Il fut apporté au grand Roy François vne certaine coquille, nõ trop grãde, dans laquelle il y auoit vn petit oiseau, presque parfait des bouts des aisles, du bec, & des pieds, qui adheroit encor aux extremitez des bords de ladite coquille. Les hommes doctes, desquels ce Roy estoit pere & amateur magnifique, iugerent que la chair de ceste coquille auoit esté ainsi muée en ce petit oyseau. Ceux qui ont longuement nauigé sur l'Ocean, sçauent assez par experience, que souuent aucuns petits oyseaux assez beaux de plumage, nommez communement Dunettes, sont engendrez dans les nauires pleines de sel, sans aucune copulation de masle & femelle, ainsi que les rats & souris. Et a bien passé plus auãt Iean de Mandeuille cy dessus allegué, en ses voyages, parlant de la terre de Vaqre en Asie, quand il dit qu'en icelle terre il y a des Pommiers, desquels les pommes, quand viennent à choir en terre, ou en eau, se tournẽt en forme de my-homme & my-cheual. Voicy ses propres mots Romanesques: En aquesta terra ha pomes que com les poms cahen en terra o en aygua tornen mig hom & mig caual. Ces discours cy dessus deduits, nous donneront à entendre clairement l'interpretation de ces vers d'vn des plus grand poëtes François de nostre temps.

L'Arbre qui va portant sur ses branches tremblantes,
Et les peuples nageurs, & les trouppes volantes:
I'entens l'Arbre auiourd'huy, en Iuuerne viuant,
Dont le feuillage espars par les souspirs du vent,

Est metamorphosé d'vne vertu feconde,
Sur terre en vrays oyseaux, en vrays poissons sur l'onde.

Ausquels vers ce mot, Iuuerne, signifie l'Isle de l'Ocean, proche d'Angleterre, à present nommée Irlande: par Iules Cesar, Hybernia: par Pomponie, & Solin Iuuerna: ou comme il est dans les exemplaires de Alde Manuce, Iuernia: par Ptolomée, Iouernia: par Strabo, Estienne & Apulée, Ierna: par Claudian, Vernia: par Eustache, Ouernia. Les habitans de cestedite Isle l'appellēt, Erin: les Anglois qui en sont proches, Yuuerhon: les Allemans, Irlandt, mot composé de Erin, ou Irin, car tous les Anglois prononcent le e, par i: & de Landt, qui signifie vne Region, comme si on disoit, Region d'Erin: les Espagnols, Italiens & François, suyuans les Alemans, la nomment Irlanda & Irlande: aucuns Historiēs ont escrit, qu'icelle a eu anciēnemēt ce nom de Hybernie, de la Cité de Iuernin: les autres d'vn Capitaine Espagnol, nommé Hybere, qui le premier l'occupa, auec grande force d'hommes, par luy assemblez: les autres du fleuue Iberos, qui est le plus renommé d'Espagne, parce que les habitans d'autour de ce fleuue, y allerent premierement demeurer: ou du temps d'Hyuer, parce qu'elle tend vers le froid & Occident: l'estendue d'icelle est moindre que celle d'Angleterre, car elle n'a pas plus de septante lieuës d'Alemagne en longitude, & vingt-trois en latitude: elle est diuisee en quatre Prouinces, Momonie, Hultonie, Laginie, & Counacie, & est de present subiette au Roy d'Angleterre, depuis qu'Henry II. du nom, Roy Anglois, en l'an de salut 1560. la conquist, &

ioignit à son Royaume. Voyez ce qu'escriuent de ceste Isle, P. Mele, li. 3. du Sit du monde, Solin, cha. 25. de son Polyhistor, I. Maioris, li. 2. de l'hist. d'Escosse, H. Boëtius liure 7. de l'histoire Escossoise, Vadian en ses comment. sur le 3. liure de Pomp. Mele cy dessus, P. de Virgile, li. 1. de l'hist. d'Angleterre, S. Munster, li. 2. de sa Cosmog. cha. de la nouuelle Irlande, André Theuet, liu. 16. chap. 10. de sa Cosmog. T. Porcachi en sa description des Isles plus fameuses du monde, & Abraham Ortelius, table 5. & 6. de son grand Theatre du monde.

Portraict de l'Arbre qui porte des fueilles, lesquelles tombées sur terre se tournent en oyseaux volants, & celles qui tombent dans les eaux se muent en poissons.

D'vn arbre croissant en l'Isle de Cimbubon, pres l'Isle de Burneo, les feuilles duquel viuent, & cheminent.

Chap. XXVIII.

Marc Anthoine Pigafette Vicentin, Cheualier de Rhodes, qui fut dans la nauire de Victoire, en son voyage à l'entour du monde, faict auec Ferrand ou Fernand Magellan Capitaine Portugais en l'an de salut 1519. escrit qu'en l'Isle de Cimbubon, située à huict degrez six minutes de l'Equinoctial ou Equateur, en deça vers l'Asie Orientale, pres la grande Isle de Burneo, il fut trouué par luy & ses compagnons entre autres choses dignes de grande remarque & consideration, *Vn Arbore, che haueue le foglie, lequali come cadeuano in terra, camminauano, come se fussero state viue. Queste foglie, sono molto simili a quelle del Moro; Hanno da vna parte, & d'all' altra, come duoi piedi, corti, & appuntati, & schizzandoli, non vi si vede sangue; Come si tocca vna di dette foglie subito si muoue, & fugge. Antonio Pigafetta ne tenne in vna scodella per otto giorni, & quando lo toccaua andaua á torno, á torno la scodella, & pensaua qu'ella non viuesse d'altro che di aëre.* C'est à dire, vn arbre qui auoit les feuilles, lesquelles comme elles cheoyent en terre, cheminoient comme si elles estoient viuantes: Les feuilles estoient fort semblables aux feuilles des Meuriers, icelles auoient en l'vne & l'autre de leur partie comme deux pieds, courts &

poinctus, les serrans & broyans, il ne s'y voyoit aucun sang : cõme vne de cesdites feuilles estoit touchée, ou maniée, incontinent elle se mouuoit, & fuyoit. Moy Antoine Pigafette en ay tenu & conserué vne en vne escuelle, durant huit iours, & quand ie la touchois, elle alloit tout à l'entour de l'escuelle : & croy quant à moy, que ceste feuille ne viuoit & se substãtoit d'autre nourriture ou viande, que de l'aër.

Portraict de l'Arbre de l'Isle de Cimbubon, qui porte des feuilles qui viuent & cheminent.

LE grand Iules Cesar Scaliger, en son exercitation 112. à Hierosme Cardan, de la subtilité, dit ce que s'ensuit.

» *Est Arbor in Insula Cimbubon, cuius frondes in*
» *terram lapsæ reptione quadam scipsas mouent, & pro-*
» *mouent, Frondibus facies, quæ mori: Vtrinque ha-*
» *bent quasi pedes pusillos binos. Compressæ nullum edunt*
» *sanguinem: Tactæ abeunt, aut refugiunt. Ex iis vna*
» *dies octo seruata in scutella vixit; mouitque sese quo-*
» *ties tangeretur.* Ce qui signifie: Il y a vn Arbre en l'Isle de Cimbubon, les feuilles duquel estans cheuttes en terre, se meuuent & aduancent par vn certain rampement: ces feuilles sont semblables à celles du meurier, & ont de chacun costé comme deux petits pieds; estant comprimées, elles ne iettent aucun sang, estant touchées, elles s'aduancent ou reculent. Vne d'icelles ayant esté gardée huit iours, dãs vne escuelle, viuoit, & se mouuoit à mesure qu'elle estoit touchée & maniée. H. Cardan liu. 10. de sa subtilité, escrit cecy:

On prẽd les petites orties pour culs d'asnes ou cabasseaux, & les grandes pour chappeaux de mer, dits en Prouence chappeaux cornus & potes. voyez Aristote

Il y a dans la mer des poissons, qui ont vn sentimẽt tant hebeté, qu'on ne sçait si on les doit nommer entre les Animaux, ou entre les Plantes, comme les Esponges & Vrtiques de mer, car quand elles sont fichées dans les Rochers, elles n'ont aucun signe d'animal, sinon quãd on les prend & manie, elles se retirent, & manifestement se meuuent. Et cecy (comme il est possible) ne peut estre aucunement denié aux parties de quelques Arbres, cõme on le void au tronc des palmes, & aux feuilles de quelques arbres, desquels les feuilles sont semblables aux feuilles du meurier, sinõ qu'elles ont deux pieds: Et aucuns certifient que ceste sorte d'arbres est produicte en l'Isle de Cimbubon pres des Isles Moluques, distante de huit parties du cercle Equinoctial, lesquels arbres ont de telles feuilles, que quand elles sont arrachées de leurs branches, elles viuēt quelque tẽps, & cheminent, & ces arbres sont sensitifs & animaux cõme les Esponges, Vrtiques & Poulmons de mer, & les esponges sont animaux d'arbres: toutefois les Vrtiques & Poulmons ne doiuent estre mis au genre des Plantes. Vn certain personnage Espagnol nommé Antonio de Torquemados en vn sien discours Espagnol, intitulé Hexameros, Melchior Guillandinus en ses Commentaires sur Pline liur. 24. chap. 17. de son hist. naturelle, & feu Guillaume Postel liure *de Causis vtriusque naturæ* chap. 8. ont faict mention de ces arbres & feuilles estranges & esmerueillables, en ayant ouy dire vne certitude de quelques nauigateurs modernes. Vn quidan qui a tourné les voyages de Pigafette cy dessus allegué, en a descrit ses parolles Italienes, en Latin, en ceste façon; *Est Insula Cimbubon in qua nascitur Arbor cuius folia cum in terram deciderint gradiuntur perinde ac si viuerent: Ea Mori folijs multum similia sunt, parte vtraque binos pedes breues, & acutos habent, quibus abstractis sanguis non manat: Statim atque folium quis attigerit, illud mouetur & abit M. Ant. Pigafetta octo dies vnum in scutella habui, quod cum tangerem, circa scutelam ibat, nullaque alia re quam aere viuere existimabant.* L'Autheur de l'histoire generalle des Indes Occidentales traittant au 204. chap. du 5. liure des singularitez du pays de Nicaragua dict ces mots: Il croist au

li. 4. ch. 6. & l. 5. c. 16 de la natu. des Anim. Plin. l. 9. c. 45. & Rõdelet l. 2. de son histoire entiere des poissons: traitté des insectes & Zoophites.

pays de Nicaragua des arbres qui viennent en forme de croix, autres desquels la feuille seiche quãd on la touche. Christophle Acosta en ses escrits descriuant les Tamarins qui croissent aux Indes Occidentales, asseure que les feuilles des ces arbres se compriment & reserrent sur le soir & durant la nuict, & qu'elles enuironnent & embrassent leurs fruicts ; & à defaut de leurs fruicts elles enuironnent leurs verges & rameaux. Ce que confirme amplement Prosper Alpinus liure des Plantes d'Egypte chap. 10. ainsi que ie l'ay deduit cy dessus chap. 16. & 18. precedents.

Des Boramets de Scythie ou Tartarie, vrais Zoophytes ou Plant-Animaux, c'est à dire, Plantes viuantes, & sensitiues comme les animaux.

Chap. XXIX.

AMy Lecteur, ie croy qu'entre tous les plus estranges & esmerueillables arbres, arbustes, Plantes & Herbes, qu'a autrefois produit, & pourra produire à l'aduenir la nature, ou plustost Dieu mesme, en toutes les choses de cest vniuers ; il ne s'en peut & pourra à iamais trouuer ou veoir de tels & de si dignes d'admiration & contemplation que ces Baramets de Scythie ou Tartarie, lesquels sont vrais Zoophytes ou Plant'-Animaux, c'est à dire, Plantes & Animaux tout ensemble, viuants & sensitifs, voire brouttans & mangeans comme les animaux à quatre pieds: & desquels, s'ils n'estoient asseurez estre de present en nature par grands & sçauans personnages, ie ne voudrois en faire la description, ains plustost la laisserois en arriere, comme chose fabuleuse, & controuuée à plaisir: Mais ceux qui feuillettent iournellement les bons & rares liures imprimez & non imprimez, & qui sont doüez d'vn grand & haut entendemẽt, ne iugent aucune impuissance en la nature, c'est à dire Dieu mesme, faisans comparaison de plusieurs autres choses presque incredibles, lesquelles nos premiers Ayeuls & Peres ont veu & contemplé; & nous voyons & entendons iournellement dire auoir esté & estre encor en plusieurs & diuerses regions & Prouinces de cest vniuers. Il me souuient auoir autrefois leu dans vn tres-ancien liure Hebrieu composé par vn Rabbi Iuif Iochanan, assisté de quelques autres en l'an de salut 436. iceluy liure intitulé en Latin *Talmud Ierosolimitanum*, que vn personnage nommé Moyses, surnommé Chusensis, c'est à dire, Ethyopien de nation, soubs l'authorité de Rabbi Simeon, asseuroit qu'il y auoit en nature vne certaine contrée de la terre, laquelle » portoit vn certain Zoophite ou Plante animal, » appellé en langue Hebraïque *Ieduah*, du milieu, ou plustost du nombril, duquel il sortoit vne » tige ou racine, par laquelle ainsi qu'vne citrouille, » ce Zoophite ou Plante animal estoit fiché ou attaché dedans le solage de la terre, & que tant que la » longueur & grãdeur de ceste tige ou racine se pouuoit estendre, ce Zoophyte ou Plant'animal rauissoit & deuoroit en rond tout ce qui estoit pres de luy, & que les chasseurs ne le pouuoient prendre & emporter, si a grands coups de flesches & de traits, ils ne venoient à couper ladite tige ou racine, laquelle estant couppée, incontinẽt cedit Zoophyte ou Plante animal tomboit en terre, & venoit à mourir; les os duquel si aucun auec quelques ceremonies appliquoit en sa bouche, il estoit incontinent rauy d'vn esprit diuin & prophetique, & predisoit plusieurs choses. Vn certain grãd personnage Cabaliste expliquant en ses escrits ce passage du Deuteronome chap. 18. *Nec consulat Ideoni*, a dit ce que s'ensuit : *Latina hæc editio & minus quidem apte diuinos profert, diuinus enim, Pythonem, Ariolum, augurem, aruspicem, & cuiusuis præsagij cultorem ostendit; Ideoni vero præcipuum quoddam vaticinandi genus designat : Est enim, vt Chusensis Moyses Rabbi Simeone auctore commemorat, animal dictum Ieduah, agni formæ persimile cui de vmbilici medio veluti funis producitur, quo, Cucurbitæ instar, terræ solo affigitur, & quod funis longitudo protenditur, sæuum animal circumquaque rapit & deuorat, id capere nesciunt Venatores, nisi sagittarum ictu funem proscindant, quo amputato, continuo Bellua prosternitur atque expirat, cuius inde ossibus certa quadam lege ori admotis, statim clam spiritu arripitur opifex, & expetita vaticinia pronuntiat.* C'est à dire en François, en cest endroict la Latine editiõ entend parler toutefois moins proprement des deuins : car ce mot de deuin, signifie vn Python, deuinateur Augur, deuin par les entrailles, & autres obseruateur des presages; Et ce mot Idonei demonstre vn certain genre de deuiner, car ainsi que Moyse Clusensis a affermé soubs l'authorité de Rabbi Simeon, il y a vn animal appellé Ieduah semblable en forme à vn aigneau, du milieu du nombril duquel il procede comme vne corde, par laquelle ainsi qu'vne citrouille, cest animal est conioint au solage de la terre, & tout ce que la longueur de ladite corde en enuironnant, s'estend, ce cruel animal le rauit & deuore. Lequel les chasseurs ne peuuent prendre s'ils ne couppent à coups de sagettes sa corde, laquelle couppée, incontinent cest animal vient à estre prosterné en terre & à mourir: Les os duquel estant mis auec quelques ceremonies en la bouche par quelqu'vn, incontinent & secrettement iceluy est saisi d'vn esprit, & prononce plusieurs choses à aduenir par luy desirées. Ces curiositez premises, nous dirons qu'vn personnage fort renommé entre les Allemans & Pollonois, appellé Sigismundus Liber, Baron d'Herbestain Neyperg, Guettenhag, en ses Commentaires ou histoire de Moschouie, homme digne de croire pour la reputation de sa foy & probité, ayant esté Ambassadeur des Empereurs Maximilian & Charles le Quint vers le grand Czard ou Duc de Moschouie, a le premier mieux descrit les Borametz que autres autheurs modernes, disant, *Inter Vuolgam & Iaick fluuios, circa Mare Caspium habitabat quondam Reges Sauuolhenses de quibus postea. Apud hos Tartores rem admirandam, & vix credibilem Demetrius Danielis vir, vt inter Barbaros, grauis ac fide singulari, nobis narrauit Patrem suum aliquando à Principe Moschouiæ ad Zauolhensem Regem missum fuisse: in qua dum esset legatione, semen quoddam in ea insula, melonum semini paulo maius ac rotundius, alióque haud dissimile, vidisse: ex quo in terram condito, quoddam Agno persimile, quinque palmarum altitudine succresceret, id quod eorum Lingua Boramets, quasi Agnellum, dicas, vocaretur: Nam & caput, oculos, aures cæteraque omnia in formam Agni recens editi, pellem præterea subtilissimam habere, qua plurimi in eis regionibus ad subducenda Capitis tegumenta vterentur. Eiusmodi pelles vidisse se multi coram nobis testabantur. Aiebat insuper plantam illam, si tamen Plantam vocari fas est, sanguinem quidem habere, carnem tamen nullam verum carnis loco, materiam quandam cancrorum carni persimilem, vngulas porro non vt Agni, corneas sed pilis quibusdam ad cornu similitudinem vestitas: radicem illi ad vmbilicum, seu ventris medium, esse; viuere autem tandiu, donec depastis circum se herbis, radix ipsa inopia pabuli, arescat. Miram huis plantæ dulcedinem esse propter quam à Lupis, cæterisque rapacibus animalibus multum appeteretur. Ego quamuis hoc de semine & planta pro commento habuerim tamen & antea tanquam à Viris minimè vanis auditum retuli, & nunc tantò libentius refero, quod mihi vir multæ doctrinæ Guillelmus Postellus narrauit, se audiuisse à quodam Michaële apud rempublicam Venetam publico Turcicæ & Arabicæ linguæ interprete quod viderit à finibus Smarcandæ ciuitatis Tartaricæ, cæterarumque regionum quæ ad Euroaquilonem Mare Caspium respiciunt vsque in Chalibontidem, deferri, quasdam pelles delicatissimas, plantæ cuiusdam in illis regionibus nascentis, quæ aliqui Mussulmani ad Capita sua rasa souenda medijs pileis inserere, ac pectori*

quoque nudo applicare solcant. Plantam sibi tamen non ››
visam esse, nec nomen se scire nisi quod illic Smarcandeos ››
vocetur, eamque esse ex animali instar plantæ in terram ››
defixo. Quæ cum ab aliorum narratione non dissideant, ››
mihi, inquit Postellus, pene persuadent, vt hac rem ››
minus fabulosam esse putem ad gloriam Creatoris cui ››
omnia sunt possibilia. C'est à dire en François: és enuirons de la mer Caspie, entre les riuieres de la Vuolgue & de Iaick habitent certains peuples Tartares, au pays desquels se treuue vne singularité admirable & presque incroyable, dont Demetrius Daniel personnage de grande authorité, & digne de foy entre tous les Moschouites, nous a faict le discours que s'ensuit: c'est que son pere ayant esté vne fois enuoyé en ambassade par le grand Duc de Moschouie vers le Roy de Zauuolhense, qui domine au pays susmentionné, tandis qu'il sejournoit là, il vit & remarqua entre toutes autres choses certaine semence comme la graine de Melon, vn peu plus grande & plus longue & rõde: mais à peu pres semblable au reste, de laquelle plantée en terre naist vne plante qui ressemble à vn Agneau, & deuient haute de deux pieds ou enuiron, & s'appelle en langue du pays Boramets, qui vaut autant à dire que petit aigneau. Ce n'est pas sans cause que ce Plante animal a tel nom, car il a vne teste, des yeux, des oreilles, & toutes autres parties comme vn agneau nouuellement né: outreplus il a vne peau fort deliée, dõt plusieurs en ce pays là se seruẽt pour doubleure à leurs accoustremens de teste: Plusieurs m'ont affermé auoir veu de ces peaux. Dauantage il disoit, que ce Plante

animal auoit du sang & point de chair : mais au lieu de chair, il a certaine matiere qui ressemble à la chair des escreuisses, mesme des ongles, qui ne sont pas de corne comme celles d'vn agneau, mais faictes de certains brins & poils d'herbe, & disposées comme le pied fourchu de l'agneau vif ; sa racine est au nombril ou milieu du ventre: Il broute les herbes qui l'enuironnent, & vit tant qu'elles durent, mais quand cela deffaut, la racine seiche. C'est vne plante douce à merueille, & fort appettée des loups & autres animaux viuans de proye. Quant à moy, combien que autrefois i'estimasse fabuleux tout ce discours des Borametz, toutefois l'ayant entendu de gens dignes de foy, ie l'ay descrit cy dessus, voire d'autant plus volontiers que ie me souuiens auoir ouy dire à Guillaume Postel, homme qui sçauoit beaucoup, qu'il auoit entendu d'vn certain personnage nommé Michel, truchement de la langue Turquesque & Arabesque en la Republique de Venise, qu'il auoit veu apporter des quartiers de Samarcand ville de Tartarie, & des autres pays qui regardent la mer Caspie vers le Septentrion iusques à Chalibontide, certaines peaux fort deliées, d'vne certaine plante qui croist en ces pays là, lesquelles aucuns Mussulmans se seruent au lieu de fourreures pour doubler des petits bonnets, dont ils couurent leurs testes rases, & pour mettre sur leurs poictrines. Il disoit que ceste plante s'appelloit Smarcandeos, & que c'estoit vn Zoophyte ou Plante animal, lesquelles choses n'estant eslongnées de beaucoup de narrations cy dessus, me persuadent, disoit Postel, de penser que ceste description de Zoophytes ou Plant'animaux estoit moins fabuleuse, pour la gloire du souuerain Createur auquel toutes choses sont possibles. Voila ce que dit ce personnage fort renommé de ces Zoophytes ou Plant'animaux. Iean de Mandeuille Cheualier, natif d'Angleterre, florissant en l'an de salut 1322. en ses voyages non encor imprimez en langage Romanic, faict mention (combien que vn peu obscurément) de ce Zoophyte ou Plante animal, disant au chapitre de la Pianta, que es vna Bestia en carn, é en hos, é en sanch: que au royaume Abias en l'Asie, soubs la domination du grand Cham Empereur des Tartares: *Creix vna manera de Piāta, qui es vna Bestiola en carn, e en hos, e en sanch, axi com vn petit Anyell sens lana, axi que le bestie seluagge mengāt la Pianta e la Bestiola, é si es vna gran marauella daquesta Pianta é si es grand obra de natura, & no. per tant que iols digni que iou n'ou tenia pas a grand marauella, car aycan ben hia Arbres en nostro Pays co es en Anglaterra que y ha arbres que les flors qui donen en terra se tornam ocells bolands, que sons bons per mengar & no viuen, e aquels qui caen en l'aigua viuen, & daco ells se marauellen fortmen.*

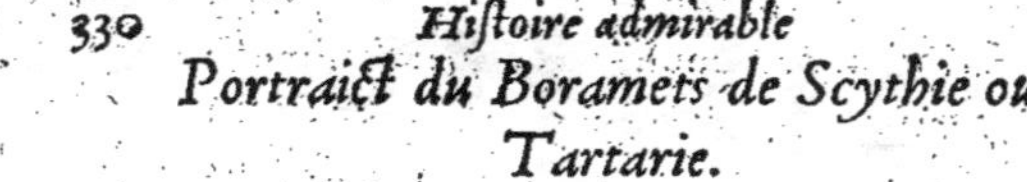

Portraict du Boramets de Scythie ou Tartarie.

LE tres-docte & sçauant Iules Cesar Scaliger en l'exercitation cent-octante & vniesme, distinction vingt-neufiesme à Hierosme Cardan de la subtilité, discourt en ceste façon de ce Zoophyte ou Plante animal. *Superiora ludum putes prout est admirabilis tartaricus frutex, Tartarorum horda primaria Zauolha est, vetustißimæ nobilitatis commendatione, in eo agro serunt semen seminis melonis simillimum, sed minus oblongum, ex eo satu plantam exire quam Borametz, idest agnum vocant; crescit enim Agni figura ad pedum fere ternum altitudinem, quem pedibus, vngulis, auribus, toto capite præterquam, cornibus, repræsentat. Pro cornibus pilos gerit singularis cornu specie; obducitur corio tenuißimo; cuius detracti vsus ad Capitum tegmina incolis, ferunt internam pulpam Gammari referre carnes. Cæterum è vulnere quoque sanguinem manare dulcore esse admirabili, radicem humo exertam surrigere ad vmbilicum vsque illud miraculi fouet magnitudinem quandiu vicinis obsidetur herbulis, tandiu viuere quasi agnum in læto pascuo, absumptis illis tabescere atque interire. Idque non solum vel casu vel tractu temporis, sed etiam experiundi gratia, subtractis atque ablatis euenire quin illud auget admirationem appeti à Lupis eam, non item ab alijs bestijs quæ carne vescantur: hoc quasi condimentum atque intritum, ad fabulæ & agni allusionem illud scire velim, ab vno stipite quatuor dißita crura cum suis pedibus, qui poßint prouenire atque produci.* L'interpretation desquels mots en François est telle:

Croy que les choses cy deuant par nous deduites soiët facetieuses, mais il n'y a chose si admirable & miraculeuse que la plante tartaresque: La premiere & plus renommée horde d'entre les Tartares du iourd'huy est celle de Zauolha, tant pour sa grande recommandation, que son antiquité & noblesse, aux champs & enuirons de laquelle iceux Tartares sement vne certaine graine ou semence semblable à la graine des mellõs, toutefois vn peu plus grande, de laquelle procede & croist hors de terre vne certaine Plante, si Plante se doit appeler, que les Tartares appellẽt Boramets, c'est à dire vn aigneau: laquelle Plante croist à la semblance & figure d'vn vray aigneau, esleué haute de terre enuiron trois pieds, ressemblant des pieds, des ongles, des oreilles & de toute la teste à vn agneau viuant, excepté des cornes, au lieu desquelles ceste Plante a des poils, en forme de belles cornes: icelle Plante est couuerte d'vn cuir fort delié & subtil, presque ras & lissé, duquel on se sert en Tartarie pour faire des accoustremens de teste: on asseure que le dedans de ceste Plante approchãt fort de la chair sans os, est semblable à la chair de l'escreuisse ou langouste de mer; de la couppeure ou inciseure qu'on faict auec vn trenchant à cestedicte Plante, il en sort du vray sang: icelle est d'vn goust tres-agreable, & a vne tige ou racine qui sort de terre, & viẽt se rendre dans le nombril ou milieu d'icelle: Et qui est chose plus miraculeuse & incredible, tant que ceste Plante est enuirõnée d'herbages, elle vit ainsi qu'vn agneau dans vn beau & bon pasturage: icelles consumées & deuorées, elle vient à flestrir & deperir: Cela n'aduient seulement par vn temps certain ou definy, mais aussi par experience indubitable, si on vient à oster & emporter les herbes ou herbages qui croissent à l'entour d'elle: &

qui est chose encor plus digne d'admiration, les loups &non les autres animaux qui viuēt de chair, appettent cestedicte Plante. Cela est comme vne faulce ou assaisonnement que ie rapporte en cest endroit, à propos de l'allusion d'vne fable & d'vn agneau: mais ie voudrois sçauoir de toy comment d'vn tronc ou d'vne tige peuuent proceder quatre iambes, distinctes auec leurs pieds? Hierosme Cardan liure 6. de la varieté des choses, chap. 22. parle de ces Borametss en ces mots: *Atque hæc parua sed vera, quod vero subijcitur tanto absurdius quo maius; Apud Tartaros scilicet, semen seri peponis semine paulo maius atque rotundius, ex quo Planta nascatur palmorum quinque altitudine Agno persimilis, oculis, auribus ore, cruribus, pilo, sanguine, carne; sed Caro Cancrorum Carni persimilis; non corio, sed cute tenui contegitur, & absque Pilo, nisi in oculis, ore, & auribus, desunt & cruribus vngues: Radix Plantæ vmbilico iungitur per truncum; Animal hoc circumiacentibus herbis vescitur, vbi herbæ defuerint, exarescit: Vocant hoc patria lingua Boramets, id est quasi Agnus; nullum Animal hoc vescitur; quod herbis solis viuere assueuerit, sed est esca carniuoris; referunt ipsum nasci in Zauolhensi regione inter Volgam & Iaick flumina: hæc est fabula, sed videamus quanti sit rem tractare naturaliter. Nam Plinius pauca temere reiecit, multa accepit quæ tamen certam rationem non habent: nos vero non minorem vtilitatem ex fabularum recitatione recipimus, quam historiæ. Primum igitur hæc nos in memoriam pulcherrimi quæsiti reuocat, cur nullum Animal seri possit, quod terræ annexū maneat: Id accidit quoniam cùm terræ annectatur Planta, necessariò solum in partem vnam extenditur, Ani-*

mal autem in omnem: Præterea animal quod sanguine præditum est, cor habet: Terra autem pulsationi & calori inepta est, vnde videmus animalia quæ ex semine generantur, calido indigere, seu in ouis fota procreentur, seu in vtero; at Terra & Aër non possunt esse adeò calida; inde patet cur nulla Planta carnem habet. Omnis enim Caro ex sanguine, & vbi sanguis, ibi cor & Calor: Planta vero neque cor habere potest, neque calorem ingenitum: Præterea omnis Planta cum in longum crescat, lignosam partem vbique habeat, necesse est; in animali autem Caro ob id est, quia humidum à sicco separatur, vt ossa & chartilagines; neque enim talia Carni immixta sunt, rursus quæritur quari in mari quædam Plantæ sentiant, in terra, non; at hoc inferius exponetur. Igitur forsan in crasso aëre aliquam Plantam quæ sensum habeat, & similem Carni imperfectæ qualis est Coclearum & piscium non erit impossibile.

Donc les choses par nous cy deuant premises & discourues sont de petite valeur & cõsequence, ains toutesfois vrayes & certaines: mais ce qui est cy apres deduict, est d'autant plus ridicule & absurde qu'il est grand & admirable: sçauoir que entre les Tartares du iourd'huy, on seme vne semẽce ou graine vn peu plus grande & ronde que la grene des melons, de laquelle il naist & procede vne plante haute de terre de cinq paulmes, toute semblable à vn agneau, des yeux, des oreilles, de la bouche, des iambes, du poil, du sang, & de la chair: mais sa chair semblable à la chair des cancres, & escreuisses de mer: icelle Plante non couuerte d'vn cuir, mais d'vne peau fort deliée & subtille, icelle sans poils, excepté aux yeux, à la bouche, & aux oreilles, n'ayant aucunes ongles aux pieds: la racine de ceste plante est ioincte au nombril ou milieu d'icelle en terre, par vn tronc ou tige: cestedite plante (ou plustost vn vray Zoophyte) se nourrit d'herbes qui croissent à l'entour d'elle: quand les herbes viennent à deffaillir elle vient à se flestrir & mourir: on l'appelle en Tartarie en langage du pays, Borametz, c'est à dire vn agneau: nul animal ne desire & appete s'alimenter & nourrir de ceste plante, à cause qu'elle a de coustume de viure d'herbes seulles, mais icelle est proye & nourriture aux bestes rauissantes, qui viuent de chair: on dict icelle plante naistre en la region Zauolhense, entre le fleuue de Volghe & Saick: mais tout cela est vne vraye fable: Voyons que c'est de traitter vne question naturellement. Pline a temerairement & indiscretement reietté bien peu de choses, & en a receu beaucoup, sans propos, ou apparence, lesquelles n'ont aucune certaine raison ou verité: nous au contraire ne receurons moindre vtilité & profit du recit des fables que des histoires: Premierement donc ceste question nous mettra en memoire vne demande tres-belle à proposer: pourquoy aucun animal qui est en terre ne peut estre semé: Cela aduient à cause que la plante estant fichée en terre necessairement est estenduë en vne seulle partie, l'animal en toutes ses parties: outre plus tout animal qui est doüé de sang a vn cœur, donc la terre est inepte au mouuement & à la chaleur vitale: & à cause de ce nous voyons les animaux qui sont engendrez de semence, desirer & appetter le chaut, soit que dans les œufs les poulets se procreent, ou les petits animaux dans les ventres & matrices de leurs meres, donc la terre & l'air ne peuuent estre si chauds, & de là il est manifeste & apparent, pourquoy aucune plante n'est doüée de chair, car toute chair consiste en sang, & où il y a du sang, il y a vn cœur & de la chaleur, donc la plante ne peut auoir vn cœur ny vne grande chaleur interne: D'abondant toute plante, à cause qu'elle croist en long, il est necessaire qu'elle aye en soy vne tige; en l'animal la chair est pource que l'humide est separé du sec, ainsi que les os & chartilages qui ne sont de leur nature consistans auec la chair mesme: d'auantage on pourroit demander, pourquoy dans la mer y a il aucunes plantes qui sentent & ont sentimet, & en la terre non? Cela se deduira cy apres: mais peut estre en vn lieu remply d'air crasse & espais, il ne sera impossible estre veu quelque plante qui aye sentiment & soit semblable à vne chair imparfaite, telle que la chair des huistres & poissons marins. Tels sont les propos de ce grand personnage: mais qui est-ce qui ne voit apertement qu'iceluy mesme apres auoir longuemet douté, voire disputé auec toutes ses raisons & argumens de Philosophie extraits en partie du dernier liure de l'Aristote de l'ame, & premier liure des plantes, & des œuures de plusieurs anciens qui ont traicté des arbres, Arbustes, Plantes, & herbes, a esté en fin necessité & contrainct de confesser qu'en vn lieu remply d'air crasse & espais (tel qu'est celuy de Tartarie) les Borametz, vrais Zoophytes ou Plant-animaux, tels qu'ils sont descrits cy dessus, pouuoient estre & se trouuer en

nature

nature aussi bien que les Espõges, Vrtiques ou orties, Poulmons de mer, & autres, lesquels vn chacun sçait estre vrais Zoophytes ou Plant'animaux. Ce docte Guillaume Postel cy-dessus allegué a fait mention de ces Boramets en vn sien discours Latin *de Causis vtriusque naturæ*: Apres lesquels i'ay esté le premier qui en ce Royaume a descrit particulierement, en langage François cesdicts Boramets en mes Commentaires & annotations sur la secõde sepmaine de G. de Saluste, Sieur du Bartas, mis par moy en lumiere, incontinent apres la premiere impression d'icelle; en interpretant les vers subsequents de l'Eden ou Paradis terrestre, auquel nostre premier pere Adam fut mis au commencement du monde, en toute beatitude & felicité.

Or confus il se perd dans des tournoyements,
Embroüillees erreurs, courbez desuoyements
Conduits vireuoultez, & sentes desloyales
D'vn Dedale infiny qui comprend cent Dedales,
Clos non de romarins dextrement cizelez
En hommes my cheuaux, en Courserots seelez
En escaillez oyseaux, en Balenes cornues,
Et mille autres façons de bestes incongneues,
Ains de vrays animaux en la terre plantez,
Humant l'air des poulmons, & d'herbe alimentez,
Tels que les Boramets, qui chez les Scythes naissent
D'vne graine menuë, & de plantes se paissent;
Bien que du corps, des yeux, de la bouche & du nez
Ils semblent des moutons qui sont n'aguere naiz:
Ils le seroient de vray, si dans l'alme poictrine
De terre ils n'enfonçoient vne viue racine

Qui tient à leur nombril, & meurt le mesme iour,
Qu'ils ont broutté le foin qui croissoit à l'entour.
O merueilleux effect de la dextre diuine,
La plante a chair & sang, l'animal a racine,
La plante comme en rond de soy-mesme se meut,
L'animal a des pieds, & si marcher ne peut,
La plante est sans rameaux, sans fruict, & sans fueillage,
L'animal sans Amour, sans sexe, & vif lignage,
La plante à belles dents, paist son ventre affamé,
Du fourrage voisin, l'animal est semé.

Feu M. Blaise de Vigenere m'ayant ouy faire mention du miracle de ces Borametz, en sa maison à Paris, lors qu'il composoit ses tres-doctes Commentaires & annontations sur les tableaux de Philostrate Lemnien, Sophiste Grec, en escriuit deslors sur les marescages ces parolles ;

Parmy le genre des vegetaux, les herbes, c'est à sçauoir, & les arbres, les diligens Inquisiteurs de la nature ont remarqué l'vn & l'autre sexe, aussi bien comme és animaux, combien que d'vne maniere plus sourde & moins auiuée : Mais en nulles de toutes les plantes plus clairement, distinctemēt & manifestemēt qu'és palmiers: car les femelles ne portent point de fruict absentes de leurs masles, és forests mesmes produictes de la nature : de sorte qu'autour de chasque masle vous verrez tout plain de femelles qui se courbent en abaissant doucemēt leurs branches deuers luy : lequel esleue à lencontre ses rameaux bossus & herissonnez, cōme si de sō haleine & regard, & de quelque poussiere qu'il leur secouë, il les vouloit empreigner toutes : Que si vne fois il vient à estre couppé, elles demeurent puis apres le reste de leurs iours en vne viduité ste-rile, tant il y a de cognoissãce, & de Venus, & de l'A-mour : iusques mesmes aux choses insensibles, que les hommes ont de là excogité le moyẽ de les faire cohabiter ensemble, en espanchant sur les femel-les des fleurs, & du poil follet de ces masles, ou par fois de leur poussiere tant seulemẽt. Ou d'attacher vne corde de l'vn à l'autre, dont la feuille qui vou-loit courber ses rameaux, pour vouloir rateindre à son masle, sentant par là ie ne sçay quelle commu-nication secrette, de luy à elle, qui se coule insensi-blement (ny plus ne moins que tout le long d'vne gaule, la torpille de mer trãsmet son venin, endor-mant la main & le bras de celuy qui s'en touche) se contente & rehausse ses branches: Tout cecy est ti-ré de Pline, lequel selon la coustume s'est monstré plus hardy en cest endroit que Theophraste, Dios-coride, ny autres qui ayent traicté de ce suject : & à la verité en toutes choses il y a certaine sympathie, inclination, accord, cõuenance & appetit recipro-que de l'vne enuers l'autre, quelque esloignées qu'elles paroissent estre de toute vie & sentiment: Mais rien que ce soit ne se trouue en tout le genre vegetal, qui approche plus de la nature humaine que les palmiers, si d'auãture ce n'est ceste espece de Zoophite ou plant'animale, qui croist en la Tarta-rie: dont Sigismundus Liber fait mention en son histoire de Moscouie, disant qu'en la contrée où sont leur demeure les Tartares Zavvoléens, entre les deux grands fleuues de la Volghe & Iaick se trouue certaine semence vn peu plus grande que celle des melons, mais au reste assez semblable, laquelle estant plantée en terre, produit ie ne sçay quoy à la hauteur de deux ou trois pieds, approchant fort de la figure d'vn aigneau: Aussi l'appellent-ils là en leur langue Borauets, qui le signifie, & en a du tout la teste, les yeux, les oreilles, & presque tout le reste du corps, auec vne peau fort deliée & subtile, dont les Tartares se seruent à fourrer leurs accoustremens de teste. Ceste plante, si plante elle se doit appeler, a vne liqueur qui ressemble à du sang, & en lieu de chair vne substance toute pareille à celle des cancres, ou escreuisses, laquelle les loups & autres bestes rauissantes appetent fort: Quant aux ongles, elle ne les a pas de corne ainsi qu'vn mouton, mais reuestus de poil à semblance de pied fourchu; & au lieu du nombril droitemẽt, elle a vne tige qui la conjoint en cest endroit à la terre, car c'est par où elle se viẽt à produire & ietter dehors viuãt, ou durãt iusqu'à ce qu'elle ait brouté toutes les herbes d'autour d'elle, & que par faute de nourrissement, la racine vient à defaillir, & seicher. I. des Caurres a repeté les discours cy-dessus en vn cha. des derniers liu. de ses œuures morales, sans citer les Autheurs, desquels il les auoit apprins. Iean Baptiste Porte Neapolitain, autheur moderne li. 4. c. 4. Phytognomonicon, *Apud Tartaros Plautam reperiri audio, cuius fructus Agnum per omnia refert, obducitur is tenui pelle, qua vtuntur Incolæ, ad Capitum tegmina, interna pulpa Gammari Carnem refert, & è vulnere succus manat dulcis, & sanguini similis, radix humo eruta subrigitur vsque ad vmbilicum. Illud insuper additur; quandiu obsepitur herbis, viuere illum quasi agnum in lœto pascuo; cuulsis verò, paulatim macrescere.*

Accedit quoque id mirabile à lupis appeti, & vorari, quod non vereor in medicina ad id valere, ad quod agnus. C'eſt à dire en langage François ; I'ay entendu qu'il ſe treuue entre les Tartares vne plante, le fruict de laquelle repreſẽte en toutes ſes parties vn agneau: Car iceluy eſt couuert d'vne peau deliée, de laquelle les Tartares ſe ſeruent aux fourreures de leurs accouſtremens de teſte, le dedans de ceſte plante approche à la chair des cancres, il procede vn ſuc fort doux, & ſemblable à du ſang de l'ouuerture qu'on luy fait auec vn trẽchant: il ſort de terre vne racine qui la va prendre iuſques au nombril, & dit on d'auantage encor cecy ; c'eſt que tant que ceſte plante eſt enuironnée d'herbes, elle vit ainſi qu'vn aigneau en vn beau & plantureux paſturage, leſquelles eſtant arrachées hors de terre, icelle deuiẽt maigre & languide: Et dauãtage, qui eſt choſe plus eſmerueillable, c'eſt que icelle eſt apetée, & mãgée par les loups ; laquelle ie ne crains point de dire pouuoir ſeruir en l'vſage de medecine, à ce à quoy l'eſt vn vray aigneau.

Soli DEO *omnipotenti, omnis Honor & Gloria.*

Extraict du Priuilege du Roy.

PAr grace & priuilege du Roy, donné à Paris le 28. iour de Mars 1605. Il est permis à Nicolas Buon marchand Libraire, demeurant à Paris, d'imprimer ou faire imprimer & vendre durant le terme & espace de dix ans entiers, *l'Histoire admirable des Plantes, esmerueillables & miraculeuses en nature, faicte par M. Claude Duret President au pays de Bourbonnois.* Et sont faictes defences à toutes personnes de quelque qualité que ce soit, Libraires, Imprimeurs & autres, d'imprimer, vendre ny debiter ledit liure pendãt ledit temps, sinon de ceux qui seront imprimez par ledit Buon, sur peine de confiscation & d'amende, comme il est plus amplement porté par l'original des lettres données le iour & an que dessus: signées & seelées du grand seau de cire iaune.

Par le Roy, le sieur d'Amboise M. des Requestes de son hostel present.

RENOVARD.

www.ingramcontent.com/pod-product-compliance
Lightning Source LLC
Chambersburg PA
CBHW071624270326
41928CB00010B/1773

9782012548657